21 世纪高等院校电气工程与自动化规划教材

21 century institutions of higher learning materials of Electrical Engineering and Automation Planning

Electric Machinery and Electric Drivers

电机原理 与电力拖动

范国伟 主编

李定 副主编

U0266097

人民邮电出版社

北 京

图书在版编目（CIP）数据

电机原理与电力拖动 / 范国伟主编. -- 北京：人民邮电出版社，2012.9（2018.8重印）
21世纪高等院校电气工程与自动化规划教材
ISBN 978-7-115-28237-8

Ⅰ. ①电… Ⅱ. ①范… Ⅲ. ①电机学－高等学校－教材②电力传动－高等学校－教材 Ⅳ. ①TM3②TM921

中国版本图书馆CIP数据核字(2012)第169365号

内 容 提 要

　　本书针对工程应用型教学改革和就业的需要，对现有的课程进行有机整合后编写而成。主要内容有直流电机、电力拖动系统的动力学、直流电动机的电力拖动、变压器、三相异步电动机的基本原理、三相异步电动机的电力拖动、同步电动机、控制电机及其他用途电动机、电力拖动系统中电动机的选择、电机与拖动实训等。本书的编写采取实用的方式，内容以必需、够用为度，减少了原有课程教学内容中重复的部分。本书的特点是讲述透彻，深入浅出，通俗易懂，便于教学。

　　本书可以作为高等院校自动化、工业电气工程及自动化、测控技术与仪器、数控应用技术、机械设计制造及其自动化、材料成型及控制工程、机电一体化等专业相关课程的教材，也可作为电工技师和职工岗位培训教材，还可供有关工程技术人员参考使用。

　　本书配有电子教案，需要者请与人民邮电出版社教育出版营销部联系，免费提供。

21 世纪高等院校电气工程与自动化规划教材

电机原理与电力拖动

- ◆　主　　编　范国伟
- 　　副 主 编　李　定
- 　　责任编辑　李海涛
- ◆　人民邮电出版社出版发行　　北京市丰台区成寿寺路 11 号
- 　　邮编　100164　电子邮件　315@ptpress.com.cn
- 　　网址　http://www.ptpress.com.cn
- 　　固安县铭成印刷有限公司印刷
- ◆　开本：787×1092　1/16
- 　　印张：18.75　　　　　　　2012 年 9 月第 1 版
- 　　字数：462 千字　　　　　2018 年 8 月河北第 6 次印刷

ISBN 978-7-115-28237-8

定价：38.00 元

读者服务热线：**(010)81055256**　印装质量热线：**(010)81055316**
反盗版热线：**(010)81055315**

前　言

进入 21 世纪以来，电机在国民经济中起着举足轻重的作用。在电能的生产、变换、传输、分配、使用等环节中，各种电机和变压器担负着主要任务。在电力工业中，发电机和变压器是电站和变配电所的主要设备；在工农业生产中，大量应用电动机去拖动各种生产机械进行生产。随着电机理论和技术与电力电子技术、微电子技术、计算机技术和控制理论等学科不断发展和相互渗透，许多新技术、新方法的涌现使得传统电机学与电力拖动领域发生了革命性的变革。

随着科学技术的发展，现代电力拖动系统已和由各种控制元件组成的制动控制系统紧密地联系在一起，如自动起动、制动、调速，在负载和外部条件变换的情况下自动保持电动机转速恒定，按事先给定的程序或外部条件自动改变运行速度等。电子计算机的应用更进一步赋予电力拖动系统自寻最佳运行规律、自动适应运行条件变化的能力。然而，不论现代自动电力拖动系统的结构如何复杂，拖动生产机械的各类电动机仍然是电力拖动系统完成机电能量转换的主要元件，是控制的对象。

电机拖动基础包括电机学原理及电力拖动原理两部分，它是工业电气自动化等专业的一门主要的专业基础课，它具有电机学中最基本的内容，同时又是电机学基本理论的进一步应用。它包括直流电机及拖动基础、变压器、交流电机及拖动基础、控制用微电机和电动机容量选择等部分。本课程的任务是使学生从运行的观点了解各类电机的基本结构、工作原理和运行特性，进而掌握正确使用和维护电机正常运行的基本技能；熟练掌握电动机在各种运行状态下能量关系的计算，起制动和调速的计算；了解电力拖动系统过渡过程的基本特征，改善过渡过程的途径，选择拖动系统电动机的基本原则等，为进一步学习后续专业课程打好基础。

本课程既带有基础课性质，又有专业课特点。它是一门运用基础电工理论来解决实际工程问题的课程。因此，在学习过程中，要联系物理学和电工基础课程中有关的电磁理论和电路基本理论，弄清各种定义、定律和公式的含义，它们所表达的实际电磁过程和机电过程。必须在学习过程中养成自学和独立思考的习惯，逐步掌握分析问题的方法。因此，必须重视并及时完成必要的思考题和作业题。

学习本课程要坚持理论与实践相结合的原则，必须进行必要的实训和生产实习。通过实训，对交直流电机的工作特性及机械特性的性质、基本原理和理论计算加以验证；进行独立的实验操作，学会测定各种电机的工作特性、电力拖动的机械特性及电机参数的方法，掌握正确操作电机运行的方法。实训前要预习实验指导书和课程有关理论，明确实训目的要求、操作步骤、实验线路及仪表正确使用方法等。实训过程中，要注意观察、分析及判断。要认真完成实训报告，通过操作，逐步提高实验技能和熟练程度。通过实训密切理论与实验相结合，培养严谨、求实的科学工作作风。

本书是为了培养高等院校工程应用型专业人才编写的规划教材。全书共分 10 章，主要内容包括直流电机、电力拖动系统的动力学、直流电动机的电力拖动、变压器、三相异步电动机的基本原理、三相异步电动机的电力拖动、同步电动机、控制电机及其他用途电动机、电力拖动系统中电动机的选择、电机与拖动实训等。学生通过理论学习和技能实训练习，应掌握简单交直流电动机的基本工作原理和分析方法。通过技能训练，提高学生对电动机实际操作的综合能力，使他们具备电专业高素质劳动者和机电工程技术所必需的电动机基本知识及基本技能，为学习专业知识和职业技能，提高全面素质，增强适应岗位变化的能力和继续学习的能力打下一定的基础。

电机与电力拖动是一门理论和实践紧密结合的课程，本书在编写过程中从高等教育培养应用型技术人才这一目标出发，以电机与电力拖动课程教学基本要求为依据，以应用为目的，以必需、够用为度，尽量降低专业理论的重心。以突出实际应用，培养技能为教学重点，由浅入深、循序渐进地介绍有关电工电子以及应用方面的基础知识，着眼于学生在应用能力方面的培养，突出重点、分散难点，力求使读者一看就懂、一学就会。本书每章前都配有学习目标，每章后也都安排了相应的适量思考题。同时，在第 10 章中编写了 10 个技能训练，突出课程的应用性、实践性、针对性和有效性。

本书可作为高等院校自动化专业、电气工程及自动化专业、测控技术与仪器专业数控应用技术专业、机械设计制造及其自动化专业、材料成型及控制工程专业、机电一体化等专业的教材，也可作为电工技师和职工岗位培训教材，还可供有关工程技术人员参考使用。

本书由安徽工业大学范国伟老师任主编，李定博士任副主编，方炜博士和王伟硕士及中冶华天马鞍山钢铁设计院范翀技师参加了编写。安徽职业技术学院程周教授审阅了全书，做了很多重要的修改与补充。在本书编写的过程中，得到安徽工业大学电气信息学院和工商学院、安徽职业技术学院的大力支持，在此一并表示感谢。

由于编者水平有限，加上时间仓促，书中难免存在疏漏之处，恳请使用本书的老师和同学批评指正。

编　者
2012 年 5 月

目　录

第1章 直流电机

直流电动机具有良好的起动、制动和调速性能，能够快速地进行起动、制动，正转、反转，能在十分宽广的范围内平滑而经济地调节速度。因此，在一些要求较高的电力拖动系统中，得到了广泛的应用。例如，在一些机床、轧钢机、电气牵引机车、汽车和起重机设备中，都采用了直流电动机拖动。目前，虽然交流变频调速正在发展，在一些领域中已经取代了直流拖动系统，但直流电动机的应用仍占有一定的比例。

1.1 直流电机的基本结构

直流电动机虽然比三相交流异步电动机结构复杂，维修也不便，但由于它的调速性能较好和起动转矩较大，因此，对调速要求较高的生产机械或者需要较大起动转矩的生产机械往往采用直流电动机驱动。

直流电动机的优点如下。

① 调速性能好，调速范围广，易于平滑调节。

② 起动、制动转矩大，易于快速起动、停车。

③ 易于控制。

直流电动机的应用范围如下。

① 轧钢机、电气机车、中大型龙门刨床、矿山竖井提升机以及起重设备等调速范围大的大型设备。

② 用蓄电池做电源的地方，如汽车、拖拉机等。

1. 直流电动机的构造

直流电机由定子和转子（又称为电枢）两大部分组成。直流电机运行时静止不动的部分称为定子，其主要作用是产生磁场。定子由机座、主磁极、换向级、端盖、轴承和电刷装置等组成。运行时转动的部分称为转了，其主要作用是产生电磁转矩和感应电动势，是直流电机进行机电能量转换的枢纽，所以通常又称为电枢。转子由转轴、电枢铁心、电枢绕组、换向器、散热风扇等组成。装配后的电机如图 1-1 所示。直流电机的纵向剖视图如图 1-2 所示。

（1）定子

① 主磁极。主磁极的作用是产生气隙磁场。主磁极由主磁极铁心和励磁绕组两部分组成。

铁心一般用薄钢片冲压叠装而成，分为极身和极靴两部分，上面套励磁绕组的部分称为极身，下面扩宽的部分称为极靴，极靴宽于极身，既可以调整气隙中磁场的分布，又便于固定励磁绕组。励磁绕组用绝缘铜线绕制而成，套在主磁极铁心上。整个主磁极用螺钉固定在机座上，如图 1-3 所示。

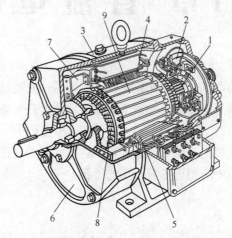

1—换向器　2—电刷装置　3—机座　4—主磁极　5—换向极
6—端盖　7—风扇　8—电枢绕组　9—电枢铁心

图 1-1　直流电机装配结构图

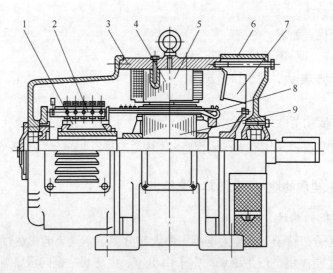

1—换向器　2—电刷装置　3—机座　4—主磁极　5—换向极
6—端盖　7—风扇　8—电枢绕组　9—电枢铁心

图 1-2　直流电机纵向剖视图

② 换向极。换向极的作用是改善换向，减少电机运行时电刷与换向器之间可能产生的电火花，一般装在两个相邻主磁极之间，由换向极铁心和换向绕组组成，如图 1-4 所示。换向极绕组用绝缘铜导线绕制而成，套在换向极铁心上，换向极的数目与主磁极相等。

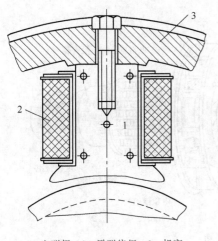

1—主磁极 2—励磁绕组 3—机座

图1-3 主磁极的结构

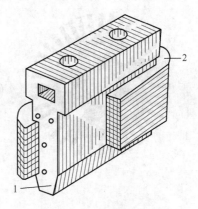

1—换向极铁心 2—换向极绕组

图1-4 换向极

③ 机座。电动机定子的外壳称为机座，见图1-2中的3。机座的作用有两个：一是用来固定主磁极、换向极和端盖，并支撑和固定整个电机；二是机座本身也是磁路的一部分，借以构成磁极之间磁的通路，磁通通过的部分称为磁轭。为保证机座具有足够的机械强度和良好的导磁性能，一般为铸钢或由钢板弯制焊接而成。

④ 电刷装置。电刷装置是用来通入和引出直流电流的，如图1-5所示。电刷装置由电刷、刷握、刷杆、刷杆座等组成。电刷放在刷握内，用弹簧压紧，使电刷与换向器之间有良好的滑动接触。刷握固定在刷杆上，刷杆绝缘装在圆环形的刷杆座上，刷杆座装在端盖或轴承呢盖上，圆周位置可以调整后固定。

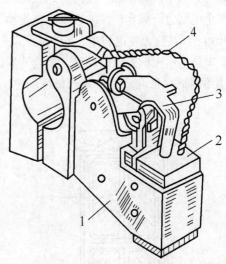

1—刷握 2—电刷 3—压紧弹簧 4—刷辫

图1-5 电刷装置

（2）转子（电枢）

转子由电枢铁心、电枢绕组、换向器、转轴和风扇等组成，如图1-6（b）所示。

① 电枢铁心。电枢铁心是主磁路的主要部分，电枢铁心上冲有槽孔，槽内嵌放电枢绕组。一般电枢铁心采用由0.5mm厚的硅钢片冲槽叠压而成（冲槽硅钢片的形状如图1-6(a)所示），以降低申机运行时在电枢铁心中产生的涡流损耗和磁滞损耗。叠成的铁心固定在转轴上。电枢铁心的外圆开有电枢槽，槽内嵌放电枢绕组。

② 电枢绕组。电枢绕组的作用是产生电磁转矩和感应电动势，是直流电机进行机电能量转换的关键部件。它是由许多绕组元件按一定规律连接而成，绕组采用高强度漆包线或玻璃丝包扁铜线绕成，不同线圈的绕组元件分上下两层嵌放在电枢槽内，线圈与铁心之间以及上下两层线圈之间都必须妥善绝缘。为防止离心将线圈边甩出槽外，槽口用槽楔固定，如图1-7所示。绕组元件线圈伸出槽外的端接部分用热固性无纬玻璃带进行绑扎。

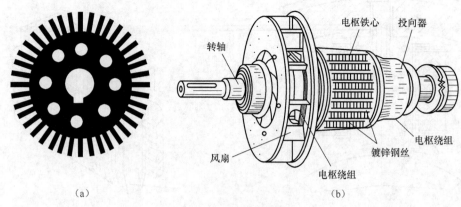

（a）　　　　　　　　　　　　　　（b）

图 1-6　转子结构图

③ 换向器。电枢绕组的一端装有换向器，换向器由许多铜质换向片组成一个圆柱体，换向片之间用云母绝缘。换向器是直流电动机的重要构造特征，它通过与电刷的摩擦接触，将两个电刷之间固定极性的直流电流变换成为绕组内部的交流电流，以便形成固定方向的电磁转矩；而在直流发电机中，换向器配以电刷，能将电枢绕组感应产生的交变电动势转换为正、负电刷上引出的直流电动势。换向片紧固通常如图 1-8 所示，换向片的下部做成燕尾形，两端用钢制 V 形套筒和 V 形云母环固定，再用螺母锁紧。

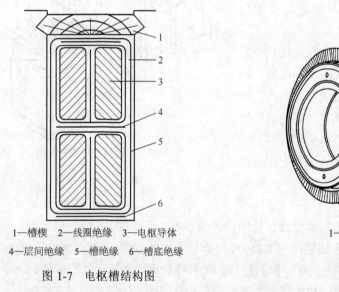

1—槽楔　2—线圈绝缘　3—电枢导体
4—层间绝缘　5—槽绝缘　6—槽底绝缘

图 1-7　电枢槽结构图

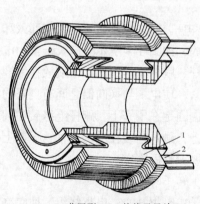

1—燕尾形　2—绝缘云母片

图 1-8　换向器结构

④ 转轴。转轴起着转子旋转的支撑作用，需要有一定的机械强度和刚度，一般用圆钢加工而成。

2. 直流电机的分类

直流电机按照励磁方式可分为他励电动机、并励电动机、串励电动机和复励电动机 4 种，如图 1-9 所示。

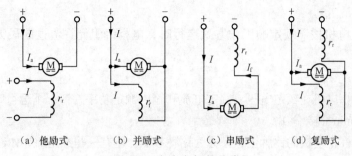

（a）他励式　　　（b）并励式　　　（c）串励式　　　（d）复励式

图 1-9　直流电机的分类

（1）他励电动机

如图 1-9（a）所示，他励电动机是一种电枢绕组和励磁绕组分别由两个直流电源供电的电动机。他励式电动机构造比较复杂，一般用于对调速范围要求很宽的重型机床等设备中。

（2）并励电动机

如图 1-9（b）所示，并励电动机的励磁绕组和电枢绕组并联，由同一个直流电源供电。励磁绕组匝数较多，导线截面较细，电阻较大，励磁电流只为电枢电流的一小部分。并励式电动机在外加电压一定的情况下，励磁电流产生的磁通将保持恒定不变。起动转矩大，负载变动时转速比较稳定，转速调节方便，调速范围大。

（3）串励电动机

如图 1-9（c）所示，串励电动机的励磁绕组与电枢绕组串联，用同一个直流电源供电。励磁电流与电枢电流相等。电枢电流较大，所以励磁绕组的导线截面较大，匝数较少。串励式电动机的转速随转矩的增加，呈显著下降的软特性，特别适用于起重设备。

（4）复励电动机

如图 1-9（d）所示，复励电动机有两个励磁绕组，一个与电枢并联，另一个与电枢串联。当两励磁绕组产生的磁通方向相同时，磁通可以相加，这种电动机称为积复励电动机。当两励磁绕组产生的磁通方向相反时，合成磁通为两磁通之差，这种电动机称为差复励电机。积复励电动机的电磁转矩变化速度较快，负载变化时能够有效克服电枢电流的冲击，比并励式电动机的性能优越，主要用于负载力矩有突然变化的场合。差复励电动机具有负载变化时转速几乎不变的特性，常用于要求转速稳定的机械中。

3. 直流电机的额定值

电机制造厂家按照国家标准，根据电机的设计和试验数据而规定的每台电机的主要性能指标称为电机的额定值。额定值一般在电机的铭牌上或产品说明书上。

直流电动机的额定值主要有下列几项。

（1）额定功率 P_N

额定功率是指电机按照规定的工作方式运行时所能提供的输出功率。对于电动机来说，额定功率是指转轴上输出的机械功率；对于发电机来说，额定功率是指电刷端输出的电功率。单位为 kW（千瓦）。

（2）额定电压 U_N

额定电压是电机电枢绕组能够安全工作的最大外加电压或输出电压，单位为 V（伏）。

（3）额定电流 I_N

额定电流是电机按照规定的工作方式运行时，电枢绕组允许流过的最大电流，单位为A（安培）。

（4）额定转速 n_N

额定转速是指电机在额定电压、额定电流和输出额定功率的情况下运行时，电机的旋转速度，单位为 r/min（转/分）。

额定值一般标在电机的铭牌上，又称为铭牌数据。还有一些额定值，如额定转矩 T_N、额定效率 η_N 等，不一定标在铭牌上，可查产品说明书或由铭牌上的数据计算得到。

额定功率与额定电压和额定电流之间有如下关系：

直流电动机　　　　　　　　$P_N = U_N I_N \eta_N \times 10^3 kW$

直流发电机　　　　　　　　$P_N = U_N I_N \times 10^3 kW$

直流电机运行时，如果各个物理量均为额定值，就称电机工作在额定运行状态，亦称为满载运行。在额定运行状态下，电机利用充分，运行可靠，并且具有良好的性能。如果电机的电枢电流小于额定电流，称为欠载运行；电机的电枢电流大于额定电流，称为过载运行。欠载运行，电机利用不充分，效率低；过载运行，易引起电机过热损坏。

1.2　直流电机的工作原理

直流电动机是从电枢端输入直流电流，将电能转换成机械能从转轴上输出。

1. 直流电动机的基本工作原理

直流电动机是根据通电导体在磁场内受力而运动的原理制成的。如图 1-10（a）所示，接通直流电压 U 时，直流电流为从 ab 边流入，cd 边流出，由于 ab 边处于 N 极之下，cd 边处于 S 极之下，由左手定则可知线圈受到电磁力而形成一个逆时针方向的电磁转矩 T，使电枢绕组绕轴线方向逆时针转动。当电枢转动半周后，如图 1-10（b）所示，ab 边处于 S 极之下，而 cd 边处于 N 极之下。由于采用了电刷和换向器装置，此时电枢中的直流电流方向变为从 dc 边流入，从 ba 边流出。电枢仍受到一个逆时针方向的电磁转矩 T 的作用，继续绕轴线方向逆时针转动。

由此可见：直流电动机在外加直流电压的作用下，从电枢端输入直流电流，借助于换向器和电枢的作用，使直流电动机电枢绕组流过方向交换变化的电流，载流导体在磁场中将受电磁力的作用，从而使电枢产生的电磁转矩的方向恒定不变，确保直流电动机朝确定的方向连续旋转。这就是直流电动机的工作原理。

实际的直流电动机，电枢圆周上均匀地嵌放许多线圈，相应地换向器由许多换向片组成，使电枢线圈所产生的总的电磁转矩足够大而且比较均匀，电动机的转速也就比较均匀。

2. 直流发电机的工作原理

直流发电机的模型与直流电动机的模型相同，不同的是外加机械力（如水力发电机利用水的冲力）拖动电枢朝一个方向（如逆时针方向）旋转，如图 1-11（a）所示。这时导体 ab

和 cd 分别切割 N 极和 S 极下的磁力线，感应产生电动势，电动势的方向用右手定则确定。可知导体 ab 中电动势的方向由 b 指向 a，导体 cd 中电动势的方向由 d 指向 c，在一个串联回路中是相互叠加的，形成电刷 A 为电源正极，电刷 B 为电源负极。电枢转过 180° 后，导体 cd 与导体 ab 交换位置，但电刷的正负极性不变，如图 1-11（b）所示。可见，同直流电动机一样，直流发电机电枢线圈中的感应电动势的方向也是交变的，而通过换向器和电刷的整流作用，在电刷 A、B 上输出的电动势是极性不变的直流电动势。在电刷 A、B 之间接上负载，发电机就能向负载供给直流电能。这就是直流发电机的基本工作原理。

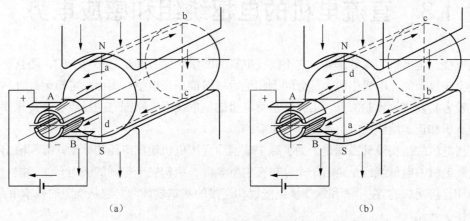

图 1-10　直流电动机原理图

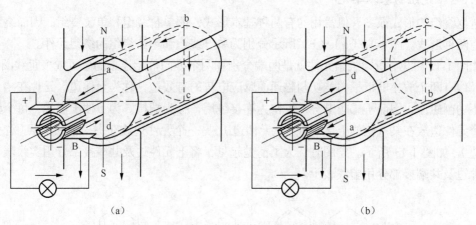

图 1-11　直流发电机的工作原理示意图

3. 电机的可逆原理

从以上分析可以看出：一台直流电机原则上可以作为电动机运行，也可以作为发电机运行，取决于外界输入能量的不同形式。将直流电流施加于电刷，输入电能，电机能将电能转换为机械能，拖动生产机械旋转，作电动机运行；如用原动机拖动直流电机的电枢旋转，输入机械能，电机能将机械能转换为直流电能，从电刷端引出直流电动势，作发电机运行。同一台电机，既能作电动机运行，又能作发电机运行的原理，称为电机的可逆原理。

从上面可以看到：通过直流电动机的电刷输入的是直流电流，而经过换向器流到转子绕组的电流却是交替变化的。这样变化的目的是载流转子绕组与定子的恒定磁场之间产生的电磁力始终朝着一个方向转动，便能够带动生产机械输出机械转矩。

另外，为何称直流电机的转子为电枢呢？因为直流电机的转子是机电能量转换的枢组。直流电动机输入电能到转子绕组，转换成机械能从转轴输出带动生产机械；若是直流发电机即是输入机械能转动转子绕组，切割定子磁场的磁感应线产生感应电动势输出电能。

1.3 直流电机的电枢绕组和感应电势

电枢绕组是电机的重要部件，它不仅在电机的能量转换方面是必不可少的，而且在结构上也是比较复杂的。电机中绝大部分的铜和绝缘材料都用在电枢绕组上。电机运行时，绕组也是比较容易发生故障的部分。因此，了解电机的电枢绕组，掌握它的特点和连接规律，对深入地认识和正确地使用电机都是十分重要的。

直流电机的结构设计原理是，为了减少或消除直流电机输出电压的脉动并提高输出电压值，实际电机的电枢绕组是由若干个分布在电枢表面、结构完全相同的绕组元件，按一定规律排列和连接而成的。在了解和掌握绕组嵌置和连接的基本规律时必须从绕组的基本单元(即绕组元件)开始。

1. 电枢绕组的基本单元

电枢绕组的形式很多，但常用的有两种基本形式，即单叠绕组和单波绕组。因而绕组元件也有两种形式。图 1-12（a）、（b）所示分别为单叠绕组和单波绕组的绕组元件。

由图 1-12 可见，所谓绕组元件就是两端分别和两个换向片相连接的单匝或多匝线圈。每一个元件有两个放在电枢槽内能切割磁通而感应电势的有效边，称为元件边。元件在槽外的部分不切割磁通、因而不感应电势，仅作为连接线用，称为端接。为了便于嵌线，每个元件的一个元件边放在某一槽的上层（称为上元件边），另一个元件边放在另一槽的下层（称为下元件边），如图 1-13 所示。绘图时，为了清楚起见，将上元件边及共端接部分用实线表示，下元件边及共端接部分用虚线表示。

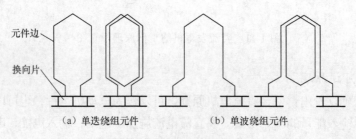

元件边
换向片

（a）单迭绕组元件　　　（b）单波绕组元件

图 1-12　电枢绕组的绕组元件

为了把绕组元件按一定规律嵌置在槽内并与换向片正确地连接，首先必须确定绕组元件在电枢表面上的几何关系，通常用所谓绕组的"节距"来确定。图 1-14 表示叠绕组元件的嵌置与连接方法，并用它说明绕组节距的意义。

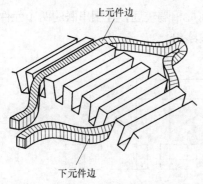

上元件边

下元件边

图 1-13　电枢绕组元件在槽内的嵌置示意图

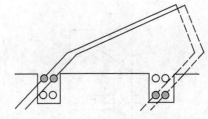

图 1-14　单迭绕组元件连接示意图

（1）第一节距 y_1

每一个元件的两个元件边在电枢表面上所跨的距离称为绕组的第一节距，通常用所跨的槽数表示。为了使元件两个边的电势相加，即为了使得每个元件感应电势尽可能的大，第一节距 y_1 应等于或接近于一个极距 τ（相邻两个磁极轴线之间的距离）。当 $y_1 = \tau$ 时，称为全距绕组；当 $y_1 < \tau$ 时，称为短矩绕组；当 $y_1 > \tau$ 时，称为长距绕组。一般的直流电机采用全距或短距绕组，如图 1-15 所示。全距时 y_1 可用下式表示：

$$y_1 = \tau = \frac{Z}{2p} \tag{1-1}$$

式中：τ ——两个磁极轴线之间的距离；

$\quad\quad Z$ ——电枢的槽数；

$\quad\quad p$ ——电机的磁极对数。

有时 Z 不一定能被 $2p$ 整除，而在嵌线时 y_1 又必须为整数，因此第一节距的通用表达式应为

$$y_1 = \tau = \frac{Z}{2p} \mp e = \text{整数} \tag{1-2}$$

式中 e 为一个小于 1 的分数，用以把 y_1 凑成整数。

（2）第二节距 y_2

连接在同一换向片上的两个元件中，第一个元件的下元件边到第二个元件的上元件边之间在电枢表面上的距离，也用相距的槽数表示。在叠绕组中，y_2 为负值；在波绕组中，y_2 为正值。

（3）合成节距 y

直接串联在一起的两个元件的对应元件边在电枢表面上的距离，也用相距的槽数表示，且有

$$y = y_1 + y_2 \tag{1-3}$$

（4）换向器节距 y_k

每一个元件的两端所连的两个换向片在换向器（由所有换向片构成的整体）表面上的距离，用所跨的换向片数表示。由图 1-15（a）合成节距 y 和换向器节距 y_k 总是相等的，即

$$y_k = y \tag{1-4}$$

上面所介绍的是叠绕组元件的嵌置及其节距。至于波绕组元件则可用图 1-15(b)予以说明。

第 1 章　直流电机

9

波绕组的特点是每个绕组元件的两端所接的换向片相隔较远，互相串联的两个元件也相隔较远，连接成整体后的绕组像波浪形，因而称为波绕组。

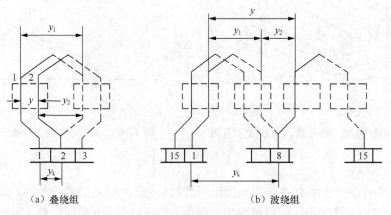

图 1-15　绕组的节距

波绕组的"节距"，其意义与叠绕组相同。它的第一节距与叠绕组一样，要求接近于极距 τ。为了保证紧相串联元件中的电势同方向，两相邻串联元件的对应边应处在同极性的磁极下。所以合成节距 y 应接近等于按槽数计算的一对磁极的距离，而相应的换向器节距 y_k 也应接近等于按换向片数计算的一对磁极的距离，即 $y=y_k\approx 2\tau$。y 和 y_k 不能等于 2τ，因为当 $y=2\tau$ 时，由出发点开始，串联 S 个元件而绕电枢一周之后，就会回到出发点而闭合，以致绕组无法继续绕下去。如果绕组从某一换向片出发，沿电枢圆周和换向器绕一周后恰好回到原来出发的那个换向片相邻的一片上，则可由此再绕第二周、第三周……最后把全部元件串联完毕并与最初的出发点相接构成一个闭合绕组。故要求 y_k 值满足下列关系：

$$py_k=K\mp 1 \tag{1-5}$$

或

$$y_k=y=\frac{k\mp 1}{p}=整数 \tag{1-6}$$

式中 K 为换向片数。式（1-6）是波绕组一个重要的关系式。当式中取"-"号时，绕组绕电枢和换向器一周之后，回到原来出发的换向片的左边一片上，称为左行绕组。当式中取"+"号时，绕组绕电枢和换向器一周之后，回到原来出发的换向片右边的一片上，称为右行绕组。

综上所述，可以确定如下的有关波绕组节距的关系式：

第一节距：

$$y_1 = \tau = \frac{Z}{2p}\mp e=整数$$

第二节距：

$$y_2 = y - y_1$$

换向器节距：

$$y_k=y=\frac{k\mp 1}{p}=整数$$

从上述可见，叠绕组和波绕组都有左行绕组和右行绕组，两者在理论上并无区别。在实际应用中，为了节省用铜量，叠绕组经常采用右行，而波绕组则常采用左行，这样所用的连接线较短。

按照绕组的连接方法，直流电机的电枢绕组可分为 5 种形式：① 单叠绕组；② 复叠绕组；③ 单波绕组；④ 复波绕组；⑤ 混合绕组（即叠绕和波绕混合）。各种绕组的特征在于连接规律不同。其中单叠和单波绕组是最基本的。从掌握直流机电枢绕组的构成方法、连接规律、绕组具有的并联支路数等最基本的知识出发，我们仅就最基本的两种绕组（单叠和单波）予以介绍和讨论。

2. 单叠绕组

从上一节的介绍中已知，单叠绕组的合成节距 $y=y_k=\pm 1$。为了更具体地了解单叠绕的嵌置和连接方法，并进一步分析单叠绕组的特点，特用下面的例题予以说明。

设已知直流电机的极数 $2p=4$，槽数 Z、元件数 S、换向片数 K 都是 16，即 $S=K=Z=16$。试绕制一单叠右行全距绕组。

（1）节距计算

因为是右行绕组，故 $y=y_k=+1$。因为是全距绕组，故 $y_1=\dfrac{Z}{2p}\mp e=\dfrac{14}{1}\mp 0=4$ （即由第 1 槽至第 5 槽）；$y_2=y-y_1=1-4=-3$ （由第 5 槽返回至第 2 槽）。

（2）绕组展开图

为了比较清晰和直观地表示出绕组的嵌置与连接情况，将电枢沿轴向切开并展成一个平面，即成为常用的电枢绕组展开图，如图 1-16 所示。

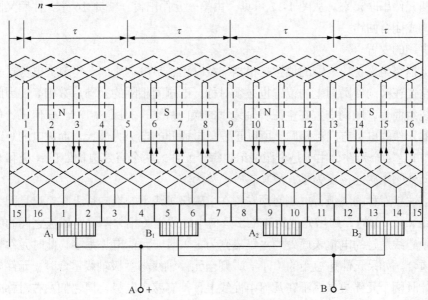

图 1-16　单叠绕组展开图

$2p=4$，$S=K=Z=16$

作图时，首先将槽按顺序编号。由于每槽分上、下两层嵌置元件边，因此为了清楚起见，上层边用实线表示，下层边用虚线表示。然后画第一个元件，它的上元件边放在槽 1 的上层，下元件边则放在 $1+y_1=1+4=5$ 槽的下层。为了获得常用的端接对称的绕组，使元件 1 的起端和末端所连的两个换向片的分界线与元件 1 的中心线重合，将元件 1 的上元件边所接的换向片标为换向片 1，并以此将换向片依次编号。由于 $y_h=1$，故元件 1 的下元件边应接到 $1+y_h=-1+1=2$ 的换向片上，这样就完成了第一个元件的连接。又由于 $y=1$，所以第二个元件的上元件边应放在槽 2（$1+y=1+1=2$）的上层，并与换向片 2 相连。依此类推，将所有元件按此规律连接，绕电枢一周，重新回到起始点，于是得到图 1-16 所示的单叠绕组展开图。

展开图上画出了各磁极的位置，它们在电枢圆周上的位置必须是对称的，按 N、S 极性相间排列，每极对应的宽度（极距）相等。至于磁极的大小则是任意画的，一般约等于 0.7 极距。图中的磁极是画在绕组的上面，因此，N 极的磁力线的方向是进入纸面。电枢的旋转方向也标在图的上部。根据右手定则可确定出各个线圈边中感应电势的方向，并用箭头表示在图中。

（3）绕组元件的连接次序

从绕组展开图可以看出，绕电枢一周后，所有元件互相串联而构成一闭合回路。因而我们还可以用绕组元件连接次序表来表示出元件的连接次序，如图 1-17 所示。

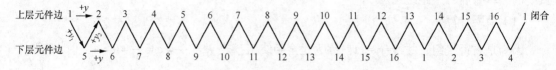

图 1-17　单叠绕组元件连接次序

图 1-17 中每根实线所连接的两个元件边构成一个元件，如 1—5 为第一个元件，2—6 为第二个元件……两元件之间的虚线则表示通过换向器上的一片换向片（表中用 1′、2′、3′……表示）把两元件串联起来。从图 1-17 可见，由第一元件出发，绕完 16 个元件后又回到第一个元件而构成闭合回路。

（4）电刷的安置

对于电枢绕组来说，电刷的位置是根据空载时正、负电刷之间获得最大电势这一原则来确定的。它们在换向器圆周上的位置也必须对称，电刷间相隔的换向片数相等。因此，对端接对称的绕组而言，电刷安置在主磁极轴线下的换向片上（见图 1-18）。任何正、负电刷之间所串联的元件的电势方向都相同。所以正、负电刷间的电势为最大。而被电刷短路的元件 1、5、9、13 这 4 个元件，由于是全距绕组，每个元件的两个有效边均处在 N 极和 S 极的分界线上，该处的主磁通密度为零，故其感应电势为零。

为什么端接对称的绕组，电刷必须安置在主磁极轴线下的换向片上呢？这是因为，如果元件是全距（$y_1=\tau$）的，则当元件两边位于几何中性线上（相邻两个主磁极之间的中心线，空载时此中心线通过的电枢表面处的主极磁密为零）时，元件电势为零，此时元件轴线与主磁极轴线重合。如果元件是短距的（$y_1<\tau$），则当元件轴线与主极轴线重合时，元件电势也为零。因为此时两个元件边虽然不在几何中性线上，都有感应电势，但它们左右对称的位于同一极性的主极下。所以两个元件边的感应电势的大小和方向都相同，互相抵消。对长距元件也有同样情况。由此可见，无论是全距、短距或长距元件，只要元件轴线与主极轴线相重合时，元件电势便为零。由于端接对称的元件，其元件轴线与元件所接两换向片的分界线重合，因而电势为零的元件所接的两个换向片的分界线必与主极轴线重合。这就是端接对称的绕组，电刷必须放在主极轴线下的换向片上的依据。

由于电刷是安置在主磁极轴线下的换向片上，那么电机有 2p 个磁极，就应安置 2p 个电刷，即电刷数等于磁极数，如图 1-18 所示。

从图 1-18 中各个元件电势的方向可以看出，电刷 A_1 和 A_2 具有正极性。而电刷 B_1 和 B_2 则具有负极性。对外连接时将同极性电刷并联在一起接至外电路。

（5）单叠绕组的电路图

为了进一步说明单叠绕组各个元件的连接次序及其电势分布情况，这里用图 1-18 所示简化电路予以表示。

从图 1-18 可以看出，每个极下的元件组成一条支路。这就是说，单叠绕组的并联支路数正好等于电机的极数，即 $2a=2p$（式中 a 为并联支路对数）。这是单叠绕组的重要特点之一。

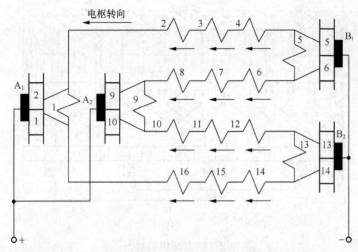

图 1-18　图 1-17 所示瞬间绕组电路图

当电枢旋转时，元件的位置不断移动，被电刷短路的元件也依次更换。但由于磁极和电刷在空间是固定不动的，因而从电刷外看绕组时，并联支路数及电势的极性都保持不变。

从以上分析可以总结出，单叠绕组具有以下一些最基本的特点。

① 并联支路数等于磁极数，$2a=2p$。

② 整个电枢绕组的闭合回路中，感应电势的总和为零，绕组内部无"环流"。

③ 电刷数等于磁极数。

④ 正、负电刷之间引出的电势即为每一支路的电势。

⑤ 由正、负电刷引出的电枢电流 I_s 为各支路电流之和，即 $I_s=2ai_y$（式中 i_y 为每一条支路的电流，即绕组元件中流过的电流）。

3. 单波绕组

上面已经指出了单波绕组元件的特点。下面举例说明单波绕组的嵌置方法和连接规律。

设已知电机的极数 $2p=4$，槽数、换向片数以及元件数均为 15，即 $S=K=Z=15$。要求绕制一左行短距单波绕组。

（1）节距计算

因为是左行绕组，故 $y=y_k=\dfrac{k-1}{p}=\dfrac{15-1}{2}=7$。因为是短距绕组，故 $y_1=\dfrac{Z}{2p}\mp e=\dfrac{15}{4}-\dfrac{3}{4}=3$
（即由第 1 槽至第 4 槽），$y_2=y-y_1-7-3-4$（由第 4 槽至第 8 槽）。

（2）绕组展开图

绘制单波绕组的展开图，也和单叠绕组一样，先将槽、换向片依次编号。作图时从换向片 1 开始，并将与其相连元件的一个元件边安放在槽 1 的上层，该元件另一元件边安放在第 4 槽（$1+y_1=1+3=4$）的下层，然后把这个下层边连到换向片 $1+y_h=1+7=8$ 上，从而完成了第 1 个元件的嵌置。再将换向片 8 连到槽 8 的上元件边，开始嵌置第 2 个元件。由于所有元件的节距相同，按照 1 号元件的规律继续嵌下去，便可将 15 个元件依次嵌完，最后回到换向片 1 上，构成一个闭合回路，如图 1-19 所示。

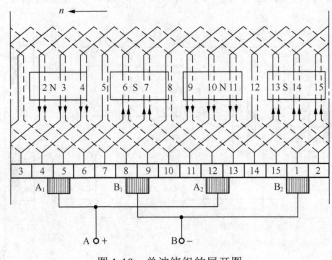

图 1-19　单波绕组的展开图

$$2p=4，\quad Z=K=S=15$$

（3）绕组元件的联接次序

从绕组展开图可以看出，全部 15 个元件是按下列次序串联而构成一个闭合回路的，即

$$1\rightarrow8\rightarrow15\rightarrow7\rightarrow14\rightarrow6\rightarrow13\rightarrow5\rightarrow12\rightarrow4\rightarrow11\rightarrow3\rightarrow10\rightarrow2\rightarrow9\rightarrow1$$

同样，也可以用绕组元件连接次序图来表示出元件的连接次序，如图 1-20 所示。

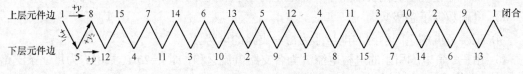

图 1-20　单波绕组元件连接次序图

（4）电刷的安置

在波绕组中，电刷的安置原则也和在叠绕组中一样，即要求正、负电刷之间获得最大电势。因此，电刷也必须安置在主磁极轴线下的换向片上，从而使得单波绕组的电刷数也等于磁极数。如同在叠绕组中一样，根据导体中感应电势的方向，可以确定出电刷的极性。

从绕组展开图可以看出，元件 5 和 12 被两个正极性电刷所短路，而元件 1、8、9 则被两个负极性电刷所短路。这个情况与叠绕组有所不同。在叠绕组中，短路元件是被同一电刷所短接。但两种情况下被电刷所短路的元件的感应电势都等于零或接近等于零。例如，图 1-20 所示瞬间，元件 9 和元件 1 串联后被电刷 B_1 短路。因为在该瞬间元件 1 的下层边和元件 9 的上层边，以及元件 1 的上层边和元件 9 的下层边，所处磁场的极性相同，位置一样。所以这两个元件的电势大小相等而方向相反，串联起来后互相抵消，合成电势为零，不形成环流。

（5）单波绕组的电路图

图 1-20 所示瞬间的电路图如图 1-21 所示。从图 1-21 可以看出，元件 15、7、14、6、13 串联在一起，即处在 S 极下的所有元件串联在一起构成一条支路，各元件的电势方向是相同

的。元件4、11、3、10、2串联在一起，构成另一条支路，它们的电势方向也是相同的。由此可见，单波绕组是先将上元件边在同一极性磁极下的所有元件串联起来之后，再把上元件边在另一极性磁极下的所有元件串联起来而构成一个闭合回路。

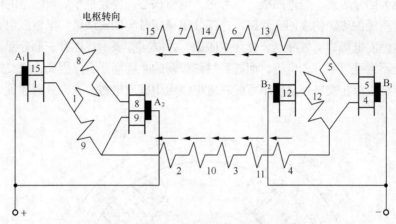

图1-21　图1-20所示瞬间绕组的电路图

正由于单波绕组的上述连接规律，因而不管它的极数是多少，总是先将上元件边在N（或S）极下的所有元件串联构成一条支路，然后将上元件边在S（或N）极下的所有元件串联而构成另一条支路。因此，它的并联支路数恒等于2，即$2a=2$，所以$a=1$。这是单波绕组的重要特点之一。

由于单波绕组只有两条支路，那么从理论上讲只需要安置两个电刷就可以了。如果把图1-21中的电刷A_2和B_2去掉，只留下电刷A_1和B_1，对电机输出电势的大小并无影响。但实际上除个别情况外，大都仍采用$2p$个电刷（即电刷数等于磁极数，称为全额电刷）。这是因为电刷数增多，不仅对支路电势的大小无影响，而且还可减少每个电刷通过的电流，于是电刷与换向器的接触面积可以减小。当换向器的直径不变时，换向器的长度可以缩短，从而节省用铜量。

一般说来，电流较小而电压较高的电机，大都采用并联支路数较少的绕组形式（如单波绕组）。而电流较大电压较低的电机，大都采用并联支路数较多的绕组形式（如单叠绕组）。但这也不是绝对的，因为绕组形式的选择和确定还需要考虑加工工艺等许多方面的因素。

最后还要指出，直流电机的电枢绕组除单叠和单波两种基本形式外，还有复叠、复波和混合绕组几种形式。关于这些绕组的连接规律，读者可参阅电机学方面的书籍，这里不再赘述。

4. 电枢绕组的感应电势

上面对直流机电枢绕组的构成作了最基本的介绍和分析。当电枢在磁场中旋转时，电枢绕组中必然感应电势。感应电势的产生离不开磁场，所以了解感应电势必须从了解电机的磁场着手。

（1）直流电机空载时的磁场

什么是直流电机的空载呢？空载是指电枢电流等于零或近似为零时的情况。在此情况下，对电动机来说，没有机械功率输出，对发电机来讲没有电功率输出。因而电机空载时的气隙磁场只是由主极绕组通以直流电流（即励磁电流）所建立的磁场，称为主极磁场。

图 1-22 所示为一台四极直流电机空载时主极磁场的分布图。从图中可以看出，由励磁电流所形成的绝大部分磁通，经过磁极、气隙进入电枢铁心，再穿过相邻极区下的电枢齿、气隙和磁极，最后经由磁轭构成闭合回路。这部分磁通同时与励磁绕组和电枢绕组相交链，是在电枢绕组中感应电势的有效磁通，称为主磁通，并以 Φ_m 表示。还有一部分磁通也经过磁轭和磁极，但不穿过气隙进入电枢，而是经过磁极间的空间而闭合。因此，仅交链励磁绕组本身，不和电枢绕组相交链，从而不可能在电枢绕组中感应电势，这部分磁通称为漏磁通，并以 Φ_δ 表示。

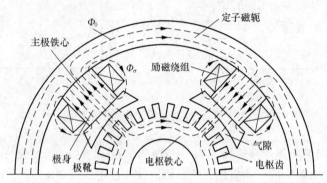

图 1-22　四极直流电机中的空载磁场分布

由图 1-22 可见，主磁通的磁路中气隙较小，磁导较大。而漏磁通的磁路中空间较大，磁导较小。作用于这两个磁路中的磁势都是励磁磁势，故漏磁通在数值上比主磁通要小 得多。

由于主磁极极靴的宽度总是比一个极距要小，在极靴下的气隙又往往是不均匀的，磁极中心处最小，而极尖处较大。因此，沿电枢表面各点，垂直于电枢表面的磁通密度也是不同的。在极中心下面磁通密度最大，靠近极尖处逐渐减小，在极靴范围以外，则减小得很快。而在两极之间的几何中性线上磁密等于零。若不考虑电枢表面齿和槽的影响，在一个极距范围内沿电枢表面磁密的分布如图 1-23 所示。

下面介绍在电机的分析和设计计算中经常用到的所谓直流电机的磁化曲线。

电机运行时，要求每个磁极下有一定量的主磁通 Φ_m，即要求有一定的励磁磁势。在实际电机中，励磁绕组的匝数 W_f 已经确定，因而也就是要求有一定的励磁电流 I_f。当中 Φ_m 改变时，所需励磁磁势 F_f 或励磁电流 I_f 也改变，这种相应的要求可表示为主磁通中 Φ_m 与励磁磁势 F_f 或励磁电流 I_f 的关系，即 $\Phi_m=f(F_f)$ 或 $\Phi_m=f(I_f)$。这种 Φ_m 与 F_f（或 I_f）的关系，称为电机的磁化曲线。

电机的磁化曲线可以通过电机磁路计算或通过实验求得。由于主磁通所经过的回路存在着铁磁材料，而铁磁材料的 B—H 曲线是非线性的，导磁系数不是常数，因而磁阻也不是常数，这就使得 $\Phi_m=f(F_f)$ 的关系也是非线性的。根据磁路定律可知，磁势 F_f 等于磁回路中磁压降 Hl 之和；而磁通 Φ 等于磁密和磁路横截面 S 的乘积。故电机磁化曲线形状必然和所采用的铁磁材料的 B—H 曲线相似，如图 1-24 所示。

在此，必须强调指出，电机磁化曲线的具体数值，仅仅和电机的几何尺寸以及所用材料的性质有关，而与电机的励磁方式无关。

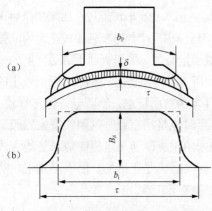

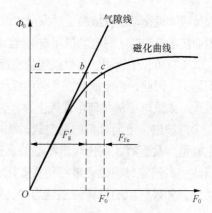

图 1-23　气隙中主磁场磁密的分布　　　　　图 1-24　电机的磁化曲线

（2）电枢绕组的感应电势

上面我们对直流电机的磁场有了一个最基本的了解。如果电枢以一定的转速在磁场中旋转，则电枢绕组的导体切割磁力线，因而在电枢绕组中感生一定的电势，并通过电刷引至外电路。

电枢绕组的感应电势是指电机正、负电刷之间的电势。前面曾经指出，无论是叠绕组还是波绕组，正、负电刷间的电势就是支路电势，而支数电势就等于支路中各串联元件电势之和。根据电磁感应定律，电枢绕组的感应电势可用 $e=Blv$ 进行计算。

为了求出电枢绕组的感应电势，应把支路中所有导体的电势相加。

设 N 为电枢总导体数，则每条支路的导体数为 $\dfrac{N}{2a}$，于是电枢电势 E_a 可由下式决定：

$$E_a = \sum_{x=1}^{\frac{N}{2a}} e_x = lv \sum_{x=1}^{\frac{N}{2a}} B_x \tag{1-7}$$

当电枢导体数 N 很大时，上式中的 $\sum_{x=1}^{\frac{N}{2a}} B_x$ 可用平均磁密 B_{pj} 乘 $\dfrac{N}{2a}$ 来代替。如果每极磁通 Φ_m 为已知，则从 $\Phi_m = B_{pj}l\,\tau$ 求得 $B_{pj} = \dfrac{\Phi_m}{l\tau}$。电枢表面导体的线速度 $v = 2p\,\tau\dfrac{n}{60}$（m/s）。其中 n 每分钟的转数，将这些关系代入式（1-7）可得

$$E_a = 2p\tau l\frac{n}{60} \times \frac{\Phi_m}{l\tau} \times \frac{N}{2a} = \frac{pN}{60a}\Phi_m n(V) \tag{1-8}$$

即

$$E_a = C_e \Phi_m n(V) \tag{1-9}$$

式中 $C_e = \dfrac{pN}{60a}$ 对已制成的电机来说是一个常数，称为电势常数。若每极磁通 Φ_m 用韦伯，转数 n 用转/分表示时，则电势的单位为伏特。如果 Φ_m 的单位用麦克斯威（1 韦伯$=10^8$麦克斯威），则

$$E_a = \frac{pN}{60a}\Phi_m n \times 10^{-8} = C_e \Phi_m n \times 10^{-8}(V) \tag{1-10}$$

式（1-9）是直流电机一个很重要的而且也是最基本的关系式。如果每极磁通量保持不变，则电枢电势 E_a 和转速成正比。如果转速 n 保持不变，则电枢电势 E_a 与每极磁通 Φ_m 成正比。总之，电枢感应电势的大小取决于每极磁通量、极对数、电机的转速以及绕组导体数和连接方法。

式（1-10）表明，当直流电机的电枢绕组在磁场中以一定速度旋转时，不管这种旋转产生的

原因是原动机拖动电枢旋转（对发电机而言），还是电枢绕组本身有电流通过在磁场中产生电磁转矩而使电机旋转（对电动机而言），在电枢绕组中都将感应出一个与电枢转速成正比的电势。

式（1-10）还表明，电枢绕组的感应电势与每极磁通量有关，但与极面下磁通密度的分布状况无关。因此，当电刷放在几何中性线上时，电刷间所有元件电势方向相同，因而输出的电势最大。如果电刷从几何中性线上移开，电刷间各元件电势有所抵消，感应电势也有所减小。

应当指出，上面分析的是空载时的电枢电势，计算时也是用空载时气隙的每极磁通，如果电机是有载运行，则出现电枢磁势，这时气隙磁场则由主极磁势与电枢磁势二者的合成磁势所建立。气隙每极磁通量将稍有变化，但上面推导的关系仍是正确的。所以不论电机有没有负载，如果气隙的每极磁通量为 Φ，则电枢绕组中的感应电势为

$$E_a = C_e\Phi n(\text{V}) \tag{1-11}$$

这就是直流电机感应电势的通用表达式。

1.4 直流电机的电枢反应和换向

1. 直施电机的电枢反应

在 1.3 节中曾经指出，电机空载时，气隙磁场仅由主极的励磁磁势所产生，称为主极磁场。当电机负载时，电枢绕组内有电流流过，该电流也要产生磁势，建立磁场，并称为电枢磁场。电枢磁场的出现，必然对气隙磁场产生一定的影响，使气隙磁密的分布情况发生变化。这种电枢磁势对气隙磁场的影响称为电枢反应。

我们采用叠加方法来分析直流电机中的电枢反应，也就是分别讨论主极磁势和电枢磁势各自在气隙中所建立的磁场，然后把它们叠加起来，从而求得合成的气隙磁场，即电机负载时的实际气隙磁场。

（1）主极磁场

当电枢绕组没有电流流过时，主极励磁绕组磁势所建立的主极磁场的分布如图 1-25（a）所示。磁场轴线与磁极轴线（将磁极平分为左右两部分的直线）相重合，而且对称于几何中性线（相邻两极轴线之间并与这两极轴线等距离的直线，该线上各点的磁场磁密为零）。在图 1-25（a）中也示出了电刷的位置。由于被电刷短路的元件，其两个有效边正好位于几何中性线上，因此，在省去换向器的情况下，可将电刷直接画在几何中性线上。

（2）电枢磁场

假设主极励磁绕组中没有电流流过，而电枢绕组中流过一定电流时，电枢电流将产生电枢磁场，其分布情况如图 1-25（b）所示。根据导体中电流的方向（请注意，电枢各导体中电流的方向以电刷轴线为分界线），应用右手螺旋法则，可以确定电枢磁通的方向。在图 1-25（b）所示的情况下，电枢磁通是由左边进入电枢，而从右边出来。因而可以把电枢的左边看成是 N 极，而右边看成是 S 极。由图 1-25（b）可见，电枢磁场的轴线与主极磁场轴线互相垂直，故称为交轴电枢反应。电枢磁场的磁力线在半个磁极下是由电枢进入磁极，在另一半磁极下则是从磁极进入电枢。而且主磁极的中心线正是电枢磁势的分界线，即电枢磁势作用为零的地方。

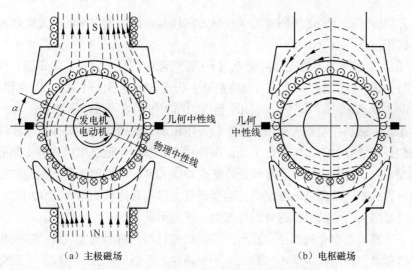

（a）主极磁场　　　　　　（b）电枢磁场

图 1-25　主极磁场和电枢磁场的分布示意图

必须指出，主极磁势所建立的磁场在空间是静止的，但电枢是旋转的。电枢磁势建立的磁场是否也转动呢？回答是否定的。因为电刷在空间是静止的，而电枢绕组中的电流又是以电刷轴线为分界线，即支路电流方向不变，从而保证了同一极下所有导体中电流方向相同。因此，电枢磁势所建立的磁场在空间也是静止的，所以定子、转子磁场也是相对静止的。必须强调指出，电机中这种定子、转子磁场相对静止的概念具有普遍性。

（3）合成磁场

上面分别说明了主极磁场和电枢磁场的分布情况。如不考虑磁路的饱和，可将二者叠加起来，则得到如图 1-26 所示负载时的合成磁场。从图 1-26 可以看出，合成磁场对主磁极轴线已不再对称了，使得物理中性线（通过磁密为零的点并与电枢表面垂直的直线）由原来与几何中性线相重合的位置移动了一个角度 a。我们把这种由于电枢电流所建立的磁场对气隙磁场的影响称为电枢反应。由图 1-26 可见，电枢反应的结果使得气隙磁场的分布发生畸变。

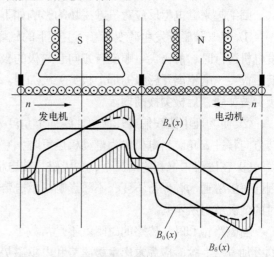

图 1-26　有载时气隙中磁通密度的分布

为什么电枢反应使气隙磁场发生畸变呢？这是因为电枢反应将使一半极面下的磁通密度增加，而使另一半极面下的磁通密度减小。整个极面下磁通的增加量与减小的量正好相等，则整个极面下总的磁通量仍保持不变。但由于实际上磁路的饱和现象是存在的，因此，磁通密度的增加量要比磁通密度的减小量略少一些。这样，每极下的磁通量将会由于电枢反应的作用有所削弱。这种现象称为电枢反应的去磁作用。

总之，电枢反应的作用是使气隙中磁通密度的分布发生畸变，并且有一定程度的去磁作用。

为了进一步说明有载时电机气隙磁场的分布情况，可采用磁场展开图予以说明。为此，把电枢外圆展成一直线。当主磁极极性和电枢绕组中电流的方向给定以后，则发电机的电枢应为顺时针方向旋转，而电动机则应为逆时针方向旋转。因而图中标明的发电机和电动机的旋转方向正好相反。

图 1-26 是主磁极所产生的磁通密度 $B_\delta(x)$ 在气隙中的分布波形。假定磁力线从电枢表面进入主极时为正，画在横轴的上方。而磁通从主极进入电枢表面时为负，画在横轴的下方。在一个极距内，$B_\delta(x)$ 曲线与横坐标间所包围的面积可代表每极磁通量 Φ_m。

下面讨论电枢磁场在空间的分布情况。假设电枢表面的槽数很多，载有电流的导体在电枢表面是均匀且连续分布的，电刷位于几何中性线上。那么电枢绕组每一条支路的中点正好在磁极的轴线上，以主极轴线与电枢表面的交点 O 为原点。电枢磁势所形成的磁通环绕坐标原点向两边对称分布。根据全电流定律，随着离开支路中点距离的增大，作用在气隙各点的磁势也成正比地增大，所以电枢磁势的分布为一三角形波。

现在进一步说明电枢磁密的分布波形。因为铁磁材料的磁阻与空气隙的磁阻相比是很小的，因此电机磁路的磁阻基本上由气隙的大小来决定。在极间部分，气隙大，磁阻也大，故磁势虽大，而形成磁密却很小。在极下部分，气隙较小，磁阻也较小，气隙又是均匀的，故磁密与磁势成正比。因而使得气隙磁密 $B_a(x)$ 在极尖处呈现马鞍形波形。

如果不考虑磁路的饱和，有载时气隙的合成磁密是主极磁密 $B_0(x)$ 和电枢磁密 $B_a(x)$ 两者的叠加，图 1-26 所示便是这种合成磁场的磁密分布波形。

从图 1-26 可以看出，电枢反应的结果是使得气隙磁场 $B_\delta(x)$ 的波形发生畸变。磁密为零的点已从空载时的 a 点移到 b 点。

归纳起来，电枢反应对气隙磁场的影响如下。

① 使气隙磁场发生畸变。每个主极下的磁场，一半被削弱，另一半被加强。当电机作为发电机运行时，前极尖（顺旋转方向看磁极的极尖，或电枢进入磁极的那个极尖）被削弱，而后极尖（电枢离开磁极的那个极尖）被加强。若电机作为电动机运行，情况正好相反，前极尖被加强，后极尖被削弱。

② 使物理中性线偏离几何中性线一个角度 a。当电机作为发电机运行时，它顺着电枢旋转方向移过 a 角。当电机作为电动机运行时，它逆着电枢旋转方向移过 a 角。

③ 在磁路未饱和的情况下，主极磁场被电枢反应削弱的数量恰好等于被它加强的数量，因此每极磁通 Φ_m 保持不变，不致影响电枢电势的大小。但实际上磁路具有饱和的性质，这时的情况就有所不同。

当磁路饱和时，磁路的磁阻就不是常数了，它随磁密的不同而变化，因而不能采用上述的叠加方法。这时应先求出主极磁势和电枢磁势两者的合成磁势沿电枢圆周的分布曲线，然后根据其磁化曲线求得负载时气隙中的磁密分布曲线，如图 1-26 中 $B_\delta(x)$ 虚线所示。从图中可见，若电机作为电动机运行，电枢反应使前极尖的磁通增加的数量小于后极尖磁通减少的数量。因此，负载时的每极合成磁通以及与此相应的电枢绕组电势都比空载时要小一些。所以说，当考虑电机磁路的饱和时，电枢反应不但使主极磁场畸变，而且有一定程度的去磁作用。

还必须指出，电枢磁势的分布仅决定于电枢绕组中的电流方向和电刷位置，而与该电机用作发电机或电动机无关。所以说，发电机的电枢反应和电动机的电枢反应在物理本质上并无区别。

上面分析的是指电刷放在几何中性线上时的电枢反应。但在实际电机中，由于装配误差或其他运行时的原因，电刷有时不是恰好在几何中性线上。这种情况下的电枢反应又是如何呢？前面已指出，电枢反应磁势的轴线总是与电刷轴线相重合。这是因为电枢圆周表面导体中电流的方向是以电刷轴线为分界线，因而应用右手螺旋法则，即可确定电枢反应磁势的轴线，它总是与电刷轴线相重合。因此，当电刷位置移动时，电枢磁势沿空间的分布必随之变化。

从上面的分析已知，当电刷放在几何中性线上时，电枢磁势的轴线恰与主极轴线正交，如图 1-27（a）所示。我们称这时的电枢磁势为交轴电枢磁势，相应的电枢反应称为交轴电枢反应。由于一般直流电机的磁路总是饱和的，因而交轴电枢反应不仅使气隙磁场的分布发生畸变，且有去磁作用。

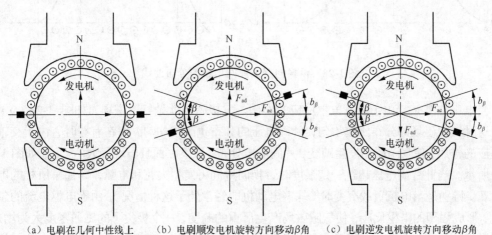

（a）电刷在几何中性线上　　（b）电刷顺发电机旋转方向移动β角　　（c）电刷逆发电机旋转方向移动β角

图 1-27　电刷处于不同位置时的电枢反应

如果电机的电刷不在几何中性线上，而是顺发电机转动方向移动一个角度 β（见图 1-27（b）），或者是逆着发电机转动方向移过一个角度 β（见图 1-27（b））。这时电枢磁势 F_s 的方向如图 1-27（b）、（c）所示。为了分析 F_s 的作用，我们可将其分解为交轴电枢磁势 F_j 和直轴电枢磁势 F_z 两个分量。交轴电枢磁势 F_j 的作用，与前面分析的情况一样，它不但使气隙磁场发生畸变，而且有一定的去磁作用。直轴电枢磁势 F_z 对主撮磁势直接起去磁或增磁作用，也就是说它将直接影响主磁通量的大小。

由图 1-27 可以看出，如果电机作为发电机运行，电刷顺着电枢旋转方向从几何中性线上移动一个距离，则直轴电枢反应起去磁作用。如果逆着电枢旋转方向移动，则直轴电枢反应起增磁作用。如果电机是作为电动机运行，则情况正好相反。

2. 电枢反应的补偿

从上一节的分析中已知，电机有载时的电枢反应，不但有去磁（或增磁）作用，而且还将使气隙磁场发生畸变。这种作用对电机的运行产生什么样的影响呢？

首先分析电枢反应的去磁作用对电机运行的影响。由于电机中的感应电势与每极磁通量有关，若电机作为发电机运行，则会由于电枢反应的去磁作用使发电机端电压比空载时低。为了保持发电机端电压不变，负载时必须增加主极的励磁电流，以补偿电枢反应的去磁作用。在后续内容的学习中，我们还将了解到，电枢反应的去磁作用对直流电机运行性能的影响是多方面的。

其次分析电枢反应使磁场畸变的后果。如图 1-28 所示，任意相邻两个换向片间的电压 U_h 等于接到该两个换向片的元件的感应电势。当电枢的转速一定时，U_h 便与元件边所在处的气隙磁密 Φ_δ 成正比。因此，换向器上相邻换向片间的电压分布规律取决于气隙磁密沿电枢圆周的分布规律。因此，可以认为气隙磁密分布曲线，即表示换向片间电压的分布情况。

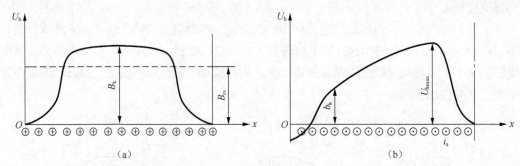

图 1-28　沿换向器上片间电压的分布曲线

当电机空载时，由于没有电枢反应的作用，主极磁场就是气隙磁场，如图 1-28（a）所示。这时气隙磁场的分布比较均匀，片间电压的分布也比较均匀。而在有载时，由于交轴电枢反应的作用，使气隙磁场发生畸变，片间电压分布不均匀、而且出现最大值 U_{hmax} 如图 1-28（b）所示。当此片间电压超过一定限度时，换向片间将发生火花和电弧，即通常所称的电位差火花。特别是当电机负载突变时（轧钢电动机即经常处于这种情况），由于电枢电流的急剧变化，形成强烈的电枢反应，使气隙磁场产生严重的畸变，一个极尖下的磁通密度大为增加。因而在该处的绕组元件中的感应电势也大大增加，有可能使相邻两换向片之间的电位差超过一定的限度，从而构成换向片之间的电弧短路。此电弧随着换向器的运动而机械地拉长，从而使整个换向器上出现一圈火花。这种现象称为环火。电机在运行时发生了环火，就等于电枢绕组经过电刷直接短路。它不仅使换向器和电刷烧损，还有可能使电枢绕组受到极为严重的损伤。

综上所述，电机有载时的电枢反应，将对电机的运行产生严重的影响。为了克服电枢反应的不良影响，采用补偿绕组是有效的方法之一。

补偿绕组嵌置在主磁极极靴上专门冲制的槽内，其中流过的电流，其方向与对应极下电枢绕组的电流方向相反，很显然，它产生的磁势和电枢反应磁势方向相反，从而补偿了电枢反应。为了使补偿绕组在任何负载下（即在不同的电枢电流下）都能抵消电枢反应磁势，补偿绕组应与电枢绕组串联。这样就能使补偿绕组产生的磁势在任何情况下都和电枢反应的磁势大小相等，方向相反，从而消除电枢反应的影响。

必须强调指出，电枢反应是电机有负载时必然出现的一种电磁现象。因而，人们不可能消灭它，而只能采取适当措施去补偿它，从而消除其影响。

3. 直流电机的换向过程

什么叫做"换向"呢？在 1.1 节中曾指出，直流电机电枢绕组里的电势和电流都是交变的，只是借助于旋转的换向器和在空间固定的电刷的作用，才使直流发电机在电刷两端获得直流电压。而且当电枢旋转时，电枢绕组的每个元件，依次从一条支路经过电刷进入另一条支路，此时元件中的电流要随着改变方向。这一现象和过程，叫做电流换向，简称"换向"。

（1）换向过程的物理现象

图 1-29 表示一单叠绕组，当电刷宽度 b_s 等于换向片宽度 b_h 时，元件 1 中电流的换向过程。图中电刷固定不动，换向器以 v_h 的线速度从右向左运动。从图 1-29（a）可见，当电刷与换向片 1 接触时，元件 1 属于电刷右边的一条支路，元件中的电流为 i_a。当电刷与换向片 1 和 2 接触时（见图 1-29（b）），元件 1 被电刷短路；当电刷仅与换向片 2 接触时（见图 1-29（c）），元件 1 属于电刷左边的一条支路，电流也为 i_y，但方向与原来相反。可见，当电刷从换向片 1 过渡到换向片 2 时，元件 1 中电流从 $+i_y$ 变到 $-i_y$，即发生了 $2i_y$ 的变化。电流的这种变化过程称为换向过程。图 1-29（d）示出了元件 1 从换向开始直到经过一对极距时，电流变化的理想曲线。从换向开始（图 1-29（a）所示瞬间，对应于图 1-29（d）的 t_a 点）到换向结束（图 1-29（a）所示瞬间，对应于图 1-29（d）的 t_c 点）所需时间称为换向周期，以 T_h 表示，即相当于换向元件被电刷短路的整个时间。通常 T_h 只有千分之几秒，可见换向过程是在极短的叶间内完成的。

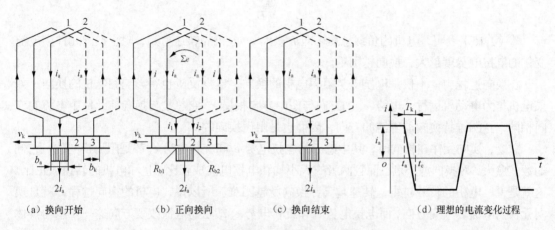

（a）换向开始　　　　（b）正向换向　　　　（c）换向结束　　　　（d）理想的电流变化过程

图 1-29　单叠绕组元件中电流的换向过程

正在进行换向的元件称为换向元件，换向元件中的电流称为换向电流。在换向过程中，换向元件的元件边在电枢表面上所移过的距离称为换向区域。

（2）换向过程的主要矛盾

换向过程是一个十分复杂的过程，其中不仅有电磁现象，而且还有机械的、电热的、电化学等多种现象。彼此互相影响，十分复杂。在此仅从电磁方面来分析其主要矛盾。

由于在换向周期内，换向元件中的电流从 $+i_y$ 变到 $-i_y$，故由它所产生的、并与换向元件交链的漏磁通也随之变化，从而在换向元件中感应出电势 e_L。根据电磁感应定律，这种电势的作用总是阻碍换向元件中电流变化的，称为自感电势。

此外，在实际电机中，电刷宽度 b_s 一般大于换向片的宽度 b_h。因此，被电刷短路的不只一个元件，也就是说往往是几个元件同时在换向。那么，其他换向元件产生的漏磁通也部分地与所研究的元件交链，从而在所研究的元件中产生互感电势 e_M，它也是阻碍换向元件中电流变化的。我们把换向元件产生的自感电势 e_L 和互感电势 e_M，统称之为电抗电势 e_r，即

$$e_r = e_L + e_M = -L_r \frac{di}{dt} \tag{1-12}$$

式中 L_r 为换向元件的总电感系数，它包括该元件的自感系数和互感系数。

由于在换向周期 T_h 内，换向元件中电流的变化为 $2i_y$，故电抗电势的平均值为

$$e_{pj} = \frac{1}{T_h} \int_0^{T_h} e_r dt = \frac{1}{T_h} \int_{+i_y}^{-i_y} (-L_r \frac{di}{dt}) dt = L_r \frac{2i_y}{T_h} \qquad (1\text{-}13)$$

当 $b_s = b_h$ 时，换向周期为

$$T_h = \frac{b_s}{v_h} = \frac{b_h}{v_h} = \frac{b_h}{v_s \dfrac{D_h}{D_s}} \qquad (1\text{-}14)$$

式中 v_h 和 v_s 分别为换向器和电枢的线速度，而 D_h 和 D_s 分别为换向器和电枢的直径。由于支路电流 $i_y = \dfrac{I_s}{2a}$（其中 I_s 为电枢电流），所以：

$$e_{pj} = L_r \frac{2i_y}{T_h} = L_r \frac{2i_y}{\dfrac{b_h D_s}{v_s D_h}} = K I_s v_s \qquad (1\text{-}15)$$

式（1-15）表明，电机的负载愈重（即 I_s 愈大），电机的转速愈高，阻止换向元件中电流变化的电抗电势就越大，换向越困难。

在换向过程中，不仅是电抗电势阻碍电机的换向，电枢反应也将影响到电机的换向（如果电机作为电动机运行，电势 e_x 的方向与图中方向相反）。它总是与换向前元件中电流的方向相同，企图维持换向前电流的方向，因而也是阻碍换向的。

总之，换向元件在换向时，其中感应的电抗电势 e_r 和旋转电势 e_x 都是阻碍换向的。它们的数值愈大，对换向愈不利。而且两者的大小均和电枢电流成正比，也和电机的转速成正比。这就是说，电机的负载越重，转速越高，换向就越困难。所以说，电机的换向过程，就是换向元件内电流要改变方向，而电抗电势 e_r 和旋转电势 e_x 却阻碍电流改变方向这一矛盾的具体体现。

（3）换向不良的后果

从上述分析已知，换向元件经过电刷时，其中的电流要改变方向，而电势 e_r 和 e_x 阻碍电流改变方向，使得换向元件中的电流不能在整个换向周期内均匀地改变。而是在换向周斯的大部分时间内，电流保持换向前的数值，在最后很短的时间内才被迫从 $+i_y$ 变到 $-i_y$。电流的这种急剧变化，必然伴随有很大的电磁能量变化。由于能量不能突变，因此在换向结束的瞬间，电刷与换向元件构成的换向回路突然被断开，电磁能量要释放出来。当这部分能量足够大时，它将以火花的形态由后刷边放出。所以说换向不良的直接表现是电刷下出现火花。

实际运行情况表明，电机发生在后刷边的火花，其范围有大有小，强度也是有强有弱。当电刷下小部分发生微弱的火花时，对电机的运行并无多大危害（可参阅国家标准所规定的火花等级）。但如果火花范围扩大并达到一定强度时，则将烧伤换向器和电刷、严重时将使电机遭到破坏性的损伤，不能继续运行。

必须指出，从电机运行中产生火花的角度来讲，上述换向不良只是产生火花的原因之一，即为产生火花的电磁性原因。在许多情况下，直流电机的火花是由机械原因所引起的。例如，换向器偏心、转子不平衡、轴承磨损、换向片间的云母突出、电刷松动或压得过紧、电刷表面研磨不良以及其他等情况，都有可能使电机在运行中出现火花。必须针对具体情况采取措施，予以解决。

（4）改善换向的方法

上面已经指出，换向不良的直接表现是电刷下出现火花。为了使电机保持正常运行，必须采取措施改善电机的换向。在此介绍两种常用的改善换向的方法。

① 安置换向极。换向极装在两个主磁极之间的几何中性线上，它的作用是产生一个附加磁势，除了抵消交轴电枢反应磁势的作用外，并在换向区域内建立一个磁场，使换向元件中产生一附加电势去抵消电抗电势 e_r。由于电抗电势 e_r 总是阻止换向元件中电流的变化，也就是说它的方向总是和换向元件换向以前的电流方向一致。因此，要求换向极磁势在换向元件中产生的换向电势 e_h 的方向必须与换向元件换向以后电流方向相同。应用右手定则可确定换向极的极性如图 1-30 所示。由图可见，当电机作为电动机运行时，换向极的极性总是和后面（顺着电机旋转方向看）的一个主极的极性相同。而当电机作为发电机运行时，换向极极性总是和前面一个主磁极极性相同。如果换向极极性不正确，不仅不能起到改善换向的作用，而且会使换向恶化（图 1-30 中 e_r 和 e_h 的方向是对发电机而言）。

我们知道，电抗电势的平均值与电枢电流成正比，为了使换向电势 e_h 和电抗电势 e_r 在任何负载下（即不同的电枢电流下）都能抵消，要求换向电势的大小正比于电枢电流。所以换向极绕组必须与电枢绕组串联，使换向极磁势与磁通正比于电枢电流（换向极磁路不饱和），这样，换向元件切割换向极磁通而产生的换向电势也必然与电枢电流成正比。

安置换向极是改善换向最有效的方法，除少数小容量电机以外，现代直流电机几乎都装有换向极。

② 移动电刷位置。在小容量无换向极的直流电机中，常用移动电刷位置的方法来改善换向。将电刷从几何中性线移开一相当角度，如图 1-31 所示。利用主磁场来代替换向极磁场，也可获得必要的换向极电势以抵消电抗电势。

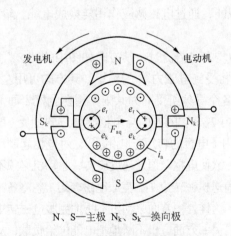

N、S—主极 N_k、S_k—换向极

图 1-30 安置换向极改善换向

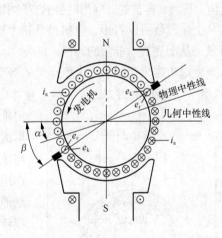

图 1-31 移动电刷改善换向

应该指出，移动电刷的方向必须正确，移动的角度必须适当。当电机作为电动机运行时，电刷应逆着电枢旋转方向移动，而当电机作为发电机运行时，电刷则应朝着电枢旋转方向移动。如果移动方向不正确，相当于换向极的极性错了，不但起不到改善换向的作用，反而会使电机换向恶化，导致电刷下出现强烈的火花。这一结论请读者自行分析和判断。

为什么移动的角度必须适当呢？这是因为当电机有载时，由于电枢反应使磁场发生畸变，电机的物理中性线离开了电机的几何中性线。从图 1-31 可以看出，电刷移动的角度 β，必须大于物理中性线移动的角度 a。这样才能使换向元件处于所需极性的磁极下，保证移动电刷后换向元件中能产生适当的附加电势，以抵消电抗电势。

移动电刷位置虽然可以改善换向，但也存在着两个严重的缺点。其一是由于电刷离开了几何中性线，这时的电枢反应将出现直轴分量 F_Z。它是起去磁作用的，从而会影响发电机的端电压（在电动机情况下影响电机的转速）。另一个缺点是移刷方法不能适用于负载变化的情况，因为移刷的目的在于利用主极磁场在换向元件中产生一个抵消电抗电势 e_r 的电势 e_h。而电抗电势又是随着负载的变化而变化的，那么就要求电刷移动角度的大小必须随负载的变化而改变。这在实际运行中是不可能做到的，因此这种方法的应用有着一定的局限性。

除上述两种改善换向的方法外，人们在实践中还提出了许多改善换向的具体措施，如正确地选择电刷的型号和尺寸，就是这种措施之一。

1.5　直流发电机的运行特性

1．直流发电机中的基本能量关系

（1）发电机将机械能转换为电能的过程

将直流发电机的励磁绕组通入直流电流，当电枢在原动机拖动下逆时针方向旋转（见图 1-32）时，电枢绕组将切割主磁通感应电势，其值为 $E_a=C_e\Phi n$，方向可用右手定则确定。图中用"$\otimes$"和"$\odot$"表示。若将电枢两端接上负载（例如电阻），则将在电枢绕组和负载所构成的回路中产生电流。显然，电流的方向与电势的方向相同。因此，电机输出电能给负载，故称为发电机。

从上述过程可以看出，电机是从轴上输入机械能，通过电磁感应作用转换成电能，输送给负载，从而完成了能量的转换。

当发电机带上负载后，电枢绕组的各个元件中均有电流流过，其方向如图中的"$\otimes$"和"$\odot$"所示。根据电磁力定律，载流导体在磁场中将受到电磁力 f_x 的作用，其方向可用左手定则确定。各个导体所受的力共同作用在电枢表面上形成电磁转矩 T_M。它的方向与电枢旋转方向相反（即与原动机作用于电机的转矩方向相反），对电枢起制动作用。因此，欲使电枢以恒定速度旋转，原动机必须不断地向电机输送机械转矩 T_1，克服电磁转矩（忽略各种损耗）才行。这样，一方面原动机不断地克服电磁转矩而作机械功，另一方面电机不断地把电能供给负载，从而实现了将机械能转换为电能。很显然，电磁转矩的产生才使发电机实现了机电能量的转换。为此，下面将介绍电磁转矩 T_M（反作用转矩）的计算。

（2）电磁转矩的计算

由于电枢表面各处的磁通密度不同，因而每根导体所受的电磁力也不相同。设某一导体所在处的气隙

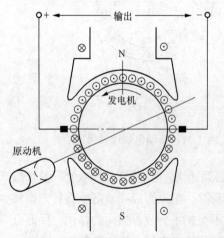

图 1-32　直流发电机运行原理图

磁密为 B_x，则该导体所受的切线方向的电磁力为

$$F_x = B_x l i_y \tag{1-16}$$

由它所产生的转矩为

$$T_x = f_x \frac{D_a}{2} = B_x l i_y \frac{D_a}{2} \tag{1-17}$$

其中 D_a 为电枢直径。

电机的电磁转矩应该是全部导体所产生的转矩之和。由于各磁极极距内的磁密变化规律是一样的，因而，可以先求正负电刷间一个极距内的 $\dfrac{N}{2p}$ 个导体（N 为电枢总导体数）的总转矩，再乘以极数 $2p$ 即可。于是电磁转矩可表示为

$$T_M = 2p \sum_1^{\frac{N}{2p}} T_x = 2pl i_y \frac{D_a}{2} \sum_1^{\frac{N}{2p}} B_x$$

如果导体数目相当多，可认为 $\sum_1^{\frac{N}{2p}} T_x$ 等于磁通密度的平均值 B_{pj}，乘以一个极矩内的导体数 $\dfrac{N}{2p}$，即

$$\sum_1^{\frac{N}{2p}} B_x = B_{pj} \frac{N}{2p}$$

式中 B_{pj} 为一个极距内的平均磁密，可用下式求出：

$$B_{pj} \frac{每极磁通}{极距 \times 导体有效长度} = \frac{\Phi_m}{\tau \cdot l}$$

由 $i_y = \dfrac{I_a}{2a}$ 和 $\tau = \dfrac{\pi D_a}{2p}$ 可得电磁转矩的表达式为

$$T_M = 2pl \frac{I_a}{2a} \cdot \frac{D_a}{2} \cdot \frac{N\Phi_m}{\pi D_a l}$$

即

$$T_M = \frac{pN}{2\pi a} \Phi_m I_a = C_T \Phi_m I_a \tag{1-18}$$

式中 $C_T = \dfrac{pN}{2\pi a}$ 对已制成的电机来说为一常数，称为转矩常数。

如果 I_a 的单位用安培（A），Φ_m 的单位用韦伯（Wb），则所得 T_M 的单位为牛顿·米（N·m）。如果 Φ_m 的单位用麦克斯韦（Mx），而 T_M 的单位用公斤·米（kg·m）。它表明，发电机的电磁转矩与每极磁通量和电枢电流的乘积成正比。

必须强调指出，上面是从发电机的运行情况推导出电磁转矩的表达式。它表明电机的电磁转矩和电枢绕组中流过的电流成正比，但与这一电流产生的方式无关。即不管是由于电机向外电路输出电流（发电机），或是由直流电源向电枢绕组输入电流（电动机），只要电枢绕组中有电流流过，便产生电磁转矩。由此可见，式（1-18）无论对发电机或电动机都是适用的。

电势常数 C_e 和转矩常数 C_T 都取决于电机的结构，因此二者存在着一个固定的关系，即

$$\frac{C_T}{C_e} = \frac{\frac{pN}{2\pi a}}{\frac{pN}{60a}} = 9.55 \tag{1-19}$$

这一关系在今后的计算中会经常用到。

2. 直流发电机的基本关系式

直流发电机将轴上输入的机械能转换成电能输出。在稳定运行状态下，作用转矩 T_1（轴上输入的机械转矩）与电磁转矩 T_{dc} 始终处于平衡状态。从能量观点来看，发电机稳定运行时也是一个能量平衡系统。因此可以根据能量守恒原理导出其基本关系式。

（1）电势平衡方程式

直流发电机接上负载以后，由于电枢回路内有电阻 R_a，若电机的端电压（即加于负载上的电压）为 U，则根据电路克氏定律得电势与电压的关系式为

$$E_a = U + I_a R_a \tag{1-20}$$

式中 $I_a R_a$ 为电枢回路内电阻压降，它由两部分组成，一部分是电枢回路各绕组的电阻压降 $I_a R_a$；另一部分是电刷和换向器间接触电阻上的压降 $2\Delta U_b$。由式（1-20）可见，发电机的电势总是大于其端电压 U。

（2）功率平衡方程式

电机输入的机械功率 P_1 就是每秒钟内作用转矩对转角所作的功，其大小等于作用转矩 T_1 和转子机械角速度 Ω 的乘积，即 $P_1 = T_1 \Omega$。而电磁转矩每秒钟所作的机械功为 $T\Omega$，它被转换为电枢电路中的电功率，此功率称为电磁功率，用符号 P_M 表示。于是有

$$P_M = T\Omega \tag{1-21}$$

其中转矩 T 的单位为牛顿·米。

从电路方面看，在电枢绕组和负载所构成的闭合回路中，存在电枢电势 E_a 和电枢电流 I_a，并且 E_a 与 I_a 同方向，E_a 与 I_a 的乘积就是电磁功率，即

$$P_M = E_a I_a \tag{1-22}$$

从式（1-21）和式（1-22）可得

$$P_M = T\Omega = E_a I_a \tag{1-23}$$

上面是利用能量守恒原理导出韵功率关系式，也可利用式（1-18）导出：

$$P_M = T_M \Omega = \frac{pN}{2\pi a} \Phi_m I_a \frac{2\pi n}{60} = \left(\frac{pN}{60a} \Phi_m n\right) I_a = E_a I_a$$

两者所得结果完全相同。若用电枢电流 I_a 乘式（1-20中）各项可得

$$E_a I_a = U I_a + I_a^2 R_a \tag{1-24}$$

式（1-24）表明，由机械功率转换而来的电磁功率 $E_a I_a$，一部分从电枢两端输出，其值为 $U I_a$，也就是发电机的输出功率 P_2。另一部分在电枢回路电阻上转换成热能并散失于周围介质中，称为电枢铜耗（用 p_{Cu} 表示）。于是式（1-24）可改写为

$$P_M = E_a I_a = P_2 + p_{Cu} \tag{1-25}$$

式（1-25）中 p_{Cu} 为电抠回路的铜耗，其中包括电枢绕组中的电阻损耗 $I_a^2 R_a$ 及电刷的接触损耗 $2\Delta U_b I_a$。

从输入电机的机械功率看，发电机输入的机械功率 P_1，并不能全部转换为电磁功率。其中有一部分用以补偿机械损耗 p_m（包括轴承、电刷、定转子与空气的摩擦损耗）、铁耗 p_{Fe}（电枢转动时主磁通在电枢铁心内交变所引起）和附加损耗 p_s（例如因电枢反应使气隙磁场畸变

所引起的铁损耗的增加等），并把这些损耗合起来称之为空载损耗 $p_0=p_m+p_{Fe}+p_s$。因此，从机械轴上看，其功率平衡方程式为

$$P_1=P_M+p_m+p_{Fe}+p_s \tag{1-26}$$

把式（1-25）代入式（1-26）可得直流发电机的功率平衡方程式为

$$P_1=P_2+\Sigma p \tag{1-27}$$

式中 $\Sigma p=p_{Cu}+p_m+p_{Fe}+p_s=p_{Cu}+p_0$，为电机中的总损耗。

为了更直观地表明直流发电机运行时的功率关系，根据式（1-25）和式（1-26）可以画出他励直流发电机的功率流图，如图1-33所示。

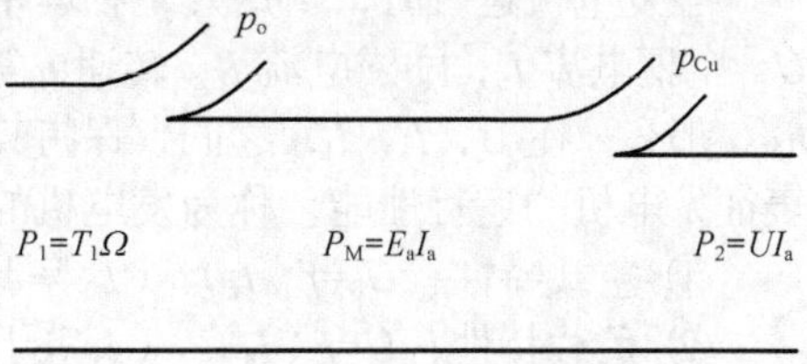

（3）转矩平衡方程式

由于功率可用相应的转矩和转子的机械角速度的乘积来表示，据此，即可从功率方程式直接推导出电机的转矩平衡方程式。

$$P_1=T_1\Omega \qquad P_M=E_aI_a \qquad P_2=UI_a$$

图1-33　他励直流发电机的功率流图

原动机输送给发电机的功率 P_1 等于原动机的转矩 T_1 和转子机械角速度 Ω 的乘积，即

$$P_1=T_1\Omega \tag{1-28}$$

同理，电机中的机械损耗 p_m、铁耗 p_{Fe} 和附加损耗 p_s 将使转子受到一个制动性质的转矩 T_0 的作用（但严格地说，附加损耗中只有一部分包括在 $T_0\Omega$ 中，其余部分应由电磁功率提供）。那么损耗功率可用 T_0 与 Ω 的乘积表示，即

$$P_m+p_{Fe}+p_s=p_0=T_0\Omega \tag{1-29}$$

由于转矩 T_0 在电机空载时也存在（只是大小略有不同），因此通常把它称为空载制动转矩。

将式（1-26）两边同除以机械角速度 Ω，可得发电机的转矩平衡方程式为

$$T_1=T+T_0 \tag{1-30}$$

式（1-30）表明，当发电机稳定运行时，从原动机输入的转矩 M_1 应与发电机内部产生的制动性质的电磁转矩 T 和空载制动转矩 T_0 相平衡。

（4）直流电机中的损耗和效率

直流电机是一种进行机电能量转换的机械。在能量的转换过程中，总有一部分输入的能量不能有效地被利用，这部分能量称为损耗。直流电机中的损耗可分为铁耗、铜耗、机械损耗和附加损耗4种，现分述如下。

铁耗 p_{Fe}——主磁通在铁心磁路中所产生的损耗，它包括磁滞损耗和涡流损耗。而且磁滞损耗 $p_c \propto fB_m^2$，涡流损耗 $p_w \propto f^2B_m^2$，即二者都与磁通交变的频率 f 及磁密 B_m 的数值有关。

铜耗 p_{Cu}——它包括电枢回路中的铜耗，激磁回路中的铜耗以及电刷接触电阻上的损耗。

机械损耗 p_m——它包括轴承摩擦损耗、电刷摩擦损耗，以及定子、转子和空气的摩擦损耗。

附加损耗 p_s——又称为杂散损耗，指的是一些难于精确计算和直接测定的铜和铁中各种除上述基本损耗以外的损耗。其值通常用估算办法来确定，约为电机额定功率的 0.5%~1.0%。

上述各种损耗可近似地认为，只有电枢回路的铜耗 p_{Cus} 及电刷接触损耗 p_{Cub} 才随负载变化而变化，称为可变损耗。其余的损耗近似地认为不变，称为不变损耗。

综上所述，可求得电机的总损耗为

$$\Sigma p=p_{Cu}+p_{Fe}+p_m+p_s \tag{1-31}$$

由于电机中损耗的存在，电机的输出功率总是小于输入功率。输出功率与输入功率之比称为效率，通常以百分值表示为

$$\eta = \frac{p_2}{p_1} \times 100\% = \frac{p_1 - \sum p}{p_1} \times 100\% \qquad (1\text{-}32)$$

3. 他励直流发电机的主要特性

当发电机运行时，常用几个物理量来描述其运行状态。这些物理量有：发电机的端电压 U，电枢电流 I_a，励磁电流 I_f，转速 n 等。其中转速 n 由原动机所确定，一般保持为额定转速 n_N。那么，在 U，I_a，I_f，之间，保持其中一个量不变，则另外两个物理量之间的关系曲线可表征发电机的运行性能，称为发电机的特性曲线。因此，发电机的特性曲线有下列 4 种：

① 空载特性：$U_0 = f(I_f)$ （I_a 等于零时）；
② 负载特性：$U = f(I_f)$ （I_a 等于常数时）；
③ 外特性：$U = f(I_a)$ （I_f 等于常数时）；
④ 调节特性：$I_f = f(I_a)$ （U 等于常数时）。

在此仅介绍发电机的空载特性和外特性这两种主要特性。

（1）他励发电机的空载特性

他励发电机的空载特性是指保持转速 n 为常值，电枢电流等于零时，调节励磁回路电阻 R_f（即改变励磁电流 I_f）所获得的 $U_0 = f(I_f)$ 关系曲线。在调节励磁回路电阻 R_f 时，使 I_f 由零逐渐单调增长，直到 U_0 为 (1.1~1.3) U_N 为止。然后使 I_f 逐渐减小到零，再反向逐渐增加 I_f，直到负的 U_0 为额定值的 1.1~1.3 倍为止。然后又使 I_f 回到零（测绘时可采用图 1-34 所示接线方法）。在调节过程中读取 I_f 和 U_0 的值即可作出曲线 $U_0 = f(I_f)$，如图 1-35 所示。

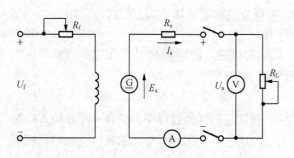

图 1-34　他励发电机的接线图

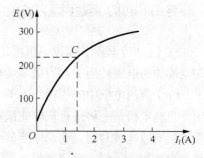

图 1-35　他励发电机的空载特性

由于电机有剩磁，因此当励磁电流 $I_f = 0$ 时，发电机仍有一个很低的电压，称为剩磁电压。在一般的直流电机中，剩磁电压为额定电压的 2%~4%。

由图 1-35 可以看出，空载特性曲线在 I_f 不大时，近似为直线，在 U_e 值附近开始弯曲。当 I_f 继续增大时，由于铁心逐渐饱和，曲线变得越来越平坦。此曲线和电机的磁化曲线一样，表征了电机磁路的饱和程度。

因为在发电机中，$E = C_e \Phi n$，$F_0 = 2 I_f W_f$（其中 W_f 为每极的励磁绕组匝数），磁化曲线与空载特性实际上只差一个比例常数。在生产实践中，空载特性大多用图 1-34 的接线方式，通过实验而测得。

一般的他励发电机，额定电压时的工作点选在图 1-35 中的 C 点附近，即曲线开始弯曲处。如果额定工作点从 C 点下移太多，说明磁路未饱和，磁密较低，铁心没有被充分利用，而且

端电压 U 不稳定。反之，如果工作点从 C 点上移太多，则磁路过饱和，电机需要较多的励磁安匝才能获得所需电压，必然耗用较多的铜。

上述空载特性曲线是在 $n=n$（即额定转数）下测定的。当原动机转速为不同数值时，空载特性曲线将有所不同。必须指出，空载特性曲线是电机最基本的特性曲线之一。

（2）他励发电机的外特性

发电机的外特性是当 $n=n_N$，$I_f= I_{fN}$ 时，$U=f(I_a)$的关系曲线。用实验方法测取外特性时，可将发电机与负载接通（见图1-34）。在保持转速 $n=n_N$ 与励磁电流 $I_f= I_{fN}$ 的情况下，调节负载电阻 R_L，使负载电流 I_a 从零增加到额定值，并酌量过载，即可求得 $U=f(I_a)$ 的关系曲线，如图1-36所示。从图可见，当负载电流 I_a 增大时，外特性曲线是略微下垂的。曲线上的 N 点即为额定负载点。

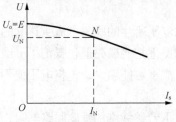

图1-36 他励发电机的外特性

他励发电机有载时的端电压比空载时低，这是由于以下两方面原因引起的：第一，电枢回路电阻上形成的电压降；第二，电枢反应的去磁作用使电势降低。从电势平衡关系 $U=E_a-I_a R_a$ 也可看出，随着负载电流 I_a 的加大，电压 U 将逐步下降。

发电机端电压随负载电流增大而降低的程度，通常用电压变化率来衡量。根据国家标准规定，他励发电机的额定电压变化率是指在 $n=n_N$，$I_f= I_{fN}$ 时，发电机从额定负载（$I=I_N$，$U=U_N$）过渡到空载（$U=U_0$，$I_a =0$ 时），电压升高的数值对额定电压的百分比，即

$$\Delta U = \frac{U_0 - U_N}{U_N} \times 100\% \tag{1-33}$$

式中 ΔU 表征发电机从满载到空载时端电压的变化程度，它是衡量发电机运行性能的一个重要数据。一般他励直流发电机的电压变化串为 5%~10%。

必须指出，由于电枢电势与转速及励磁电流二者有关，因此，在转速和励磁电流不同时，将具有不同的外特性。

4. 并励直流发电机的自励过程

在动力设备中，常采用并励发电机作为直流电源。它的主极励磁绕组与电枢绕组并联，其原理线路如图1-37所示。的特点是励磁电流不需其他的直流电源供给，而是取自发电机本身，所以又称为"自励发电机"。并励发电机励磁电流一般仅为电机额定电流 I_N 的 1%~5%。因此，可以认为励磁电流并不影响电枢电压的数值。

（1）发电机的自励过程

为了说明并励发电机的自励过程，首先介绍自励发电机的空载特性曲线和磁场电阻线。

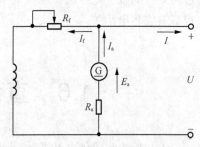

图1-37 并励发电机的接线图

并励发电机在自励过程中空载端电压 U_0 和励磁电流 I_f 的关系曲线 $U_0=f(I_f)$ 可以认为就是发电机的空载特性曲线。严格地说，此时的电枢电流并不等于零，而是等于 I_f。

励磁回路的电阻 R_f 为励磁调节电阻。当电阻 R_f 保持不变时，励磁电流 I_f 通过励磁回路时的电阻压降 $I_f R_f$ 便与 I_f 成正比。

下面即可利用空载特性曲线和磁场电阻线来说明并励发电机的自励过程。

由于电机磁路中总有一定的剩磁，当发电机由原动机拖动至额定转速时，发电机两端将发出一个数值不大的剩磁电压。而励磁绕组又是接到电枢两端的，于是在剩磁电压的作用下，励磁绕组中将流过一个不大的电流，并产生一个不大的励磁磁势。如果励磁绕组接改正确，即这个励磁磁势的方向和电机剩磁磁势的方向相同，从而使电机内的磁通和由它产生的电枢端电压有所增加。在此较高端电压的作用下，励磁电流又进一步加大，导致磁通的进一步增加，继而电枢端电压又进一步加大。如此反复作用下去，发电机的端电压便自动建立起来。这就是发电机的自励过程。

如果励磁绕组接到电枢的接线与上述情况相反，使得剩磁电压所生的励磁电流所建立的磁势方向与剩磁方向相反，那么不但不能提高电机的磁通，相反地把剩磁磁通也抵消了。结果电枢端电压将比未接上励磁绕组的剩磁电压还要低，励磁电流不可能增大，电枢电压便不能建立起来，即电机不能自励。

从上述可见，当发电机自励时，在磁场还没有建立的情况下若继续增加励磁回路电阻，自励所建立的电压不可能稳定在某一值上。把这种情况下励磁回路的电阻值称为发电机自励时的临界电阻。当励磁回路的电阻高于临界电阻时，此时发电机输出电压很低，与剩磁电压相差无几，我们说这时发电机不能自励。

（2）并励发电机的自励条件

综上所述，并励发电机的自励条件可归纳如下。

① 电机必须有剩磁。实践中如果发现电机失去剩磁或剩磁太弱，可用临时的外部直流电源如蓄电池等，给励磁绕组通一下电流，即"充磁"，使电机剩磁得到恢复。

② 励磁绕组的接线与电枢旋转方向必须正确配合，以使励磁电流产生的磁场方向与剩磁方向一致。实践中若发现励磁绕组接入后，电枢电压不但不升高，反而降低了，那就说明励磁绕组的接法不正确。这时只要把励磁绕组接到电枢的两根引线对调一下，即可改正过来。

③ 励磁回路的电阻应小于与电机运行转速相对应的临界电阻。必须明确，发电机的转速不同时，空载特性不同。因此，对应于不同的转速便有不同的临界电阻。如果电机的转速太低，使得与此转速相应的临界电阻值过低，甚至在极端情况下，励磁绕组本身的电阻即已超过所对应的临界电阻值，电机是不可能自励的。这时唯一的补救办法是提高电机转速，从而提高其临界电阻值。

1.6　直流电动机的运行特性

1. 直流电动机中的基本能量关系

（1）直流电动机将电能转换为机械能的过程

在前面曾用电机模型说明了直流电动机的工作原理。在此将进一步说明直流电动机将电能转换为机械能的过程。

将直流电动机的励磁绕组通入直流电流，建立起主极磁场。这时将电枢绕组通过电刷接至直流电源，电枢绕组中将有电流流过，其方向如图中"⊙"和"⊗"所示（请注意，电枢绕组中的电流以电刷轴线为界），因此电枢导体上将受到电磁力 f 的作用，其方向由左手定则确定。因而产生转矩 T_M 作用于电机的转轴上，它克服负载转矩 T_L 作功，驱使机械负载以一定转速 n 朝 T_M 的方向旋转，电动机从轴上输出机械能。

当电动机的转子以一定转速 n 旋转时，电枢导体切割磁场，将在其中感应电势，方向用右手定则确定，如图 1-32 中的 "⊙" 和 "⊗" 所示。此电势的方向与外加电压方向相反（也和电流的方向相反），称为反电势（发电机中电势与电流同方向）。因此，电机是从电源吸收电能。轴上输出机械能，即是将电能转换成机械能。

（2）直流电动机的基本关系式

和直流发电机一样，对直流电动机也可以根据能量守恒，导出电动机稳定运行时的功率、转矩和电压平衡方程式。它们是分析直流电动机各种特性的基础。由于冶金企业中大多采用他励直流电动机，因此我们以他励电动机为例来说明上述 3 个平衡关系。

① 功率平衡方程式。图 1-38 所示为他励直流电动机的原理线路图。现在假设电动机已达到了稳定运行状态，即其励磁电流、电枢电流、转矩等都已达到某一稳定值。这时电动机从电网输入电功率 $P_1 = U \cdot I_a$ 和励磁功率 $P_f = I_f U_f$。电功率 P_1 输入到电枢中，一部分在电枢绕组电阻上消耗掉（即电枢铜损耗 $p_{cu} = I_a^2 R_a$），其余的功率成为电磁功率 $P_M = E_a I_a$，这就是电枢绕组传送的电功率，因而有

$$P_1 = p_{cu} + P_M = I_a^2 R_a + E_a I_a \tag{1-34}$$

式中 R_a 为电枢绕组的电阻与电刷接触电阻之和。

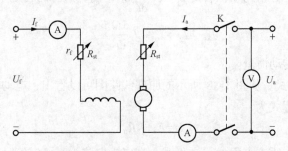

图 1-38　他励电动机的原理线路图

从力学的观点来看，电磁功率是在电磁转矩 T_M 的作用下，电枢所发出的全部机械功率 $T_M \Omega$，其中 Ω 是电枢的机械角速度。因此，和发电机一样，电动机的电磁功率也可写成

$$P_M = E_a I_a = \frac{pN}{60a} \Phi n I_a = \frac{pN}{60a} \Phi \frac{60\Omega}{2\pi} I_a = \frac{pN}{2\pi a} \Phi I_a \Omega = T_M \Omega \tag{1-35}$$

电磁功率转换成机械功率之后，并不是全部都作为机械功率输出，因为尚需补偿机械损耗 p_m、铁耗 p_{Fe} 和附加损耗 p_s（这些损耗都对电枢起制动作用），其余的功率才是电动机轴上输出的（有效的）机械功率 P_2，故

$$P_M = P_2 + p_m + p_{Fe} + p_s \tag{1-36}$$

由上速可得直流电动机功率平衡方程式如下：

$$P_1 = p_{Cu} + P_{dc} = p_{Cu} + p_m + p_{Fe} + p_s + P_2 = P_2 + \Sigma p \tag{1-37}$$

其中 $\Sigma p = p_{Cu} + p_m + p_{Fe} + p_s$ 为电机的总损耗。其中第一项是随负载变化而变化的，称为可变损耗（简称变损），而 $p_m + p_{Fe} + p_s$ 基本上不随负载变化，故称为不变损耗（简称为定损）。由于电机空载时的电枢电流 I_a 很小，电机的铜损耗 p_{Cu} 可忽略不计，此时电机的空载输入功率

就等于电机的不变损耗 $p_m + p_{Fe} + p_s$。

图 1-39 所示为他励直流电动机的功率流图。

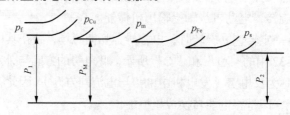

图 1-39　他励直流电动机的功率流图

② 转矩平衡方程式。上面已知电动机的电磁功率 $P_M = P_2 + p_m + p_{Fe} + p_s = P_2 + p_0$，而 $P_M = T_M\Omega$，电动机输出的机械功率 $P_2 = T_2\Omega = T_L\Omega$，空载功率 $p_0 = T_0\Omega$，由此可得

$$T_M\Omega = T_2\Omega + T_0\Omega = T_L\Omega + T_0\Omega \qquad (1-38)$$

所以有

$$T_M = T_0 + T_2 = T_0 + T_L \qquad (1-39)$$

其中电磁转矩

$$T_M = \frac{p_M}{\Omega} = \frac{pN}{2\pi a}\Phi I_a = C_T\Phi I_a \qquad (1-40)$$

空载制动转矩

$$T_0 = \frac{p_0}{\Omega} = \frac{p_m + p_{Fe} + p_s}{\Omega} \qquad (1-41)$$

由于电动机的转子本身和被它拖动的生产机械都具有转动惯量，当电动机转速发生变化时，电磁转矩尚需有一分量与惯性转矩 $T_j = J\dfrac{d\Omega}{dt}$ 相平衡，这时的转矩平衡方程式应为

$$T_M = T_2 + T_0 + J\frac{d\Omega}{dt} \qquad (1-42)$$

式中 J 为整个系统的转动惯量。

③ 电压平衡方程式。从图 1-38 所示的原理线路图可以看出，电动机稳态运行时，其电枢回路的电压平衡方程式为

$$U = E_a + I_aR_a \qquad (1-43)$$

这也是电枢电路的基尔霍夫方程式。它表明，在电枢电流为某一定值时，电动机电枢上的外加电压 U 与电枢反电势 E_a，以及电枢电阻压降 I_aR_a 之和相平衡。或者说，加于电动机电枢的电压，是用以克服反电势 E_a 和电枢回路总电阻压降 I_aR_a 的。

式（1-43）表示稳态运行时的关系。当电动机的转速处于变化状态时，电枢电流 I_a，反电势 e 和转速 n 都在变化。因此，加于电枢电路两端的电压 U 尚须克服电枢回路的自感电势。此时电动机的电压平衡方程式应为

$$U = e + I_aR_a + L_a\frac{dI_a}{dt} \qquad (1-44)$$

式中 L_a 为电枢回路的自感。

【例 1-1】 有一台他励直流电动机，$P_N = 40kW$，$U_N = 220V$，$I_N = 210A$，$n_N = 1000(r/min)$，$R_a = 0.078\Omega$，$p_s = 1\%P_N$，试求额定状态下的：

① 输入功率 P_1 和总损耗 Σp；

② 铜耗 p_{Cu}、电磁功率 T_M 和铁耗与机械损耗之和 $p_{Fe} + p_m$；

③ 额定电磁转矩 T_M，输出转矩 T_2 和空载损耗转矩 T_0。

解： 通过本例能够掌握他励直流电动机的能量平衡关系和转矩平衡关系，因此我们可结

合图 1-38 得出下列关系式：

$$p_1 = p_M + p_{Cu}; \quad p_M = p_2 + p_m + p_{Fe} + p_s; \quad p_1 = U_N I_N$$

$$p_M = E_a I_a = T_M \Omega; \quad p_{Cu} = I_a^2 R_a; \quad T_M = T_2 + T_0$$

$$T_M = \frac{p_M}{\Omega} = C_T \Phi I_a; \quad T_2 = \frac{p_2}{\Omega}; \quad T_0 = \frac{p_0}{\Omega} = T_M - T_2$$

运用题中所给数据，可计算出：

输入功率：
$$P_1 = U_N I_N = 200 \times 210 = 46200W = 46.2kW$$

总损耗：
$$\sum p = P_1 - P_N = 42.6 - 40 = 6.2kW$$

铜耗：
$$p_{Cu} = I_a^2 R_a = 210^2 \times 0.078 = 3440W = 3.44kW$$

电磁功率：
$$P_M = p_1 - p_{Cu} = 46.2 - 3.44 = 42.76kW$$

或
$$P_M = E_a I_a = (U_N - I_a R_a)I_a = 42.76kW$$

铁耗与机械损耗之和：
$$p_{Fe} + p_m = P_M - P_N - p_s = 42.76 - 40 - 0.4 = 2.36kW$$

电磁转矩：
$$T_M = \frac{p_M}{\Omega} = \frac{42.76 \times 10^3}{\frac{2\pi n_N}{60}} = 408N \cdot m = 41.6kg \cdot m$$

或
$$T_M = \frac{p_M}{\Omega} = C_T \Phi I_a = 9.55 \left(\frac{U_m - I_a R_a}{n_N} \right) I_a = 41.5kg \cdot m$$

（上面两种计算结果有误差，是由系数 9.55 造成的）

输出转矩：
$$T_2 = \frac{P_N}{\Omega} = \frac{40 \times 10^3}{\frac{2\pi D_N}{60}} = 382N \cdot m = 38.9kg \cdot m$$

空载损耗转矩：
$$T_0 = T_M - T_2 = 2.7kg \cdot m$$

或
$$T_0 = \frac{p_0}{\Omega} = \frac{p_{Fe} + p_m + p_s}{\Omega} = 26.4N \cdot m \approx 2.69kg \cdot m$$

2. 直流电动机的运行特性

直流电动机是将电网输入的电功率转换为轴上输出的机械功率，以满足生产机械对能量的需要。因此，电动机运行时的转速、转矩和效率与负载大小之间存在着一定的关系。所谓运行特性，就是指在外加电压 $U = U_N$ 常数，电枢回路不串入附加电阻、励磁电流保持不变的条件下，电动机的转速 n、电磁转矩 T_M 和效率 η 等与输出功率 P_2 之间的关系曲线，即 $n = f(P_2)$、$T_M = f(P_2)$、$\eta = f(P_2)$。由于在实际工作中，测量电流 I_a 比测量功率容易，而且在忽略定损时 I_a 与 P_2 成正比关系，故也可把 n、T_M、η 与电枢电流 I_a 的函数关系称为运行特性。

由于直流电动机的运行特性因励磁方式的不同而有很大差异，在此，我们将对他励（并励）和串励电动机分别进行研究和分析。

（1）他励（并励）电动机的运行特性

由于他励直流电动机与并励直流电动机有着相同的运行特性，故仅以他励直流电动机为例进行说明。用试验法测取他励直流电动机的运行特性时，接线原理如图 1-38 所示。开始试验前，应先调节励磁电流，使电机输出功率为额定值 P_N 时的转速为额定转速 n_N，此时的励

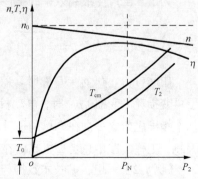

图 1-40 他励直流电动机的运行特性

磁电流称为额定励磁电流 I_{fN}。试验过程中，保持励磁电流恒定，在此条件下，改变电动机的负载，测量不同负载下的转速 n、负载转矩 T_2 和输出功率 P_2，便可绘出如图 1-40 所示的运行特性。

下面对各特性曲线进行分析。

① 速率特性。速率特性是指 $U=U_N=$ 常数，$I_f=I_{fN}=$ 常数时，$n=f(P_2)$ 的关系曲线。根据 $U=E_a+I_aR_a$ 和 $E_a=C_e\Phi_n$ 可得转速公式：

$$n = \frac{U - I_aR_a}{C_e\Phi} \tag{1-45}$$

由此可见，在 U_N 和 I_{fN} 的条件下，如果忽略电枢反应的去磁作用。当 P_2（即 I_a）上升时，由于电枢电阻压降 I_aR_a 的增大，转速 n 下降。但电枢电阻 R_a 一般都比较小，在额定工作状态下，电枢电阻压降差不多只占额定电压 U_N 的 5% 左右。因此，速率特性是一条略微下垂的直线，如图 1-40 所示。

② 转矩特性。转矩特性是指 $U=U_N=$ 常数，$I_f=I_{fN}=$ 常数时，$T_M=f(P_2)$ 的关系曲线。根据电动机输出转矩 T_2 与输出功率的关系：

$$T_2 = \frac{p_2}{\Omega} = \frac{p_2}{\dfrac{2\pi n}{60}} \tag{1-46}$$

可知，若 n 不变，则 $T_2=f(P_2)$ 是一根通过坐标原点的直线。可是实际上当 P_2 增大时，转速 n 略有下降，使得 $T_2=f(P_2)$ 曲线略向上弯曲，如图 1-40 所示。

因为 $T_M=T_2+T_0$，其中 T_0 是由摩擦损耗和铁损耗所引起，当 P_2 增加时，转速 n 变化不大，所以与转速有关的摩擦损耗和铁损耗变化不大，故 T_0 可以看成为常数。因此，在 $T_2=f(P_2)$ 曲线上加上空载制动转矩 T_0，便得转矩特性 $T_M=f(P_2)$，如图 1-40 所示。

③ 效率特性。效率特性是指 $U=U_N=$ 常数，$I_f=I_{fN}=$ 常数时，$\eta=f(P_2)$ 的关系曲线。根据定义：

$$\eta = \frac{P_2}{P_1} = \left(1 - \frac{\Sigma p}{p_1}\right) \times 100\% \tag{1-47}$$

式中 $\Sigma p = p_m + p_{Fe} + p_s + p_{Cu} = p_0 + p_{Cu} = p_0 + I_a^2 R_a$，所以

$$\eta = \left(1 - \frac{p_0 + I_a^2 R_a}{U_a I_a}\right) \times 100\% \tag{1-48}$$

为了求出产生最高效率的条件，可令 $\dfrac{d\eta}{dI_a}=0$，即

$$\frac{d}{dI_a}\left(1 - \frac{p_0 + I_a^2 R_a}{U_a I_a}\right) = 0$$

由此可得，在 $p_0 = I_a^2 R_a$ 时，效率 η 最高。这就是说，当电动机的不变损耗（定损）p_0 等于可变损耗（变损）p_{Cu} 时，电动机的效率最高。这一结论具有普遍性，这也是设计电机时的基本指导思想之一。在电机的设计中，均使电机接近额定负载（3/4 额定负载）时效率最高。因此，工程实践中总希望电动机在接近额定负载下运行。效率特性曲线如图 1-40 所示。

【例 1-2】 电机的技术数据与例 1-1 同，试求：

① 理想空载转速 n_0 与实际空载转速 n_0'；

② 如额定负载不变，但是在电枢回路串入 $0.1\,\Omega$ 的电阻，求串电阻后电机的稳定电枢电流和转速；

③ 在额定负载情况下，电枢不串电阻和串入 $0.1\,\Omega$ 的电阻时的电机效率。

解：因为 $C_e\Phi = \dfrac{U_N - I_N R_a}{n_N} = 0.2036$（V/r/min）所以：

① 理想空载转速 $n_0 = \dfrac{U_N}{C_e\Phi} = \dfrac{220}{0.2036} = 1080(\text{r/min})$

而 $\qquad\qquad C_T\Phi = 9.55C_e\Phi = 9.55 \times 0.2036 = 1.94438(\text{kgm/A})$

实际空载电流 $\qquad\qquad I_0 = \dfrac{T_0}{C_T\Phi} = \dfrac{2.69}{1.94438} = 1.38(\text{A})$

实际空载转速 $n_0' = \dfrac{U_N - I_0 R_a}{C_e\Phi} = \dfrac{220 - 1.38 \times 0.078}{0.2036} = 1075(\text{r/min})$

② 因为他励电动机磁通没有变化，所以负载转矩不变，则电枢电流的稳定值不变（I_N）。因此在串有 $0.1\,\Omega$ 电阻情况下的转速为

$$n = \frac{U_N - I_N(R_a + 0.2)}{C_e\Phi} = \frac{220 - 210(0.078 + 0.1)}{0.2036} = 897\text{r/min}$$

③ 不串电阻时电机的效率为

$$\eta = \frac{p_2}{p_1} = \left(1 - \frac{\Sigma p}{p_1}\right) \times 100\% = \left(1 - \frac{6.2}{46.2}\right) \times 100\% = 86.58\%$$

串入电阻 $0.1\,\Omega$ 后，电枢回路的铜耗增加了，所以总损耗也加大了。

$$\Sigma p' = \Sigma p + I_a^2 \times 0.1 = 6.2 + 4.41 = 10.61\text{kW}$$

所以 $\qquad\qquad \eta = \left(1 - \dfrac{\Sigma p'}{p_1}\right) \times 100\% = \left(1 - \dfrac{10.61}{46.2}\right) \times 100\% = 77.24\%$

（2）串励电动机的运行特性

串励电动机的运行特性是指 $U = U_N =$ 常数时，n、T_M、η 与 P_2 或 I_a 的关系曲线。由于串励电动机的励磁绕组与电枢串联，所以励磁电流 I_f 就是电枢电流 I_a，即 $I_f = I_a$，它是随负载变化而变化的。

用实验方法测取串励电动机的运行特性时，其接线如图 1-41 所示，测得的运行特性如图 1-42 所示。在这些曲线中，效率曲线的形状与他励电动机相仿，但速率特性及转矩特性则与他励电动机相差较大。下面分别进行分析。

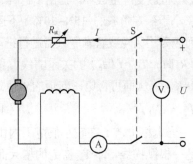

图 1-41 串励电动机的接线图

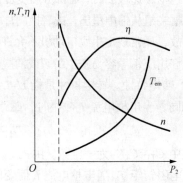

图 1-42 串励电动机的运行特性

① 速率特性。速串特性是指 $U=U_N=$ 常数，$R=R_f+R_a$ 时，$n=f(I_a)$ 的关系曲线。根据 $U_N=E_a+I_aR$ 和 $E_a=C_e\Phi n$ 可得：

$$n = \frac{U_N - I_aR}{C_e\Phi} \tag{1-49}$$

当电枢电流 I_a 不大时，电机的磁路未饱和，其磁通与电枢电流（即励磁电流）成正比，因而 $\Phi=K_1I_a$，将此关系式代入式（1-49）可得

$$n = \frac{U_N}{C_eK_1I_a} - \frac{R}{C_eK_1} \tag{1-50}$$

等式右边第二项是一常数，第一项则与 I_a 成反比。因而 $n=f(I_a)$ 的函数图形是一根双曲线，转速 n 随电枢电流 I_a 的增大而急剧下降，如图 1-42 所示。

当电枢电流的值大到一定程度时，磁路趋于饱和，磁通 Φ 已接近常数。如果令 $\Phi=K_2$，代入式（1-49）可得

$$n = \frac{U_N}{C_eK_2} - \frac{R}{C_eK_2}I_a \tag{1-51}$$

在这种情况下，等式右边第一项是常数，第二项则近似与 I_a 成正比，因此，转速 n 随 I_a 变化的函数图形接近一根向下倾斜的直线。由于第二项的系数 $\frac{R}{C_eK_2}$ 较小，故特性的倾斜度不大。

总之，当串励电动机的电枢电流由小到大增加时，约在额定电流之前，转速急剧下降，特性曲线的倾斜度很大。当电枢电流大到一定值之后，如果电流继续增大，转速 n 的下降渐趋缓慢，特性曲线渐趋平直，倾斜度较小，如图 1-42 所示。

必须强调指出，对于串励电动机，当电枢电流趋近于零时，磁通由也趋近于零，从式（1-49）可以看出，这时的转速将趋近于无穷大。虽然在 $I_a\approx0$ 时，磁路中存在着剩磁，其值很小，转速仍将很高，以致出现所谓的"飞速"事故。

从物理本质来认识串励电动机的"飞速"现象，则是由于电机在满载或较重负载下，电枢电流 I_a 比较大，励磁电流 I_f 也比较大，因而气隙磁通较大，电枢只需不太高的转速便能产生足够大的反电势与电网电压 U 相平衡（$U=E_a+I_aR$ 中，I_aR 数值很小，故 $U\approx E$），但如果电机空载或负载很轻时，电枢电流 I_a 很小，甚至趋近于零，因而励磁电流 I_f 也很小，甚至趋近于零，使磁通 Φ 变得很小。因而电枢必须以非常高的转速旋转，才能产生足够的反电势与外加电压相平衡，导致产生"飞速"现象。

当电枢转速极高时，各部分所受应力将超过其机械强度的允许限度，以致发生电枢绑线断裂，电枢绕组从槽中甩出，或者换向片松散等情况，使电机遭受严重破坏。正由于这样，为了防止事故，通常规定串励电动机不允许在空载或轻载（小于额定负载的 15%~20%）下运行，也不允许用皮带等容易发生断裂或滑脱的传动机构，而应采用齿轮或直轴联轴器进行拖动。

② 转矩特性。转矩特性是指 $U=U_N=$ 常数，$R=R_f+R_a$ 时，$T_M=f(I_a)$ 的关系曲线。和上述情况相同，当电枢电流 I_a 较小时，磁路未饱和，故 $\Phi=K_1I_a$，从而可得电磁转矩的表达式为

$$T_M = C_T\Phi I_a = C_TK_1I_a^2 = C_{T1}I_a^2 \tag{1-52}$$

式中 $C_{T1}=C_TK_1$ 为一常数。由式（1-52）可以看出，当电枢电流 I_s 在较小值范围内由零增大时，电磁转矩 T_M 随电枢电流 I_a 而变化的函数图形是一根抛物线，即 T_M 随 I_a 的增大而急剧上升，如图 1-42 所示。

当电枢电流 I_a 在较大值范围内增大时，磁路趋于饱和，磁通接近常数，即 $\Phi=K_2$，因而 $T=C_T\Phi I_a=C_T K_2 I_2=C_{T2}I_a$，所以 T_M 随 I_a 按一次方关系变化。实际上，当 I_a 较大时，磁通 Φ 仍随 I_a 的加大而略有增加，因此系数 C_{T2} 不完全是常数。因而在一般情况下，可认为 $T_M \propto I_a^2$，其中 $1<a<2$，即转矩按大于电流一次方的比例而增加，曲线略向上翘。由于他励（或并励）电动机的 T_M 与 I_a 是一次方的关系，所以在相同的 I_a（即相同的输入功率）下，串励电动机的电磁转矩 T_M 比他励（或并励）电动机大。

正由于串励直流电动机转矩特性具有上述性质，因而它具有较大的起动转矩和过载能力，这两个很可贵的特点，对某些生产机械（例如电力机车、电车等）是很有利的。当生产机械过载时，电动机的转速自动下降，其输出功率变化不大，使电机不致因负载过重而损坏。当负载减轻时，转速又自动上升。因此，电力机车等一类牵引机械大都采用串励电动机拖动。

1.7 诊断直流电动机运行中出现的问题

1. 直流电动机的电刷火花故障

直流电动机电刷下火花过大是最常见、原因最复杂的故障。它即有机械原因也有电气的原因。

直流电机常见故障的原因有以下几种。

① 电刷位置偏离中性线，致使可逆转运行直流电动机在某一转向上火花明显加大，对不可逆转运行的电动机也可造成一定程度的火花过大。

② 各电刷盒在电刷架上的距离不相等，造成电枢反应不平衡而引起过大的火花。

③ 换向器表面粗糙、片间云母凸起或换向器失圆等导致其偏摆超过正常允许值，从而引起强烈火花。

④ 电动机电绕组线圈元件的脱焊或断线，造成断路线圈元件线端两侧换向片发生较大的火花。

⑤ 电动机电绕组断路或换向片间的短路故障，引发的严重火花甚至沿换向器圆周产生环火。

电动机换向磁极的极性接反或断路，也将造成换向器上有强烈火花。

由于电刷质量的好坏及合理匹配是影响换向器运行中火花大小的重要因素之一。因此，重新更换的全套电刷应进行认真检查。解决电刷火花的方法如下。

更换的全套新电刷最好使用与该台电动机同一厂家生产的，同一型号、规格和尺寸的电刷。

电刷与其刷辫线的连接应牢固可靠，不得有接触不良和松动的现象，并应在刷辫线上套以绝缘套管。

电刷与换向器应有良好的接触，其接触面应不少于电刷截面的 75%，并且电刷还不得有缺角、破裂的现象。

更换的每个电刷均应进行电测量，将阻值相等或相近的电刷配对进行并联使用，以保证并联电刷之间的电流能均匀分配。

【例 1-3】 有一台额定功率 $P_N = 30kW$、额定电压 $U_N = 220V$、额定转速 $n_N = 1500r/min$ 的直流并励电动机，运行时发生电刷下火花过大的故障。

分析处理：经对该直流并励电动机全面测试，发现电刷下火花过大是由于换向极绕组两根线端接反，将其对调连接后该电动机已顺利启动并转入正常运行。

【例 1-4】 有一台额定功率 $P_N = 40kW$、额定电压 $U_N = 220V$、额定转速 $n_N = 1500r/min$ 的直流并励电动机，在更换全部电刷后出现换向器火花过大的故障。

分析处理：经对该直流并励电动机全面测试，发现更换的全套新电刷在型号、规格、尺寸防霉均与旧电刷相同。但新电刷磨削的弧度不对，从而造成换向器火花过大。重新磨削电刷接触面，使其与换向器吻合面大于电刷的80%以上，通电运行后，该电动机换向器上的过大火花已排除。

2. 直流电动机的发热故障

直流电动机的发热故障情况比较复杂，其主要原因大体上分为：电刷与换向器之间产生过热、电绕组在运行中出现过热、换向器表面出现烧伤、励磁绕组产生过热等。下面分别作简要介绍。

（1）直流电动机电刷与换向器之间产生过热的主要原因

① 电动机长期超载运行或堵转而引起严重发热。

② 电刷弹簧压力过大因高摩擦而发热。

③ 换向器上因其他原因产生的强烈火花而致发热。

④ 电刷的型号、规格、尺寸不对而造成的发热。

【例 1-5】 有一台 Z3 – 83 – 4，$P_N = 75kW$、$U_N = 220V$、$n_N = 1500r/min$ 的直流并励电动机，运行中出现电刷与换向器温度很高的故障。

分析处理：经过对该直流并励电动机进行全面检测，发现电刷弹簧压力过大。通过重新选配更新弹簧并仔细调整压力，电刷与换向器温度高的故障得到了排除。

（2）直流电动机电枢绕组在运行中出现过热故障的主要原因

① 电源电压过高或过低。

② 电枢绕组线圈元件或换向器片间发生短路。

③ 电动机的定子与转子大面积相擦。

④ 电枢绕组重绕时部分线圈元件线端被接反或接错。

【例 1-6】 有一台 Z3 – 83 – 4，额定功率 $P_N = 75kW$、额定电压 $U_N = 440V$、额定转速 $n_N = 1500r/min$ 的直流他励电动机，运行中出现电枢绕组过热的故障。

分析处理：经对该直流他励电动机详细检查后，发现电枢绕组过热是由换向器片间短路所引起的。采取用一直流电压加在相对两换向片间，并用直流毫伏表依次测量换向片间电压的方法进行测试。若所测得的电压数相同且有规律，表明绕组及换向器良好；如果所测电压值突然变小，说明这两个换向片间或接于其上的线圈元件有短路；若所测电压值为零即说明此处的换向片短路。通过依次测量换向器的全部相邻换向片间电压，找到了片间短路位置并将其片间 V 形沟槽中的金属屑、电刷粉等彻底消除。接着再用云母粉加胶合剂仔细填入沟槽，经干涸后测试换向片间电压已恢复正常，说明换向片间短路被修复。该直流他励电动机重新投入运行后，其电枢绕组过热现象得以消除并正常发热。

（3）直流电动机换向器表面出现烧伤故障的主要原因

① 电枢绕组线圈元件与换向片焊接处脱焊或断线。

② 电动机的电刷刷距、极距不相等。

③ 电枢的换向器失圆变形、换向片间云母绝缘凸出。

④ 电刷位置偏移中性线。

⑤ 电刷牌号不对以致换向性能差。

（4）直流电动机定子励磁磁极绕组过热故障的产生原因

① 电源电压超过电动机端电压额定值。

② 励磁电流大幅超过额定值（常因降低转速而引起）。

③ 电动机并励绕组存在匝间短路。

④ 励磁绕组的线径及匝数错误致使铜损增加（多发生在重换绕组后）。

⑤ 励磁绕组对地绝缘电阻太低。

⑥ 电动机冷却条件恶化。

【例 1-7】 有一台 Z2 - 91 - 4，额定功率 $P_N = 55kW$、额定电压 $U_N = 220V$、额定转速 $n_N = 1500r/min$ 的直流并励电动机，运行中其定子磁极绕组出现过热的现象。

分析处理：经仔细检测该直流并励电动机，查明磁极绕组过热故障是由励磁电流严重超过额定值所致。通过对电源电压、电动机励磁电阻和转速的综合调整，电动机磁极绕组过热现象已经完全消除。

3. 直流电动机的机械故障

（1）振动故障

直流电动机运行中产生振动通常多为机械原因所引起的，一般常见原因有以下几种。

① 电枢铁心支架上的平衡发生位移或脱落。

② 转轴弯曲或气隙不均匀或轴承损坏。

③ 联轴器没有校正或螺栓未拧紧。

④ 安装电动机的地基不牢或地脚螺栓松动。

⑤ 电动机在重换电枢绕组或车削换向器后未做动平衡试验。

【例 1-8】 有一台 Z2 - 101 - 4，额定功率 $P_N = 55kW$、额定电压 $U_N = 220V$、额定转速 $n_N = 1000r/min$ 的直流并励电动机，在运行中出现了振动故障。

分析处理：经过该直流并励电动机仔细检查，发现电动机的振动是由地脚螺栓松动所致，在重新校正紧固地脚螺栓后，电动机的振动现象完全消除。

（2）电枢与定子相擦的故障

产生此类故障的主要原因如下。

① 电枢上的捆扎钢丝或无纬玻璃丝带、槽楔和绝缘垫等松动或甩脱而引起相擦。

② 定子磁场固定主磁极或换向极的螺栓松动。

③ 机座止口或端盖止口磨损变形。

④ 轴承严重磨损变形。

【例 1-9】 有一台 Z3 - 72 - 4，额定功率 $P_N = 22kW$、额定电压 $U_N = 220V$、额定转速 $n_N = 1500r/min$ 的直流他励电动机，运行中发生电枢与定子铁心相擦（也称扫膛）的故障。

分析处理：经对该直流他励电动机仔细检测，发现电枢与定子相擦是由端盖止口严重磨损和变形引起的。在重新更换新端盖以后，电动机电枢与定子相擦的故障得以消除。

4. 直流电动机的绕组故障

直流电动机绝大多数电气故障均发生在高速旋转的电枢绕组上，如图 1-43 所示为直流电动机电枢绕组各种故障的示意图，电枢绕组常见的故障主要有接地、短路、断路、接错等。同时，因电枢绕组的单个绕圈元件是通过换向器而连接成一个整体绕组的，故换向器本身发生的接地、短路、脱焊等故障也就必然会影响到电枢绕组，现分别介绍如下。

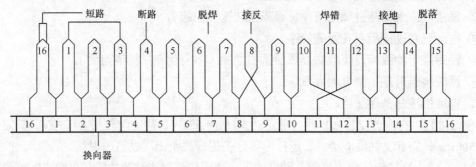

图 1-43　电枢绕组各种故障的示意图

（1）接地故障

① 绕组接地故障原因。

a. 绝缘严重受潮。

b. 超载运行使绕组发热致使绝缘受损接地。

c. 机械碰撞使电枢绕组受损。

d. 制造存在质量缺陷。

② 检查方法。

a. 外观检查：目测检查定子主磁极线圈、换向极线圈、补偿绕组线圈和连接线、引出线端等，看其有无绝缘破损、烧焦、电弧痕迹等现象，以及是否有绝缘烧焦的气味等。如果目测找不出故障，可以采用其他检测方法继续查找。

b. 兆欧表检查：对额定电压在 440V 以下的直流电动机可用 500V 级的兆欧表检测。测量时可将兆欧表的火线接直流电动机的励磁绕组，而另一根地线则接电动机的金属外壳。然后按照兆欧表规定的转速（通常为 120r/min）转动手柄，此时若表的指针指向零就表面绕组绝缘被击穿而通地；若表的指针始终在零值附近摇摆不定，则说明电动机绕组仍具有一定绝缘电阻值。

c. 220V 试灯检查：若手头没有兆欧表则可以采用 220V 电源串接灯泡进行检查，测试时若灯泡发亮，则表面励磁绕组绝缘可能已损坏而直接通地，这时可拆开端盖取出整个转子并检查和修复励磁绕组的故障。但是，采用这种检测方法时应特别注意人身安全，以免不慎造成触电伤人的事故。

d. 万用表检查：此时用万用表 R×10k 挡进行，测量时可将万用表的一根表线接绕组的引线端，而另一根表线接该电动机外壳。如果测出的电阻数值为零即说明该绕组已接地；当万用表上测出有一定电阻数值时，要根据具体情况和经验来判断绕组是受潮还是绝缘已被击穿。

③ 绕组接地故障的处理。当用上述方法还不能找到接地绕组的准确位置时，故障可能出在某磁极线圈与铁心的直接接触上。此时应先找出主磁极绕组、换向极绕组及补偿极绕组中哪套绕组接地，然后再将有接地故障的这套绕组按对半分组淘汰的方法，逐级查出该套绕组的接地故障电。在查出故障绕圈后，再根据接地绕组的故障范围大小、绝缘材料老化程度和返修的难易程度等具体情况，做出局部修补或更换接地故障线圈的处理。

【例 1-10】 有一台 Z3-61-4，额定功率 $P_N = 17kW$、额定电压 $U_N = 220V$、额定转速 $n_N = 3000r/min$ 的直流并励电动机，其励磁绕组绝缘电阻低。

分析处理：受过雨淋、水浸或环境潮湿而又长期闲置未用的直流电动机，其励磁绕组绝缘均可能因受潮而导致绝缘电阻过低或为零。因此，对这类直流电动机在重新使用前，均必须用 500V 兆欧表（俗称摇表）来检查励磁绕组的绝缘电阻。其主磁极绕组、换向极绕组和补偿绕组对机壳的绝缘都要检测，并且这几套绕组之间的绝缘状况也要检测。所测出的绝缘电阻值若小于 $0.5M\Omega$，则说明该直流电动机励磁绕组绝缘已经受潮或严重老化。此时，电动机就需要烘干或浸漆烘干处理，并经再次检测合格后方能投入使用。直流电动机励磁绕组绝缘的烘干可采用灯泡、电炉、电吹风和烘箱、烘房进行。有些使用时间较长励磁绕组绝缘老化的直流电动机，则可在烘干后对励磁绕组再浸漆处理一次，以增强其绝缘能力和提高直流电动机的使用寿命。

经对该直流并励电动机励磁绕组绝缘电阻的检测，用 500V 兆欧表测量的绝缘电阻值为 $0.1M\Omega$ 左右，并发现该电动机有很长一段时间未开机运行，因为绕组受潮而导致绝缘电阻降低。通过对该电动机励磁绕组作烘干处理后，绝缘电阻值上升到 $12M\Omega$ 以上，这时即可安全地投入运行。

（2）短路故障

直流电动机电枢绕组发生短路故障的情况比较常见，造成电枢绕组及换向器短路故障的主要原因介绍如下。

① 绕组产生短路故障的原因。

a. 电动机长期超载运行使绕组严重发热，绝缘受损而短路。

b. 电刷与换向器之间摩擦产生的炭粉、铜屑等残留物累积在换向片之间的沟槽中而产生片间短路。

c. 电枢绕组线圈组之间的高电压，以及换向器激烈换向过程而感生的极高电动势，都很容易击穿绕组绝缘而造成短路。

d. 机械性碰撞导致电枢绕组严重损伤而短路。

e. 被拖动机械轴承损坏或卡住，致使直流并励电动机相当于超载运行，使绕组发热受损短路。

② 检查方法。

a. 外观检查：励磁绕组短路可分为主磁极线圈、换向极线圈、补偿极线圈的匝间短路。绕组发生短路时将会在短路线圈内产生很大的短路电流，并导致线圈迅速发热冒烟、发出焦臭气味以及绝缘物因高温而变色等。除一些极轻微的匝间短路外，较严重的磁极线圈短路故障经仔细目测一般均能找到其位置。

b. 电阻法检查：用电阻法检测时，应先确定主磁极绕组、换向极绕组和补偿机绕组是哪套绕组短路。然后用电桥表逐一测量该套绕组各磁极线圈的电阻值，当某一磁极线圈的电阻值明显比其他线圈的电阻小时，该磁极线圈内就极可能存在短路故障。电阻法适用于小型直流电机的并励或串励绕组的短路故障检查。当励磁绕组较大时可用万用表或单臂电桥测量，若其电阻值相差 5%以内一般不必处理。

c. 直流电压降法：将励磁绕组主磁极线圈按正常连接后再与直流电源相接，然后用直流电压表测量每个主磁极线圈两端的电压下降，正常无短路故障时其读数应该相等。若某一个主磁极线圈的电压降偏小，则说明它极可能存在有匝间短路故障，应该返修或更换。当检测时所采用的直流电压较高且其电流接近额定值，则检测的准确性也将越高。由于这种接线法与极性检查时的接法相同因而经常被采用。

d. 交流电压降法：其与直流电压降法判断匝间短路的接法完全相同，只不过其采用的是交流电源和交流仪表而已。交流电压降法对匝间短路故障的反应特别灵敏，因而适用于大、中型直流电动机的各种励磁绕组和小型电动机的串励绕组及换向绕组。这些绕组往往由于匝数少和电阻小，所以用直流电压降法检查其匝间短路时，读数不明显，就不易鉴别其是否存在匝间短路现象。但当采用交流电压降法测量时则只要其中有一匝短路，便会形成一个二次侧短路的自耦变压器电路，其电压降低显著减小，在电压表上就可以明确显示出来。

小型直流电动机并励绕组的匝间短路故障检测方法，可以采用交流电压降法进行检测。不过，由于并励绕组常用漆包圆铜线绕制，其中往往容易产生少数并不影响运行的匝间短路。如果用交流电压降法来检查将会反映出很大的电压差，因而招致一些不必要的怀疑，所以小型直流电动机并励磁绕组还是以用电阻法或直流电压降法为好。

③ 绕组短路故障的处理。主流电动机励磁绕组短路故障的处理应视其故障位置、损坏情况和绝缘老化程度而定，一般多采取局部修复和整体更换两种方式。如果绕组绝缘并未整体老化且短路线匝又处于线圈表层，那么可对短路的磁极线圈局部修补处理；如果励磁绕组常年使用，线圈的绝缘已呈老化易碎状态，且短路故障位置又在磁极线圈深层之内，那么此时应重新绕制励磁线圈予以整体更换。励磁绕组短路故障的处理方法如下。

a. 换向极和补偿极绕组的磁极线圈多为粗大的扁铜导线弯制而成，并且一般匝数都比较少。对此类有短路故障的磁极线圈可采取在不变形情况下烧去其旧绝缘层，然后用与原绝缘等级相同的绝缘材料仔细垫放或包扎，并经整形、浸漆和烘干后套上磁极铁心，重新装入直流电动机的机座即可。

b. 主磁极绕组的磁极线圈均为圆铜线或较小的绝缘扁铜线绕制而成，其匝数较多且为多层分布。如果磁极线圈的短路故障是发生在线圈表层或易于返修的位置，则可采取将短路线匝分离开并以同等绝缘垫隔离或包扎好即可；若短路磁极线圈的绝缘已整体老化、碎裂且其短路点又深处线圈内部，此时局部修补已无法解决问题，只有重绕更换新磁极线圈。

【例 1-11】 有一台 Z2-91-4，额定功率 $P_N = 55kW$、额定电压 $U_N = 220V$、额定转速 $n_N = 1500r/min$ 的直流并励电动机，其电枢绕组发生短路故障。

分析处理：经对该直流并励电动机作详细检测后，查明其电枢绕组短路故障是由换向片间炭粉、铜屑引起的短路，从而使电枢绕组个别线圈形成短路。将短路两换向片间沟槽用锯条清理干净后，发现电枢绕组的短路线圈损伤轻微不影响继续使用，故该电动机投入运行后，短路现象消失。

（3）断路故障

直流电动机励磁绕组由于受到机械碰撞、焊接不良和严重短路等原因，均可能使励磁绕组极线圈出现断路故障。

① 直流电动机电枢绕组产生断路故障的原因。

a. 电动机长期超载使换向器过热造成接线端脱焊而形成断路。

b. 电枢绕组因发生短路、接地故障而将线圈线匝烧断。

c. 机械性碰撞将电枢组撞断。

d. 制造工艺不良，在将电枢绕组线圈元件接至换向片被拉得过紧或线端在去除绝缘漆膜时受到损伤。

② 检查方法。绕组断路故障的检查比较容易，它可以用兆欧表、万用表或试灯等多种方式进行检查。用万用表检查时，将万用表的开关转至电阻挡，然后从直流电动机的接线板各套绕组的出线端查起，先找出是哪套励磁绕组已断路，接着再采用分组淘汰法检查各磁极线圈。检测时应拆开有断路故障那套绕组连接线的绝缘，测量各个磁极线圈，依次测量直至最后找出有断路故障的磁极线圈。如果断路故障点是发生在引线端、线圈之间连接线、线圈的表层等易于修复的地方，这时就只需将断路处的线端重新接线、焊接和包好绝缘即可；若断路故障发生在磁极线圈的深层内，就只能更换磁极线圈。

③ 绕组断路故障的处理。按上述检查方法找出故障点，将绕组断路点重新焊接，并用绝缘材料包扎好，然后滴漆烘干即可。

【例 1-12】 有一台 Z2-92-4，额定功率 $P_N = 75kW$、额定电压 $U_N = 220V$、额定转速 $n_N = 1500r/min$ 的直流并励电动机，其电绕组发生断路故障。

分析处理：经对该直流并励电动机电枢绕组所进行的全面检测，发现其断路故障是因为电动机长期超载运行，从而使换向器过热而造成线端脱焊所致。在找出脱焊的断路点并重新焊接牢固后，该电动机电枢绕组断路的故障得以排除。

5. 直流电动机安装运行的注意事项

（1）电动机安装场地的选择

若电动机安装场地选择不当，有可能缩短其使用寿命，成为故障产生的原因，损坏周围的器件，甚至给操作者造成伤害等重大事故。因此，必须慎重地选择电动机的安装场地。一般应尽可能地选择具有以下条件的场所。

① 潮气很少的场所。

② 通风良好的场所。

③ 比较凉爽的场所。

④ 尘埃较少的场所。

⑤ 易维修检查的场所。

（2）电动机安装前的验收与保管

电动机在运达安装场地后，应立即进行初步验收。应仔细检查电动机有无零部件不完整或损坏的情况；备件是否齐全；随机文件有无遗漏；并根据检查的具体情况采取相应措施。验收后电动机若不立即安装，则应将电动机保存在室温不低于 +5℃ 和不高于 +40℃、相对湿度不大于 75%、无腐蚀性气体的干燥而清洁的室内或仓库内。保存期间应定期检查电动机绕组、轴伸、换向器或集电环，及其他主要零部件和备件等有无受潮、损坏或锈蚀的情况。

（3）电动机安装的基础

电动机的安装场所有地面、支柱、墙壁、负载机械等。对于安装位置固定的电动机，如果不是与其他负载机械配套安装在一起时，均应采用质量可靠的混凝土作基础，以免因基础过弱而使电动机在运行时引起振动和噪声。若为经常移动使用的电动机，可因地制宜采用合适的安装结构。但必须注意的是，不论在什么情况下其基础或安装结构都必须保证有足够的强度和刚度，以避免电动机运行时可能产生不正常的振动、噪声及造成人身、设备事故等。

（4）电动机运行前的准备及试运转

① 清除直流电动机裸露部分的灰尘和污垢。

② 用手转动转轴的轴伸端，检查电枢转动是否灵活轻便和有无呆滞卡阻现象，以及有无部件摩擦或撞击声。

③ 检查换向器表面是否清洁、光滑。如果其表面有杂质污垢，应用柔软干净的棉布蘸酒精或汽油将其擦除。

④ 仔细检查电动机和负载机械设备的所有螺栓、螺母类零件是否完全紧固，有无残次品等情况。

⑤ 检查电刷架固定是否正确；刷握固定是否牢固、可靠；电刷在刷握内是否过紧或过松；电刷压力是否符合要求和均匀、正常；电刷与换向器的吻合及接触是否良好；电刷引线与刷握、刷架的连接是否牢固和接触良好等。

⑥ 将电动机接线板处各绕组的引线接头用 0$^\#$砂布打磨干净，并用电桥表测量各绕组的直流电阻，以检查该电动机是否存在短路或断路故障。

⑦ 测量直流电动机各绕组对机壳（也称对地）及各绕组之间的绝缘电阻，以检查电动机各绕组对机壳和各绕组间的绝缘强度。如用 500V 兆欧表进行测量，测得绝缘电阻值如小于 1 MΩ，则应将电动机烘干处理。

⑧ 检查电源及操作电路的配线是否合理、完好。

⑨ 不通电试操作闸刀开关、接线用断路器、电磁开关、漏电断路器等的开关动作是否可靠。此外，确定该设备中所安装的熔断器容量，过电流继电器的动作设定值和漏电断路器的动作设定值等数值是否合适等。

⑩ 电动机若未经试运转就进行负载运行是非常危险的。因此，对小型负载机械可先试着用手进行转动检查；若电动机是采用皮带传动或联轴器传动方式时，则应先拆除电动机与负载之间的机械连接，然后再进行空载试验运行。当不能拆除负载机械时，则应尽可能先进行轻载试运行。

⑪ 应确认电源电压是否与电动机的额定电压相符，电压变化率是否保持在 ±10%的范围内。

如果在上述检查中发现直流电机存在故障，则应在对故障进行彻底修复后才能让电动机重新进入启动程序，以免故障加深、扩大而造成更大的损失。

直流电动机的常见故障分析与处理如表 1-1 所示。

电机原理与电力拖动

表 1-1 直流电动机的常见故障分析与处理

故障现象	故障产生原因分析	处理方法
电刷下火花过大	电刷与换向器接触不良	研磨电刷，并在轻载下运行 0.5~1h
	刷盒松动或装置不正	紧固或纠正刷盒装置
	电刷与刷盒配合不当	不能过紧或过松，略微磨小电刷尺寸或更换新电刷
	电刷压力不当或不匀	适当调整弹簧压力，使电刷压力保持在 1.47~2.45N/mm
	电刷位置不在中性线上	把刷杆调整到原有记号的位置或参考换向片位置重新调整刷杆的距离
	电刷磨损过短或型号、尺寸不符	更换电刷
	换向器表面不光洁、不圆或有污垢	清洁、研磨或加工换向器表面
	换向器片间云母凸出	重新更换云母并研磨或加工
	过载	恢复正常负载
	电动机底脚螺钉松动，发生振动	紧固底脚螺钉
	换向极绕组短路	查找短路部位，进行修复
	换向极绕组接反	检查换向极极性，加以纠正
	电枢绕组短路或电枢绕组与换向片脱焊	检查短路或脱焊的部位，进行修复
	电枢绕组短路或换向器短路	检查短路的部位，进行修复
	电枢绕组中有部分接反	检查电枢绕组接线，加以纠正
	电枢平衡没校好	电枢重校平衡
不能起动	过载	减少负载
	接线板线头接错	检查接线，加以纠正
	电刷接触不良或换向器表面不清洁	研磨电刷或调整压力，清理换向器表面及片间云母
	电刷位置移动	重新校正中性线位置
	主极绕组断路	检查短路的部位，进行修复
	轴承损坏或有异物	清除异物或更换轴承
转速不正常	电刷不在正常位置	调整刷杆座位置，可逆转的电动机应使其在中性线上
	电枢或主极绕组短路	检查短路的部位，进行修复
	串励主极绕组接反	检查主极绕组接线，加以纠正
	并励主极绕组断线或接反	检查断线部位与接线，加以纠正
温度过高	电源电压高于额定值	降低电源电压到额定值
	电动机超载	降低负载或换一台容量较大的电动机
	绕组有短路或接地故障	检查故障部位后按故障情况处理
	电机的通风散热情况不好	检查环境温度是否过高，风扇是否脱落，风扇旋转方向是否正确，电机内部通风道是否被阻塞
电动机振荡	串励绕组或换向极绕组接反	改正接线
	电刷未在中性线上	调整电刷位于中性线上
	励磁电流太小或励磁电路有断路	增加励磁电流或价差励磁电路中有无断路
	电动机电源电压波动	检查电枢电压
轴承过热	轴承损坏或有异物	更换轴承或清除异物
	润滑脂过多或过少、型号选用不当或质量差	调整或更换润滑脂
	轴承装配不良	检查轴承与转轴、轴承与端盖的配合情况，进行调整或修复
外壳带电	接地不良	查找原因，并采取相应的措施
	绕组绝缘老化或损坏	查找绝缘老化或损坏的部位，进行修复，并进行绝缘处理

　　直流电机的结构可分为定子与转子两大部分。定子的主要作用是建立磁场和机械支撑，转子的作用是感应电势、产生电磁转矩以实现能量转换。

　　直流电机是根据电磁感应原理实现机械能与直流电能相互转换的旋转电机。电机的能量转换是可逆的。同一台电机既可作为发电机运行也可作为电动机运行。如果从轴上输入机械能，则 $E_a>U$，I_a 与 E_a 同方向，T 是制动转矩，电机处于发电状态；如果从电枢绕组输入直流电能，则 $E_a<U$，I_a 与 E_a 反方向，T 是拖动转矩，电机处于电动状态。

　　电枢绕组是电机中实现能量转换的关键部件，其连接方式有叠绕组、波绕组和混合型绕组。单叠绕组和单波绕组是电枢绕组的两种最基本的绕组形式二电枢绕组是由许多线圈通过串联的方式构成的闭合回路，通过电刷又分成若干条并联支路。单叠绕组的并联支路对数等于主磁极对数 $a=p$，单波绕组并联支路对数 $a=1$。电枢电势等于支路电势；电枢电流等于各支路电流之和二导体中的电势，电流都是交变量，但经过电刷与换向器的换向作用，由电刷端输入或输出的电势和电流都是直流量。直流电机的换向非常关键，换向不良会使电刷和换向器之间产生火花，严重时会损坏换向器与电刷，使电机不能正常工作。为改善换向，常装设换向极和补偿绕组。

　　磁场是传递能量的媒介。电机空载时，气隙磁场是由主磁极的励磁绕组通以直流电流建立的。主极磁场除产生主磁通外，还产生漏磁通。电机带负载后使电枢绕组中有电枢电流通过，电枢电流建立的磁场称为电枢磁场。电机带负载后的气隙磁场是电枢磁场和主磁场的合成磁场。电枢磁场对主磁场的影响称为电枢反应。电枢反应使主磁场的分布发生畸变。

　　电枢绕组切割气隙磁场产生感应电势 E_a，$E_a=C_e\Phi n$；电枢电流与气隙磁场的相互作用产生电磁转矩 T，$T=C_T\Phi I_a$。

　　直流电机的基本方程式包含电动势平衡方程式、功率平衡方程式和转矩平衡方程式，这些方程式既反映了直流电机内部的电磁过程，又表达了电动机内外的机电能量转换。

　　直流发电机将输入的机械能转换成直流电能，根据其平衡方程式可以求出直流发电机的运行特性，其中最主要的是外特性。并励发电机的外特性是下垂的直线，即输出电压随负载电流的增大而下降。

　　发电机的运行特性一般是指发电机运行时，端电压 U、负载电流 I 和励磁电流 I_f 这 3 个基本物理量之间的函数关系（转速 n 由原动机决定，一般保持为额定转速 n_N 不变），如保持其中一个量不变，其余两个量就构成一种特性。直流发电机的运行特性有负载特性、外特性和调整特性。

　　他励直流电动机的工作特性是指，当外加电压为额定值（即 $U=U_N$），励磁电流为额定值（即 $I_f=I_{fN}$），电枢回路附加电阻为零时，电动机的转速 n、电磁转矩 T、效率 η 与电枢电流 I_a 之间的关系。

习　题

1. 直流电机由哪些主要部件构成？各部分的主要作用是什么？

2. 说明直流电机电刷和换向器的作用，在发电机中它们是怎样把电枢绕组中的交流电动势变成刷间的直流电动势的？在电动机中，刷间电压本来就是直流电压，为什么仍需要电刷和换向器？

3. 判断直流电机在下列情况下电刷两端电压的性质：

（1）磁极固定，电刷与电枢同速同向旋转；

（2）电枢固定，电刷与磁极同速同向旋转。

4. 为什么直流电机能发出直流电？如果没有换向器，直流电机能不能发出直流电流？

5. 什么是主磁通？什么是漏磁通？漏磁通大小与哪些因素有关？

6. 直流电机的主磁路包括哪几部分？磁路未饱和时，励磁磁动势主要消耗在磁路的哪一部分？

7. 直流电机的励磁磁动势是怎样产生的，它与哪些量有关？电机空载时气隙磁通密度是如何分布的？

8. 什么是直流电机磁路的饱和系数？饱和系数过高和过低对电机有何影响？

9. 何谓电枢反应，以直流电动机为例说明在什么情况下只有交轴电枢反应？在什么情况下出现直轴电枢反应？

10. 直流电机交轴电枢反应对磁场波形有何影响？考虑磁路饱和时和不考虑磁路饱和时，交轴电枢反应有何不同？

11. 直流电机有哪几种励磁方式？在各种不同励磁方式的电机里，电机的输入、输出电流与电枢电流和励磁电流有什么关系？

12. 已知某直流电动机铭牌数据如下，额定功率 P_N=75kW，额定电压 U_N=22V，额定转速 n=1500r/min，额定效率 η_N=85.5%，试求该电动机的额定电流。

13. 试计算下列各绕组的节距 y_1, y_2, y, y_k，绘制绕组展开图，安放主极及电刷，并求并联支路对数。

（1）右行短距单叠绕组：$2p$=4，Z=S=22；

（2）右行整距单波绕组：$2p$=4，Z=S=20；

（3）左行单波绕组，$2p$=4，Z=S=19；

（4）左行单波绕组，$2p$=4，Z=S=21。

14. 一单叠绕组，槽数 Z=24，极数 $2p$=4，试绘出绕组展开图及并联支路图。

15. 图 1-16 所示单叠绕组。如果去掉 A_2、B_2 两组电刷，对电机的电压、电流及功率有何影响？

16. 直流发电机中是否有电磁转矩？如果有，它的方向怎样？直流电动机中是否有感应电动势？如果有，它的方向怎样？

17. 直流电机中感生电动势是怎样产生的？它与哪些量有关？在发电机和电动机中感应电动势各起什么作用？

18. 直流电机中电磁转矩是怎样产生的？它与哪些量有关？在发电机和电动机中电磁转矩各起什么作用？

19. 直流发电机数据 $2p=6$，总导体数 $N=780$，并联支路数 $2a=6$，运行角速度 $\omega=40\pi\cdot\mathrm{rad/s}$，每极磁通为 0.0392Wb，试计算：

（1）发电机感应电势；

（2）速度为 900r/min，磁通不变时发电机的感应电势；

（3）磁通为 0.0435Wb，$n=900\mathrm{r/min}$ 时发电机的感应电势；

（4）若每一线圈电流的允许值为 50A，在本题（3）情况下运行时，求发电机的电磁功率。

20. 一台并励直流电动机，$U=220\mathrm{V}$，$I_N=80\mathrm{A}$，电枢回路总电阻 $R_a=0.036\Omega$，励磁回路总电阻 $R_f=110\Omega$，附加损耗 $p_s=0.01P_N$，$\eta_N=0.85$。试求：

（1）额定输入功率 P_1；

（2）额定输出功率 P_2；

（3）总损耗 $\sum p$；

（4）电枢铜损耗 p_{Cua}；

（5）励磁损耗 p_f；

（6）附加损耗 p_s；

（7）机械损耗和铁心损耗之和 p_0。

21. 如何判断直流电机运行于发电机状态还是电动机状态？它们的 T、n、E、U、I_a 的方向有何不同？能量转换关系如何？

22. 已知一台他励直流电机接在 220V 电网上运行，$a=1$，$p=2$，$N=372$，$n=1500\mathrm{r/min}$，$\Phi=1.1\times10^{-2}\mathrm{Wb}$，$R_a=0.036\Omega$，$p_{\mathrm{Fe}}=362\mathrm{W}$，$p_m=204\mathrm{W}$。求：

（1）此电机为发电机运行还是电动机运行？

（2）电磁转矩、输入功率和效率各是多少？

23. 在直流电机中，证明 $E_aI_a=T\Omega$，从机电能量转换的角度说明该式的物理意义。

24. 并励直流发电机必须满足哪些条件才能建立起正常的输出电压？

25. 并励直流发电机正转时能够自励，反转后是否还能自励？若在反转的同时把励磁绕组的两个端子反接，是否可以自励？电枢端电压是否改变方向？

26. 一台直流发电机，当分别把它接成他励和并励时，在相同的负载情况下，电压调整率是否相同？如果不同，哪种接法电压调整率大？为什么？

27. 他励直流发电机，额定容量 $P_N=14\mathrm{kW}$，额定电压 $U_N=230\mathrm{V}$，额定转速 $n_N=1450\mathrm{r/min}$，额定效率 $\eta_N=85.5\%$。试求电机的额定电流 I_N 及额定状态下的输入功率 P_1。

28. 他励直流电动机，$P_N=1.1\mathrm{kW}$，$U_N=110\mathrm{V}$，$I_N=13\mathrm{A}$，$n_N=1500\mathrm{r/min}$，试求电动机的额定效率 η_N 及额定状态下的总损耗功率 $\sum p$。

29. 由一台直流电动机拖动一台直流发电机，当发电机负载增加时，电动机的电流和机组的转速如何变化？说明其物理过程。

30. 如何改变他励、并励和串励直流电动机的旋转方向？

31. 他励直流电动机正在运行时，励磁回路突然断线会有什么现象发生？

32. 判断下列两种情况下哪一种可以使接在电网上的直流电动机变为发电机：（1）加大励磁电流 I_f 使 Φ 增加，试图使 E_a 加大到 $E_a>U$；（2）在电动机轴上外加一个转矩使转速上升，使 $E_a>U$。

33. 他励直流电动机，在拉断电枢回路电源瞬间（n 未变），电动机处于什么运行状态？端电压多大？

34. 直流电动机电磁转矩是拖动性质的，电磁转矩增加时，转速似乎应该上升，但从机械特性上看，电磁转矩增加时，转速反而下降，这是什么原因？

35. 说明直流电动机理想空载转速 n_0 的物理意义。

36. 与他励、并励直流电动机相比，串励直流电动机的工作特性有何特点？

37. 并励直流电动机 P_N=7.5kW，U_N=220V，I_N=40.6A，n_N=3000r/min，R_a=0.213Ω，额定励磁电流 I_{fN}=0.683A，不计附加损耗，求电机工作在额定状态下的电枢电流、额定效率、输出转矩、电枢铜耗、励磁铜耗、空载损耗、电磁功率、电磁转矩及空载转矩。

38. 并励直流发电机 P_N=27kW，U_N=110V，n_N=1150r/min，I_{fN}=5A，R_a=0.02Ω，将它用作电动机接在 110V 直流电网上，试求额定电枢电流时的电机转速。

39. 一台他励直流电动机 P_N=1.1kW，U_N=110V，I_N=13A，n_N=1500r/min，R_a=1Ω。将它用作他励直流发电机，并保持 $n=n_N$、$\Phi = \Phi_N$ 和 $I_a = I_{aN}$ 时，求电机的输出电压。

40. 并励直流电动机 P_N=96kW，U_N=440V，I_N=255A，I_{fN}=5A，n_N=500r/min，R_a=0.078Ω。试求：（1）额定输出转矩；（2）额定电磁转矩；（3）空载转矩；（4）理想空载转速；（5）实际空载转速。

41. 并励直流电动机 U_N=220V，I_N=81.7A，η_N=85%，电枢电阻 R_a=0.1Ω，励磁回路电阻 R_f=88.8Ω。试画出功率流程图，并求出额定输入功率 P_1、额定输出功率 P_N、总损耗艺 ΣP、电枢回路铜损耗、励磁回路铜损耗、机械损耗与铁损耗之和（不计附加损耗）。

42. 一台并励直流电动机 P_N=75kW，U_N=440V，I_N=191A，I_{fN}=4A，n_N=750r/min，R_a=0.082Ω，不计电枢反应影响，试求：（1）额定输出转矩；（2）额定电磁转矩；（3）理想空载转速；（4）实际空载电流及空载转速。

43. 并励直流电动机，P_N=17kW，U_N=220V，I_N=91A，I_{fN}=2.5A，n_N=1500r/min，R_a=0.074Ω，求电枢电流为 50A 时的电动机转速。

44. 换向极的作用是什么？它装在哪里？它的绕组如何励磁？磁场的方向应如何确定？

45. 何谓直线换向、延迟换向？怎样才能实现直线换向？

46. 说明直流电动机和直流发电机是怎样用移刷的办法改善换向的。

47. 怎样安装补偿绕组？它的作用是什么？

48. 一台直流电动机改作发电机运行，换向极绕组的接法是否需要改变？为什么？

第2章 电力拖动系统的动力学

电力拖动系统是由电动机拖动，并通过传动机构带动生产机械运行的一个动力学整体。虽然电动机有不同的种类和特性，生产机械的负载性质也各种各样，但从动力学的角度分析，它们都服从动力学的统一规律。本章主要介绍电力拖动系统的运动方程式、电力拖动系统处于稳定运行及过渡过程的条件，介绍生产机械的转矩及系统惯量（飞轮矩）的折算方法，以及各种类型生产机械的机械特性。

2.1 电力拖动系统的运动方程式

在生产实际中最简单的电力拖动系统就是电动机直接与生产机械的工作机构（负载）相连接的单轴系统，如图 2-1 所示。在这种系统中负载的转速与电动机的转速相同。在图 2-1 中，作用在电动机轴上的转矩有电动机的电磁转矩 T，负载转矩 T_L 和电动机空载转矩 T_0。

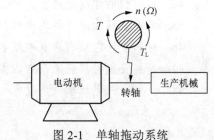

图 2-1 单轴拖动系统

规定电机的电磁转矩 T 的正方向与转速 n 正方向相同，负载转矩 T_L 的正方向与转速方向相反，由牛顿第二定律可得图 2-1 所示系统的运动方程式为

$$T - T_0 - T_L = J \frac{\mathrm{d}\Omega}{\mathrm{d}t} \qquad (2-1)$$

式中：T——电动机的电磁转矩（N·m）；

  T_L——电动机的总负载转矩（N·m）；

  T_0——电动机的空载转矩（N·m）；

  J ——电动机轴上的转动惯量（kg·m²）；

  Ω ——电动机角速度（rad/s）。

忽略电动机空载转矩 T_0，式（2-1）可简化为

$$T - T_L = J \frac{\mathrm{d}\Omega}{\mathrm{d}t} \qquad (2-2)$$

实际工程中，经常用转速 n 代替角速度 Ω，用飞轮矩 GD^2 来表示转动惯量 J，即

$$\Omega = \frac{2\pi n}{60} = \frac{n}{9.55} \qquad (2-3)$$

$$J = \frac{GD^2}{4g} \qquad (2\text{-}4)$$

其中：n ——电动机的转速（r/min）；

$\quad GD^2$ ——飞轮矩（N·m²）；

$\quad g$ ——重力加速度 $g=9.81\text{m/s}^2$。

则式（2-2）可分别表达为

$$T - T_L = \frac{J}{9.55} \cdot \frac{\mathrm{d}n}{\mathrm{d}t} \qquad (2\text{-}5)$$

$$T - T_L = \frac{GD^2}{375} \cdot \frac{\mathrm{d}n}{\mathrm{d}t} \qquad (2\text{-}6)$$

应当注意：

① 系数 375 是个有量纲的系数，单位为 m/min·s。

② GD^2 是代表物体旋转惯量的一个整体物理量，在实际应用中，不论计算还是书写，GD^2 都应写在一起，称为飞轮矩。D 为旋转体的回转直径。

③ 国家标准规定采用国际单位制（SI），只使用转动惯量 J。对于工程上沿用的 GD^2，可用式（2-4）核算为 J。

电动机和负载的 GD^2 通常可从产品样本和有关设计资料中查找。

式中，T-T_L 称为动态转矩或加速转矩。当 T-$T_L>0$ 时，系统处于加速运行的过渡过程；当了 T-$T_L=0$ 时，系统处于恒速运动状态；当 T-$T_L<0$ 时，系统处于减速运行的过渡过程。由于电动机的运行状态不同，以及负载类型不同，作用在电机转轴上的电磁转矩 T 和负载转矩孔 T_L 不仅大小会变化，方向也会变化。当 T 的方向与旋转方向一致时取正，反之取负；当 T_L 的方向与旋转方向一致时取负，反之取正。

2.2　多轴系统负载转矩和转动惯量的折算

实际的电机拖动系统，仅采用单轴拖动方式是不能满足生产要求的。机械设备的转速往往要求很低，而生产电动机的厂家为了减小体积、降低成本，一般制造的电动机转速都很高，在工作机构和电动机之间必须装设减速机构，如减速齿轮箱、蜗轮蜗杆等。还有的工作机构需要作直线运动，必须将电动机的旋转运动变为工作机构的直线运动。因此，大多数场合电动机并不直接和工作机构相连，而是通过一套传动机构，将电动机的运动形式转变成符合生产所需的运动形式，这种拖动系统称为多轴系统。图 2-2（a）所示为一个四轴的拖动系统。

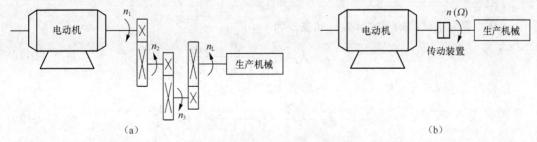

（a）　　　　　　　　　　　　　　　　　　　　　　（b）

图 2-2　多轴拖动系统的简化

多轴拖动系统的分析比单轴拖动系统复杂。但就电机拖动而言，一般不需要研究每根轴上的情况，而是把传动机构和负载等效成为电动机轴上的单一负载，从而把实际的多轴系统折算成为一个等效的单轴系统，如图 2-2（b）所示，其运动方程式为

$$T - T_L' = J \frac{\mathrm{d}n}{\mathrm{d}t}$$

式中：T_L'——折算到电动机轴上的等效负载转矩；

J——折算到电动机轴上总的转动惯量。

可见，要将实际的多轴系统等效成单轴系统，必须进行负载转矩和转动惯量的折算。原则是保持拖动系统在折算前后的功率和储存的动能不变，具体讨论如下。

1. 旋转运动负载转矩和转动惯量的折算

（1）转矩的折算

图 2-2 所示电机拖动系统中，若不考虑传动机构的损耗，根据折算前后功率不变的原则，有

$$T_L' \Omega = T_L \Omega_L \tag{2-7}$$

式中：Ω_L——负载的角速度；

Ω——电动机转子的角速度；

T_L——实际负载转矩；

T_L'——负载转矩折算到电动机轴上的折算值。

若考虑到传动机构的损耗，则

$$T_L' \Omega \eta = T_L \Omega_L$$

$$T_L' = \frac{\Omega_L}{\Omega} \cdot \frac{T_L}{\eta} = \frac{T_L}{j\eta} \tag{2-8}$$

式中：j——传动机构的总速比，等于各相邻传动轴速比的乘积，即 $j = j_1 j_2 j_3 = \frac{\Omega}{\Omega_L}$，其中 $j_1 = \frac{\Omega}{\Omega_1}$，

$j_2 = \frac{\Omega_1}{\Omega_2}$，$j_3 = \frac{\Omega_2}{\Omega_L}$，分别为第一、二、三级速比。若有多根中间轴．则可写成 $j = j_1 j_2 j_3 j_4 \cdots$；

η——传动机构的总效率，等于各级传动机构效率的乘积，即 $\eta = \eta_1 \eta_2 \eta_3$。若有很多根中间轴，则 $\eta = \eta_1 \eta_2 \eta_3 \eta_4 \cdots$。

（2）转动惯量的折算

根据折算前后系统储存动能不变的原则，对图 2-2 有

$$\frac{1}{2} J \Omega^2 = \frac{1}{2} J_m \Omega_m^2 + \frac{1}{2} J_1 \Omega^2 + \frac{1}{2} J_L \Omega_L^2$$

式中 J_m、J_1、J_L 分别为电动机、传动机构和负载的转动惯量。

又因 $\qquad\qquad\qquad\qquad \Omega = \Omega_m$

于是折算到电动机轴上的等效转动惯量为

$$J = J_m + \frac{J_1}{j_1^2} + \frac{J_2}{(j_1 j_2)^2} + \frac{J_L}{j^2} \tag{2-9}$$

如果传动系统有多根中间轴，则可将式（2-9）写成

$$J = J_m + J_1 \frac{1}{j_1^2} + J_2 \frac{1}{(j_1 j_2)^2} + \cdots + J_L \frac{1}{j^2} \tag{2-10}$$

式（2-10）表明，各机构的转动惯量除以速比的平方后，就是折算到电动机轴上的转动

惯量。可见，将低速轴上的转动惯量折算到高速轴后，其值减少较多。通常，折算后电动机的转动惯量 J_m 占总转动惯量 J 的比重最大，负载转动惯量次之，传动机构的转动惯量所占比重量小。因此，在工程计算中，常有以下近似公式：

$$J = （1.1 \sim 1.2）J_1 \tag{2-11}$$

如果在传动轴上还有其他大惯量部件，则需专门考虑。

特别指出，转矩的折算是遵循折算前后功率相等的原则，与传动效率有关；转动惯量的折算是根据不同轴上储存的动能相等的原则，与传动效率无关。

【例 2-1】 在图 2-2（a）所示的电机拖动系统中，已知飞轮矩 $GD_m^2 = 14.7\mathrm{N \cdot m^2}$，$GD_1^2 = 18.8\mathrm{N \cdot m^2}$，$GD_2^2 = 19.7\mathrm{N \cdot m^2}$，$GD_L^2 = 120\mathrm{N \cdot m^2}$，传动机构效率 $\eta_1 = 0.91$，$\eta_2 = 0.93$，$\eta_3 = 0.94$，负载转矩 $T_L = 85\mathrm{N \cdot m}$，转速 $n = 2450\mathrm{r/min}$，转速 $n_1 = 1225\mathrm{r/min}$，转速 $n_2 = 810\mathrm{r/min}$，转速 $n_L = 150\mathrm{r/min}$，忽略电动机的空载转矩，求：

① 折算到电动机轴上的系统总惯量 J；

② 折算到电动机轴上的负载转矩 T_L'。

解： 系统总转动惯量

$$J_m + J_1\frac{1}{j_1^2} + J_2\frac{1}{(j_1 j_2)^2} + J_L\frac{1}{j^2} = \frac{GD_m^2}{4g} + \frac{GD_1^2}{4g}\left(\frac{n_1}{n}\right)^2 + \frac{GD_2^2}{4g}\left(\frac{n_2}{n}\right)^2 + \frac{GD_L^2}{4g}\left(\frac{n_1}{n}\right)^2$$

$$= \frac{24.7}{4 \times 9.91} + \frac{18.8}{4 \times 9.91}\left(\frac{1225}{2450}\right)^2 + \frac{19.7}{4 \times 9.91}\left(\frac{810}{2450}\right)^2 + \frac{120}{4 \times 9.91}\left(\frac{150}{2450}\right)^2 = 0.56\mathrm{N \cdot m}$$

等效的负载转矩

$$T_L' = T_L\frac{1}{j} \cdot \frac{1}{\eta} = 85\frac{150}{2450} \cdot \frac{1}{0.91 \times 0.93 \times 0.94} = 6.54\mathrm{N \cdot m}$$

2. 平移运动负载转矩和转动惯量的折算

（1）平移运动负载转矩的折算

某些生产机械除了有旋转运动部件外，还有做直线运动的工作机构，如刨床的工作平台，如图 2-3 所示。直线运动机构的工作力 F 与工作机构运动速度 v 的乘积为负载功率。

$$P_L = Fv$$

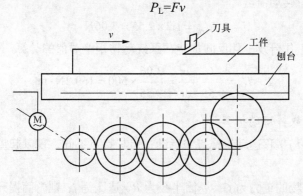

图 2-3 刨床电机传动机构示意图

设传动机构效率为 η，根据折算前后电动机拖动功率不变的原则，得出折算到电动机轴上的功率为

$$T_L'\Omega\eta = Fv \tag{2-12}$$

进而将负载所需的工作力 F 折算成电动机轴上的负载转矩 T'_L

$$T'_L = \frac{Fv}{\eta\Omega} = 9.55\frac{Fv}{\eta n} \qquad (2-13)$$

式中：F——直线运动机构的工作力或摩擦阻力（N）；

v——直线运动机构的速度（m/s）；

n——电动机转速（r/min）。

（2）平移运动负载转动惯量的折算

根据折算前后动能不变的原则，平移运动部件质量 $m=m_1+m_2$ 折算成电动机轴上的转动惯量应满足

$$\frac{1}{2}J\Omega^2 = \frac{1}{2}mv^2$$

则

$$J = (\frac{v}{\Omega})^2 m = 9.12(\frac{v}{n})^2 m \qquad (2-14)$$

传动机构中其他轴 J 的折算，与旋转运动机构部分所述一致。

【例 2-2】 某刨床电机传动系统如图 2-3 所示。已知切削力 $F = 10000\text{N}$，工作台与工件运动速度 $v = 0.7\text{m/s}$，传动机构总效率 $\eta - 0.81$，电动机转速 1450r/m，电动机的惯性 $J_m = 2.55\text{N}\cdot\text{m}^2$，求：

① 切削时折算到电动机轴上的负载转矩；

② 估算系统的总转动惯量；

③ 不切削时，工作台及工件反向加速，电动机以 500r/min 的速度运行，计算此时系统动转矩绝对值。

解：① 折算到电动机轴上的负载转矩

$$T_L' = 9.55\frac{Fv}{\eta n} = 9.55\frac{10^4 \times 0.7}{1450 \times 0.81} = 56.92\text{N}\cdot\text{m}$$

② 估算系统的总转动惯量

$$J \approx 1.2J_m = 1.2 \times 2.55 = 3.06\text{N}\cdot\text{m}^2$$

③ 不切削时，工作台及工件反向加速，系统动转矩绝对值的计算

$$T - T'_L = \frac{J}{9.55}\cdot\frac{\mathrm{d}n}{\mathrm{d}t} = \frac{3.06}{9.55} \times 500 = 160.2\text{N}\cdot\text{m}$$

3. 升降运动负载转矩的折算

升降机构的运动与平移运动均属直线运动，但其特点不同，现以起重机为例来讨论，如图 2-4 所示。

设提升或下放重物的重力为 G，卷筒半径为 R，速比为 j，则卷筒提升或下放重物的转矩为 $T_L\uparrow=T_L\downarrow=GR$。利用折算原则可将 $T_L\uparrow$ 和 $T_L\downarrow$ 折算到电动机轴上。

（1）提升重物时负载转矩的折算

不计传动机构损耗时，折算到电动机轴上的负载转矩为

$$T'_L\uparrow = \frac{GR}{j} = 9.55\frac{Gv}{n} \qquad (2-15)$$

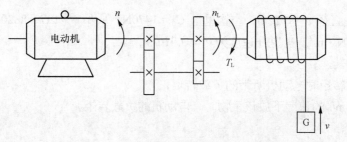

图 2-4　工作机构运动为升降的拖动系统

考虑到传动机构的损耗，在提升重物时，传动机构的损耗应由电动机承担，根据系统功率不变的原则

$$T_{\mathrm{L}}' \uparrow n \cdot \eta \uparrow = GRn_{\mathrm{L}}$$

因此折算到电动机轴上的转矩为

$$T_{\mathrm{L}}' \uparrow = \frac{GRn_{\mathrm{L}}}{n\eta \uparrow} = \frac{GR}{j\eta \uparrow} = 9.55\frac{Gv}{m\eta \uparrow} \qquad (2\text{-}16)$$

传动机构的损耗转矩为

$$\Delta T = \frac{GR}{j\eta \uparrow} - \frac{GR}{j} = \frac{GR}{j}\left(\frac{1}{\eta \uparrow} - 1\right) \qquad (2\text{-}17)$$

式中：$\eta \uparrow$——提升重物时的总效率；

v　——提升或下放重物的速度；

n　——电动机的转速。

（2）下降重物时负载转矩的折算

下放重物时，重物对卷筒的负载转矩大小仍旧为 GR，方向也不变，但此时传动机构的损耗转矩不再由电动机承担，而是由负载承担，根据折算前后功率不变的原则

$$T_{\mathrm{L}}' \downarrow n = GRn_{\mathrm{L}} \cdot \eta \downarrow$$

因此折算到电动机轴上的负载转矩为

$$T_{\mathrm{L}}' \downarrow = \frac{GR}{j}\eta \downarrow = 9.55\frac{Gv}{n}\eta \downarrow \qquad (2\text{-}18)$$

传动机构的损耗转矩为

$$\Delta T_{\mathrm{L}} = \frac{GR}{j} - \frac{GR}{j}\eta \downarrow = \frac{GR}{j}(1 - \eta \downarrow) \qquad (2\text{-}19)$$

假设重物上升和下降的传动机构的损耗转矩相等，比较式（2-17）和式（2-19）有

$$\eta \downarrow = 2 - \frac{1}{\eta \uparrow} \qquad (2\text{-}20)$$

由式（2-20）可知，当传动效率大于 0.85 时，提升和下放时的效率接近相等，$\eta \uparrow \approx \eta \downarrow$；当 $\eta \uparrow < 0.5$ 时，$\eta \downarrow < 0$，说明负载转矩不足以克服传动机构的损耗转矩。这一情况出现在轻载或空钩时。这在实际生产中是有益的，它起到安全保护作用，即没有电动机推动，负载是掉不下来的，这叫传动机构的自锁作用。它对于像电梯这类涉及人身安全的机械尤为重要。要使 $\eta \downarrow$ 为负，必须采用低提升效率的传动机构，如蜗轮蜗杆传动，其提升效率为 0.3~0.5。

关于转动惯量的折算与平移运动时相同，不再重复。

【例 2-3】　图 2-3 所示的升降机构中，已知减速箱的速比 $j = 34$，提升重物时效率

$\eta \uparrow = 0.83$，卷筒直径 $d = 0.22\text{m}$，空钩重量 $G_0 = 1470\text{N}$，所吊重物 $G = 8820\text{N}$，电动机的转动惯量 $J_\text{m} = 0.255\text{N} \cdot \text{m}^2$。当提升速度为 $v = 0.4\text{m/s}$ ，求：

① 电动机的转速；

② 忽略空载转矩时电动机所带的负载转矩；

③ 以 $v = 0.4\text{m/s}$ 的速度下放该重物时，电动机的负载转矩。

解：

① 电动机转速的计算：

卷筒的转速

$$n_\text{g} = \frac{60v}{\pi d} = \frac{60 \times 0.4}{\pi \times 0.22} = 34.72\text{r/min}$$

电动机的转速

$$n = n_\text{g} j = 34.72 \times 34 = 1180.5\text{r/min}$$

② 提升时电动机负载转矩的计算：

负载实际转矩为

$$T_\text{L} \uparrow = (G_0 + G)R = (1470 + 8820)\frac{0.22}{2} = 1131.9\text{N} \cdot \text{m}$$

折算到电动机的负载转矩为

$$T_\text{L}' = \frac{T_\text{L} \uparrow}{j\eta \uparrow} = \frac{1131.9}{34 \times 0.83} = 40.11\text{N} \cdot \text{m}$$

③ 以 $v = 0.4\text{m/s}$ 的速度下放该重物时，电动机负载转矩的计算：

传动机构损耗转矩在提升和下放时一样大，故

$$\Delta T_\text{L} = \Delta T_\text{L} \uparrow = \Delta T_\text{L} \downarrow = \frac{T_\text{L} \uparrow}{j\eta} - \frac{T_\text{L} \uparrow}{j} \downarrow = 40.11 - \frac{1131.9}{34} = 6.82\text{N} \cdot \text{m}$$

电动机的负载转矩为

$$T_\text{L}' \downarrow = \frac{T_\text{L}}{j} - \Delta T_\text{L} = \frac{1131.9}{34} - 6.82 = 26.47\text{N} \cdot \text{m}$$

下放重物时的效率

$$\eta \downarrow = 2 - \frac{1}{\eta \uparrow} = 2 - \frac{1}{0.83} = 0.795$$

下放时电动机轴上的负载转矩为

$$T_\text{L}' \downarrow = \frac{GR}{j}\eta \downarrow = \frac{1131.9}{34} \times 0.795 = 26.47\text{N} \cdot \text{m}$$

2.3 生产机械的负载转矩特性

直流电动机带动生产机械运行，各种生产机械都是电机的负载，电力拖动系统的运行状态取决于电动机及其负载。因此，我们既要知道电动机的电磁转矩 T 与转速 n 的关系，即电动机的机械特性 $n = f(T)$，也要知道生产机械负载转矩 T_L 与转速 n 的关系，即生产机械负载转矩特性 $n = f(T_\text{L})$。典型的负载特性可归纳为 3 大类，即恒转矩负载、恒功率负载和风机类负载。

1. 恒转矩负载特性

凡负载转矩 T_L 的大小为一定值，而与转速 n 无关的称为恒转矩负载。根据负载转矩的方向是否与转向有关，恒转矩负载又分反抗性恒转矩负载和位能性恒转矩负载两种。

（1）反抗性恒转矩负载

反抗性恒转矩负载是由摩擦产生的，又称摩擦转矩或反作用转矩，无论朝哪个方向运动，负载转矩 T_L 总是反抗运动的。此类负载转矩的方向总是与运动方向相反。运动方向改变时，负载转矩方向也随之改变。例如，机床刀架的平移运动、金属的压延机构、电车在平道上行驶等。其负载的机械特性如图 2-5 所示。

反抗性恒转矩负载的特点如下。

① 负载转矩的方向总是阻碍运动的方向，当 $n>0$ 时 T_L 为正，当 $n<0$ 时 T_L 为负，但其大小（绝对值）不变。

② 当 $n=0$ 时反抗性负载转矩的大小与方向不确定。

③ 机械特性位于第Ⅰ和第Ⅲ象限，且与纵轴平行的直线。

（2）位能性恒转矩负载

位能性恒转矩负载是由物体的重力产生的，负载转矩的大小和方向固定不变，与转速的大小和方向无关，如起重机提升与下放重物这类负载，不论其运动方向如何，重力作用总是向下的。其负载的机械特性如图 2-6 所示。

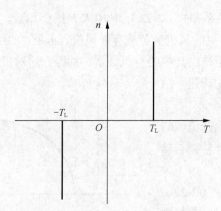

图 2-5　反抗性恒转矩负载特性

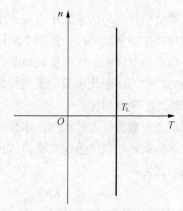

图 2-6　位能性恒转矩负载特性

位能性恒转矩负载的特点如下。

① 由于是重力产生的，因此位能性恒转矩负载的大小是恒定不变的。

② 作用方向也保持不变，当 $n>0$ 时 $T_L>0$，为阻碍运动的制动转矩；当 $n<0$ 时 $T_L>0$ 为帮助运动的拖动转矩。

③ 机械特性是穿过第Ⅰ和第Ⅳ象限的直线。

位能性负载实际应用在起重机的提升机构、矿井卷扬机、电梯等设备。

需注意，在某种情况下，如机车下坡时，这时位能性负载的负载转矩对电动机起加速作用，当电动机处于这种运动状态时，负载转矩特性应在第Ⅳ象限。

2. 恒功率负载特性

恒功率负载特性，其特点是负载功率 P_L 为一定值，负载转矩 T_L 与转速 n_L 成反比。如车床车削工件，粗加工时，切削量大，切削阻力大，用低速；精加工时，切削量小，为保证加工精度，用高速，负载功率近似一恒值。

恒功率负载特性是当 n 变化时，从电动机吸收的功率基本不变，负载转矩 T_L 与转速 n 基本上成反比关系。恒功率负载特性为一条双曲线，如图 2-7 所示，其转速与转矩的关系式为

$$T_L = \frac{K_1}{n} \tag{2-21}$$

而功率 $\quad P = T_L \Omega = T_L \dfrac{2\pi n}{60}$ 近似为常数。

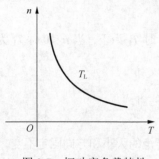

图 2-7 恒功率负载特性

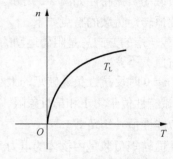

图 2-8 风机类负载特性

3. 风机类负载特性

此类负载转矩与转速的平方成正比，即函数关系如式（2-22），其中 K 是比例系数。风机类负载特性是一条抛物线，如图 2-8 所示曲线。常见的风机类负载有鼓风机、水泵、油泵等，它是按离心力原理而工作的机械负载，其负载转矩是由其中的空气、水、油等介质对机器叶片的阻力产生的，因此也属于反抗性负载。但它的转速不恒定，随转速的平方增加。

风机类负载特性为鼓风机、水泵、输油泵等生产机械的特性。其负载转矩与转速的二次方成正比关系，其转速与转矩的关系式为

$$T_L = Kn^2 \tag{2-22}$$

实际的生产机械的负载特性不一定是上面几种负载特性的单独形式，有时候可能是几种典型的负载特性组合而成。例如，实际的风机类负载特性是由反抗性恒转矩负载特性和理想的风机类负载特性叠加而成，如图 2-9 所示。

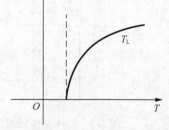

图 2-9 实际的风机类负载特性

2.4 电力拖动系统稳定运行条件

电力机拖动系统要能稳定运行，必须使电动机的机械特性与负载的机械特性配合得当，否则系统在运行时会出现不稳定现象。也就是原来处于某一转速下运行的电力拖动系统，由于受到外界某种干扰，如负载突然变化或电网电压的波动等，导致系统的转速发生变化而离

开了原来的平衡状态，如果系统能在新的条件下达到新的平衡状态，或者当外界扰动消失后能自动恢复到原来的转速下继续运行，则称该系统是稳定的；如果当外界扰动消失后，系统的转速是无限制地上升，或者一直下降至零，则称该系统是不稳定的。

从运动方程分析，电机拖动系统运行在工作点上时，$T=T_L$，是一种平衡运行状态。但是，实际运动的电机拖动系统经常会出现一些小的干扰，如电网电压或负载转矩波动等。这样就存在下面的问题：系统在工作点上运行时，若突然出现了干扰，该系统是否仍能稳定运行，干扰消除后，该系统是否仍能回到原来工作点上继续稳定运行，答案只有两种情况：① 能够；② 不能够。通常所指的稳定运行的含意是指情况 ① 。若为情况 ② ，则认为是不稳定运行。那么，系统应满足怎样的条件才能保持稳定运行，下面举例说明这个问题。

图 2-10 所示为他励直流电动机拖动一个恒转矩负载时的特性。在图 2-10 中，系统在电动机机械特性与负载特性的交点 A 上平稳运行。此时，$T=T_L$，$n=n_A$。如果由于某种原因使电网电压突然上升为 U_2，相应的电动机的机械特性由曲线 1 变为曲线 2。由于扰动作用，原来的平衡状态受到破坏，若不计电磁过渡过程，系统因惯性作用，系统的动能保持转速来不及变化，因而工作由 A 点移到 B 点。这时 B 点的电磁转矩大于负载转矩（系统运动方程

$$T-T_L = \frac{GD^2}{375} \cdot \frac{dn}{dt}$$ 告之，处于加速状态），系统的转速沿机械特性曲线 2 由 B 点升向 C 点。随着转速的升高，电动机转矩逐渐减少，在 C 点，$T=T_L$，系统达到了新的平衡状态。当扰动消除后（$U=U_1$），电动机的机械特性恢复到特性 1，这时电动机的运行状态将由 C 点过渡到 D 点，然后沿机械特性 1，由 D 点恢复到原来的运行点 A 稳定运行。

反之，如果电网电压突然下降为 U_3，相应电动机机械特性曲线 1 变为曲线 3，则瞬间工作点将平移到 B' 点，电磁转矩小于负载转矩，转速将由 B' 降到 C' 点。在 C' 点取得新的平衡；而当扰动消失后，工作点又恢复到原工作点 A 稳定运行。我们称系统在 A 点能稳定运行或 A 点为稳定运行点。

图 2-11 则是一种不稳定运行情况。倘若由于某种原因使电网电压突然上升为 U_2，相应的电动机的机械特性由曲线 1 变为曲线 2。系统的动能不变，保持电机的转速不变，从 A 点平移到升压特性曲线 2 的 B 点。在 B 点处，电机的转矩 T 小于负载转矩 T_L，系统的运动方程

$$T-T_L = \frac{GD^2}{375} \cdot \frac{dn}{dt}$$ 为负值，电机处于减速状态；电机越减速使 T 越小于负载转矩 T_L，使电机继续减速，直至减速至停止转动——停车。

而电机原运行在 A 点时，电网电压突然下降为 U_3，相应的电动机的机械特性由曲线 1 变为曲线 3。系统的动能不变，保持电机的转速不变，从 A 点平移到降压特性曲线 3 的 C 点。在 C 点处，电机的转矩 T 大于负载转矩 T_L，系统的运动方程 $T-T_L = \frac{GD^2}{375} \cdot \frac{dn}{dt}$ 正值，电机处于加速状态；电机越加速使 T 越大于负载转矩 T_L，使电机继续加速，直至升速至很高的转速——"飞车"。由此可见此系统是不稳定的。

通过以上分析可见，电力拖动系统的工作点在电动机机械特性与负载特性的交点上，但是并非所有的交点都是稳定工作的。也就是说，$T=T_L$ 仅仅是系统稳定运行的一个必要条件，而不是充分条件。要实现稳定运行，还需要电动机机械特性与负载特性在交点（$T=T_L$）处配合得好。由此，得出电力拖动系统稳定运行的充分必要条件如下。

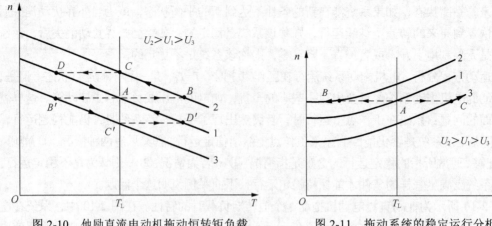

图 2-10　他励直流电动机拖动恒转矩负载　　　　图 2-11　拖动系统的稳定运行分析

必要条件：电动机机械特性与负载的转矩特性必须有交点，即存在 $T = T_L$。

充分条件：在交点 $T = T_L$ 处，满足 $\dfrac{\mathrm{d}T}{\mathrm{d}n} < \dfrac{\mathrm{d}T_L}{\mathrm{d}n}$。或者说，在交点的转速以上存在 $T < T_L$，而在交点的转速以下存在 $T > T_L$（这是一种简单的判断方法）。

充分条件的另一种表达为：电机拖动负载能在某转速恒定运转时，当干扰来了，能够改变转速达到一个新的恒定速度；而当干扰消除后又能回到原来的稳定点。

由此，只有电机的机械特性与生产机械的负载特性的交点能满足上述条件时，在该点的运行才是稳定的。

【例 2-4】　运用上述简单的判断方法看看图 2-12 中各种系统是否稳定（例举了各种不同斜率的电机机械特性和负载特性的配合）？

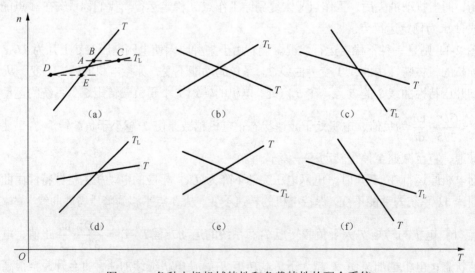

图 2-12　各种电机机械特性和负载特性的配合系统

解： 图（a）绘出的电机机械特性曲线的斜率和负载特性曲线的斜率均为正值。在 A 交点的转速以上拉一根平直线，分别与电机机械特性曲线 T 交于 B 点，与负载特性曲线交于 C 点。可见 B 点的电机转矩 T_B 小于 C 点的负载转矩 T_{LC}，由此判断此系统是稳定的；而在 A 交点的转速以下拉一根平直线，分别与电机机械特性曲线 T 交于 E 点，与负载特性曲线交于 D

点。可见 E 点的电机转矩 T_E 大于 D 点的负载转矩 T_{LD}，由此同样能判断此系统是稳定的。

同理可判断图（b）、图（c）系统是稳定的，而图（d）、图（e）、图（f）系统是不稳定的。

小　结

电力拖动系统是用电动机带动负载完成一定工艺要求的系统，电力拖动系统一般由控制设备、电动机、传动机构、生产机械和电源 5 部分组成。其运行状态与不同电机的机械特性和负载转矩特性相关。

单轴电力拖动系统是电动机、联轴器（传动机构）和负载三位同轴和同转速。描述单轴电力拖动系统的运动方程是 $T - T_L = \dfrac{GD^2}{375} \cdot \dfrac{\mathrm{d}n}{\mathrm{d}t}$，某时刻，当电机的转矩 T 大于负载转矩 T_L，则系统处于加速状态；而当电机的转矩 T 小于负载转矩 T_L，则系统处于减速状态；当电机的转矩 T 等于负载转矩 T_L，则系统处于匀速状态或者停止状态。

实际电力拖动系统根据不同的生产工艺，需要不同的合适转速，由此采用减速装置组成传动机构，这样便是多轴电力拖动系统。原则上多轴系统的每一根轴都能列出一个运动方程，求解多轴电力拖动系统的状态，需要联立求解微分方程组，会带来求解问题非常复杂。由此工程解决问题的办法是，将传动装置和负载均折算到电机轴上，视为单轴电力拖动系统。所以多轴电力拖动系统中，主要是将转速、转矩和转动惯量怎样折算到电机侧。

生产机械的负载特性有恒转矩负载特性（反抗性恒转矩负载、位能性恒转矩负载）、恒功率负载特性和风机型负载特性 3 类。

电力拖动系统稳定运行的充分必要条件是，在 $T=T_L$ 处，$\mathrm{d}T/\mathrm{d}n < \mathrm{d}T_L/\mathrm{d}n$。

习　题

1. 什么是电力拖动系统？它包括哪几部分？都起什么作用？试举例说明。

2. 电力拖动系统运动方程式中 T、T_L 及 n 的正方向是如何规定的？如何表示它们的实际方向？

3. 如何判断电力拖动系统的运行状态是稳态运行还是动态运行？

4. 单轴拖动系统具有什么特点？请例举实际情况中哪些设备是单轴拖动系统？

5. 在一个单轴拖动系统中，怎样判断系统储存的动能是增加还是减少？

6. 实际的拖动系统为什么要采用多轴拖动系统？

7. 在同样的功率情况下，为什么制造电动机的转速越高越能省材料，体积也能越小巧？

8. 试说明动 GD^2 与 J 的概念，它们之间有什么关系？

9. 从运动方程式如何看出系统是处于加速、减速、稳速或静止等运动状态？

10. 多轴拖动系统为什么要折算成等效单轴系统？

11. 把多轴电力拖动系统折算为等效单轴系统时负载转矩按什么原则折算？各轴的飞轮

力矩按什么原则折算?

12. 什么是动态转矩?它与电动机的负载转矩有什么区别和联系?

13. 负载的机械特性有哪几种主要类型?各有什么特点?

14. 电力拖动系统运行稳定的必要条件和充分条件是什么?

15. 试求出某拖动系统(见图 2-13)以 1m/s^2 的加速度提升重物时,电动机应产生的电磁转矩。折算到电动机轴上的负载转矩 $T'_\text{L} = 195\text{N·m}$,折算到电动机轴上的系统总(包括卷筒)转动惯量 $J = 2\text{kg·m}^2$,卷筒直径 $d = 0.4\text{m}$,减速机的速比 $j = 2.57$。计算时忽略电动机的空载转矩。

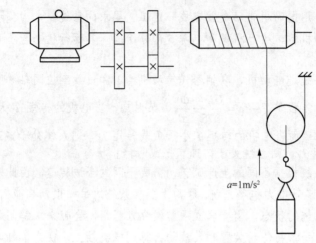

图 2-13　拖动系统传动机构图

16. 试求图 2-14 所示拖动系统提升或下放罐笼时,折算到电动机轴上的等效负载转矩以及折算到电动机轴上的拖动系统升降运动部分的飞轮力矩。已知罐笼的质量 $m_0 = 300\text{kg}$,重物的质量 $m = 1000\text{kg}$,平衡锤的质量 $m_\text{p} = 600\text{kg}$,罐笼提升速度 $v_\text{m} = 1.5\text{m/s}$,电动机的转速 $n = 980\text{r/min}$,传动效率 $\eta_\text{c} = 0.85$。传动机构及卷筒的飞轮力矩略而不计。

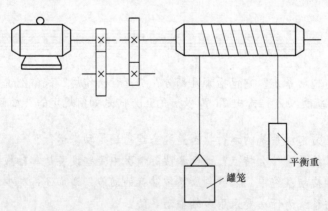

图 2-14　拖动系统传动机构图

17. 如图 2-15 所示的龙门刨床,已知切削力 $F_\text{m} = 20000\text{N}$,切削速度 $v_\text{m} = 10\text{m/min}$,传动效率 $\eta_\text{c} = 0.8$,工作台质量 $m_\text{T} = 3000\text{kg}$,工件质量 $m_\text{m} = 600\text{kg}$;工作台与导轨之间的摩擦系数 $\mu = 0.1$;齿轮 8 的直径 $D_8 = 500\text{mm}$;传动齿轮的齿数为 $z_1 = 15$,$z_2 = 47$,$z_3 = 22$,$z_4 = 58$,$z_5 = 18$,$z_6 = 58$,$z_7 = 14$,$z_8 = 46$;齿轮的飞轮力矩 $GD_1^2 = 3.1\text{N·m}^2$,$GD_2^2 = 15.2\text{N·m}^2$,$GD_3^2 = 8\text{N·m}^2$,

$GD_4^2=24\mathrm{N}\cdot\mathrm{m}^2$，$GD_5^2=14\mathrm{N}\cdot\mathrm{m}^2$，$GD_6^2=38\mathrm{N}\cdot\mathrm{m}^2$，$GD_7^2=26\mathrm{N}\cdot\mathrm{m}^2$，$GD_8^2=42\mathrm{N}\cdot\mathrm{m}^2$，电动机转子的飞轮力矩 $GD_R^2=200\mathrm{N}\cdot\mathrm{m}^2$。试求：

（1）折算到电动机轴上的总飞轮力矩及负载转矩（包括切削转矩及摩擦转矩两部分）；

（2）切削时电动机输出的功率。

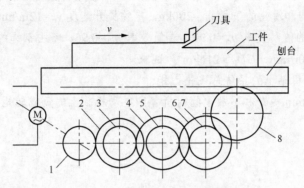

图 2-15　龙门刨床传动系统图

18. 某拖动系统的传动机构如图 2-16 所示。根据工艺要求，生产机械轴平均加速度必须为 $\mathrm{d}n_\mathrm{m}/\mathrm{d}t=3\mathrm{r}/(\mathrm{min}\cdot\mathrm{s})$，但按现有传动系统起动加速度过大。为此，用增加飞轮的办法来减小起动加速度。现只有一个飞轮，其飞轮力矩为 $GD^2=625\mathrm{N}\cdot\mathrm{m}^2$。问将此飞轮装在哪根轴上才能满足要求？图中各轴的飞轮力矩及转速如下：

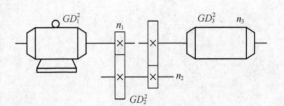

图 2-16　拖动系统传动机构图

$GD_1^2=80\mathrm{N}\cdot\mathrm{m}^2$，$n_1=2500\mathrm{r/min}$；

$GD_2^2=250\mathrm{N}\cdot\mathrm{m}^2$，$n_2=1000\mathrm{r/min}$；

$GD_3^2=750\mathrm{N}\cdot\mathrm{m}^2$，$n_3=500\mathrm{r/min}$。

负载转矩 $T_\mathrm{m}=100\mathrm{N}\cdot\mathrm{m}$，电动机电磁转矩 $T=30\mathrm{N}\cdot\mathrm{m}$，不计电动机的空载转矩 T_0。

19. 一台卷扬机，其传动系统如图 2-17 所示，其中各部分的数据如下：

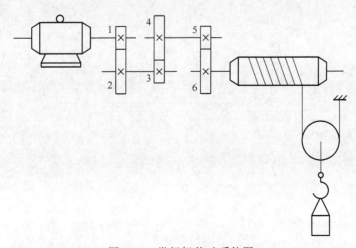

图 2-17　卷扬机传动系统图

$z_1=20$，$GD_1{}^2=1\text{N}\cdot\text{m}^2$；$z_2=100$，$GD_2{}^2=6\text{N}\cdot\text{m}^2$；

$z_3=30$，$GD_3{}^2=3\text{N}\cdot\text{m}^2$；$z_4=124$，$GD_4{}^2=10\text{N}\cdot\text{m}^2$；

$z_5=25$，$GD_5{}^2=8\text{N}\cdot\text{m}^2$；$z_6=92$，$GD_6{}^2=14\text{N}\cdot\text{m}^2$；

卷筒直径 $d=0.6\text{m}$，质量 $m_\text{T}=130\text{kg}$，卷筒回转半径 ρ 与卷筒半径 r 之比 $\rho/r=0.76$，重物质量 $m=6000\text{kg}$，吊钩和滑轮的质量 $m_0=200\text{kg}$，重物提升速度 $v_\text{m}=12\text{m/min}$，每对齿轮的传动效率 $\eta_\text{cz}=0.95$，滑轮的传动效率 $\eta_\text{cn}=0.97$，卷筒效率 $\eta_\text{cT}=0.96$，略去钢绳的质量。电动机数据为 $P_\text{N}=20\text{kW}$，$n_\text{N}=950\text{r/min}$，$GD_\text{R}{}^2=21\text{N}\cdot\text{m}^2$。试求：

（1）折算到电动机轴上的系统总飞轮力矩；

（2）以 $v_\text{m}=12\text{m/min}$ 提升和下放重物时折算到电动机轴上的负载转矩。

第3章 直流电动机的电力拖动

直流电动机是电力拖动系统的主要拖动装置，它具有良好的起动和调速性能。本章主要研究直流他励电动机的运行问题，如电动机的起动、调速和制动，各种运转状态特性及计算方法，以及直流电动机调速特性及其计算方法等。

运用直流电动机怎样拖动生产机械转动，需要知道直流电动机的转速 n 随着负载转矩 T 的变化情况。因此，必须了解直流电动机的各种机械特性，才能较好地运用直流电动机的自然特性和人为特性带动生产机械作起动、制动和速度的调节。

3.1 直流电动机的机械特性

直流电动机的机械特性是指在电动机的电枢电压、励磁电流，电枢回路电阻为恒值条件下，电机的转速 n 随着电磁转矩 T 之间的关系：$n = f(T)$。由于转速和转矩都是机械量，所以把它称为机械特性（又称静态特性）。利用机械特性和负载特性可以确定系统的稳态转速，在一定近似条件下还可以利用机械特性和系统运动方程式分析电力拖动系统的动态运行情况，如转速、转矩及电流随时间的变化规律。研究电机转速的变化情况能够有助于更好地控制电机按照生产工艺的要求拖动生产机械，达到高精度、高效率、低损耗地运行目的。可见，电动机的机械特性对分析电力拖动系统的运行是非常重要的。

1. 直流电动机的机械特性方程

直流电动机的机械特性也就是 $n=f(T)$ 的函数关系，也就是当直流电动机带动负载的转矩发生变化时，直流电动机的转速又会产生什么影响（变化）。

直流电动机的机械特性方程是由感应电动势方程 $E_a = C_e \Phi n$、电磁转矩方程 $T = C_T \Phi I_a$ 和电枢回路的电压平衡方程 $U_a = E_a + R_a I_a$ 推导出来的，即

$$n = \frac{U_a}{C_e \Phi} - \frac{R_a}{C_e \Phi C_T \Phi} T = n_0 + \Delta n = n_0 + \beta T \qquad (3-1)$$

式中：　n —— 直流电动机的转速；

　　　　U_a —— 直流电动机电枢端施加的直流电压；

　　　　R_a —— 直流电动机电枢内的等值电阻；

　　　　n_0 —— 直流电动机的理想空载转速；

　　　　Δn —— 直流电动机的转速降；

　　　　β —— 转速变化的斜率。

由上看出直流电动机的机械特性方程是一直线方程，若设转速 n 为纵坐标，设转矩 T 为横坐标，便可画出如图 3-1 所示的直流电动机机械特性曲线。

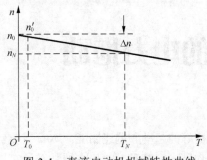

图 3-1　直流电动机机械特性曲线

由图 3-1 中可见，当 $T=0$ 时，电机的转速 n_0 称为理想空载转速（即不考虑电机转动起来最少需要克服的机械摩擦转矩）。而电机的实际空载转速 n_0' 比理想空载转速 n_0 要略低一些。这是因为电动机运转由于机械摩擦等原因，存在一定的空载转矩 T_0，在电动机空载运行时，电磁转矩不可能为零，它必须克服空载转矩，故实际的空载转速为

$$n_0' = \frac{U}{C_e\Phi} - \frac{R}{C_e C_T \Phi^2} T_0 \tag{3-2}$$

由于他励直流电动机的机械特性曲线是一条直线，由此计算出理想空载转速 $n_0 = U_N/C_e\Phi$，和电机铭牌告之的额定点（n_N），便能绘出直流电动机的机械特性曲线。

2．直流电动机的自然机械特性

实际应用中，直流电动机中的电枢回路电阻 R、端电压 U 和励磁磁通 Φ 都是根据需要进行调节的，根据式（3-1）可以得到多条机械特性。其中，电动机自身所固有的，反映电动机本来"面目"的机械特性是在电枢电压、励磁磁通为额定值，而且电枢回路不外串电阻时的机械特性，这条机械特性称为电动机的固有（自然）机械特性。调节 U、R、Φ 等参数后得到的机械特性称为人为机械特性。

若直流电动机满足以下条件时的机械特性称为自然特性或者称固有特性，即满足：

① 电枢绕组施加的电压为额定的，即 $U_a = U_N$；

② 定子主极磁通为额定的，即 $\Phi = \Phi_N$（对于他励电机是励磁电流额定）；

③ 电枢回路不外串电阻。

他励直流电动机的自然机械特性曲线如图 3-1 所示，它具有以下特点。

① 当电机电磁转矩 T 越大（也表明所拖动的负载转矩越大），转速 n 降落得越低，其特性是一条下斜的直线。

② 由于电枢绕组的电阻 R_a 很小，所以他励直流电动机的自然机械特性斜率 β 较小，特性较平称为特性硬，转矩变化时，转速变化较小。若斜率 β 大时的特性称为软特性。

③ $n=0$，即电动机起动时，电枢电流为起动电流，由于电枢电压 U_a 全部加在很小的电枢内电阻 R_a 上，此时电枢电流会很大，会烧坏换向器。

他励直流电动机的自然机械特性只表征电动机的电磁转矩和转速之间的函数关系，是电动机本身的能力体现，至于电动机的具体运行状态，还要看拖动什么样的负载，进行不同的拖动状态，由此需要调节 U、R、Φ 等参数，用人为机械特性来控制电动机的运行。

3．直流电动机的人为机械特性

若改变上述条件之一带来的机械特性称为人为的机械特性。因此，分别改变上面 3 个条件就得到 3 种人为的机械特性。下面我们来看看这些人为机械特性的具体情况。

（1）直流电动机降压人为机械特性

改变电枢电压时，为了不使电机发热，一般只能从额定电压 U_N 往下降。从直流电动机

机械特性方程（3-1）中可以看出：在电枢回路电阻 R 和主极磁通 Φ 不变时，降低电枢电压只有 n_0 下降，而直线的斜率 β 不变，因此降压人为特性是在固有特性下方的一组平行线，如图 3-2 所示。

（2）直流电动机串电阻人为机械特性

在直流电动机电枢回路外串电阻后，由直流电动机机械特性方程（3-1）中可以看出：

$$n = \frac{U_N}{C_e \Phi_N} - \frac{R_a + R_\Omega}{C_e C_T \Phi_N{}^2} T \tag{3-3}$$

与固有特性相比，电枢串电阻人为特性的理想的空载转速 n_0 不变，只有斜率 β 发生变化，大小随着所串电阻 R_Ω 的阻值大小变化，所串电阻 R_Ω 的阻值越大电动机的机械特性越软。因此，串电阻人为特性是一组不同斜率的射线，如图 3-3 所示。

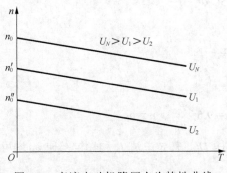

图 3-2　直流电动机降压人为特性曲线

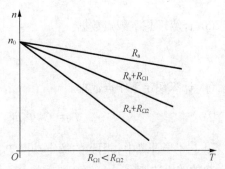

图 3-3　直流电动机串电阻人为特性曲线

（3）直流电动机弱磁人为机械特性

改变励磁回路的调节电阻 R_f，就可以改变励磁电流，从而改变主极磁通 Φ。由于电动机额定运行时，磁路已近饱和，即使再大幅增加励磁电流，磁通也不会有明显增加，何况由于励磁绕组发热条件的限制，励磁电流也不允许大幅度地增加，由此，改变直流电动机定子主极的磁通也只能从额定磁通往下降低（因为电机的额定磁通通常都设定近饱和区域），所以称为弱磁人为机械特性。同样，降低磁通后从直流电动机机械特性方程（3-1）中可以看出：理想的空载转速 n_0 和斜率 β 都变大，即理想的空载转速 n_0 提高，特性曲线变软，如图 3-4 所示。

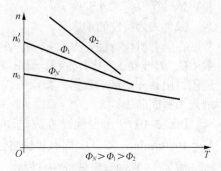

图 3-4　直流电动机弱磁人为特性曲线

4. 机械特性的求取

在设计电力拖动系统时，首先应知道所选择电动机的机械特性，可是电动机的产品目录或铭牌中都未直接给出机械特性的数据，因此通常是根据铭牌数据 P_N、U_N、I_N、n_N 计算，或者通过试验来求取机械特性。

（1）固有特性的求取

他励直流电动机的固有机械特性为一条直线，所以只要求出直线上任意两点的数据就可以画出这条直线。一般计算理想空载点（$T = 0$，$n = n_0$）和额定运行点（$T = T_N$，$n = n_N$）数据，具体步骤如下。

① 估算 R_a。电枢电阻 R_a 可用实测方法求得，也可用下式进行估算：

$$R_a = \left(\frac{1}{2} \sim \frac{2}{3}\right)\frac{U_N I_N - P_N}{I_N^2} \tag{3-4}$$

式（3-4）是认为电动机额定运行时，电枢铜损耗占总损耗的 $\frac{1}{2} \sim \frac{2}{3}$，这是符合实际情况的。（一般装有补偿绕组的电机取 2/3，其他电机取 1/2）

② 计算 $C_e \Phi_N$、$C_T \Phi_N$。

$$C_e \Phi_N = \frac{U_N - I_N R_a}{n_N}$$

$$C_T \Phi_N = 9.55 C_e \Phi_N$$

③ 计算理想空载点数据。

$$T = 0 \ , \quad n_0 = \frac{U_N}{C_e \Phi}$$

④ 计算额定工作点数据。

$$T_N = C_T \Phi_N I_N \quad 或 \quad T_{LN} = 9.55 \frac{P_N}{n_N} \ , \quad n = n_N$$

以上 4 步计算中，用到的额定功率 P_N、额定电压 U_N、额定电流 I_N 和额定转速 n_N 均可从电动机的铭牌中查得。

根据计算所得理想空载转速点（0，n_0）和额定工作点（T_N，n_N）两点就可在 $T-n$ 平面内画出电动机的固有机械特性。通过式 $\beta = R_a / C_e C_T \Phi^2$ 求出 β 后，便可求得他励电动机的固有机械特性方程式 $n = n_0 - \beta T$。

（2）人为特性的求取

在固有机械特性方程式 $n = n_0 - \beta T$（n_0、β 为已知）的基础上，根据人为特性所对应的参数（U、R_a 或 Φ）变化，重新计算 n_0 和 β 值，便可求得人为特性方程式。若要画出人为特性，还需算出某一负载点数据，如点（T_N，n_N），然后连接（0，n_0）和（T_N，n_N）两点，便可得到人为特性曲线。

【例 3-1】 一台他励直流电动机的铭牌数据为 $P_N = 5.5\text{kW}$，$U_N = 110\text{V}$，$I_N = 62\text{A}$。$n_N = 1000\text{r/min}$。求：① 固有机械特性方程式；② 实际空载转速 n_0'。

解： ① 求固有机械特性方程式

先估算 R_a，由式（3-4）取系数为 $\frac{1}{2}$ 时

$$R_a = \frac{1}{2} \times \frac{U_N I_N - P_N}{I_N^2} = \frac{1}{2} \times \frac{110 \times 62 - 5500}{62^2} = 0.172\Omega$$

$$C_e \Phi_N = \frac{U_N - I_N R_a}{n_N} = \frac{110 - 62 \times 0.172}{1000} = 0.099$$

$$C_T \Phi_N = 9.55 C_e \Phi_N = 9.55 \times 0.099 = 0.945$$

$$n_0 = \frac{U_N}{C_e \Phi} = \frac{110}{0.099} = 1111\text{r/min}$$

$$\beta = \frac{R_a + R_\Omega}{C_e C_T \Phi_N^2} = \frac{0.172}{0.099 \times 0.945} = 1.84$$

固有特性方程式为

$$n = n_0 - \beta T = (1111 - 1.84T) \text{ r/min}$$

② 实际空载转速 n_0'

额定电磁转矩 $\qquad T_N = C_T \Phi_N I_N = 0.945 \times 62 = 58.6 \text{ N} \cdot \text{m}$

额定负载转矩 $\qquad T_{LN} = 9.55 \dfrac{P_N}{n_N} = 9.55 \dfrac{5500}{1000} = 52.5 \text{N} \cdot \text{m}$

空载转矩 $\qquad T_0 = T - T_{LN} = 58.6 - 52.5 = 6.1 \text{N} \cdot \text{m}$

实际空载转速 $\qquad n_0' = n_0 - \beta T = 1111 - 1.84 \times 6.1 = 1100 \text{r/min}$

【例 3-2】 他励直流电动机的铭牌数据为 $P_N = 22\text{kW}$，$U_N = 220\text{V}$，$I_N = 116\text{A}$，$n_N = 1500\text{r/min}$，此电机装有补偿绕组。试分别求取下列机械特性方程式并绘制其特性曲线。

① 固有机械特性；

② 电枢串入电阻 $R_\Omega = 0.7\Omega$ 时的人为特性；

③ 电源电压降至 110V 时的人为特性；

④ 磁通减弱至 $\dfrac{2}{3}\Phi_N$ 时的人为特性；

⑤ 当负载转矩为额定转矩时，要求电动机以 $n = 1000\text{r/min}$ 的速度运转，试问有几种可能的方案，并分别求出它们的参数。

解： ① 固有机械特性

$$R_a = \frac{2}{3} \times \frac{U_N I_N - P_N}{I_N^2} = \frac{2}{3} \times \frac{220 \times 116 - 22000}{116^2} = 0.175\Omega$$

$$C_e \Phi_N = \frac{U_N - I_N R_a}{n_N} = \frac{220 - 116 \times 0.175}{1500} = 0.133$$

$$n_0 = \frac{U_N}{C_e \Phi} = \frac{220}{0.133} = 1654 \text{r/min}$$

$$\beta = \frac{R_a}{9.55(C_e \Phi_N)^2} = \frac{0.175}{9.55 \times 0.133^2} = 1.04$$

固有机械特性为

$$n = n_0 - \beta T = (1654 - 1.04T) \text{ r/min}$$

理想空载转速点数据为

$$T = 0, \quad n = n_0 = 1654\text{r/min}$$

额定工作点数据为

$$T_N = 9.55 C_e \Phi_N I_N = 9.55 \times 0.133 \times 116 = 147.3 \text{N} \cdot \text{m}$$
$$n = n_N = 1500\text{r/min}$$

连接这两点，得出固有特性曲线，如图 3-5 所示。

② 电枢回路串入 $R_\Omega = 0.7\Omega$ 电阻时

$n_0 = 1654\text{r/min}$ 不变，β 增大为

$$\beta' = \frac{R_a + R_\Omega}{9.55(C_e\Phi_N)^2} = \frac{0.175 + 0.7}{9.55 \times 0.133^2} = 5.18$$

人为特性为 $\qquad n = 1.654 - 5.18T$

当 $T = T_N$ 时，有

$$n = 1.654 - 5.18 \times 147.3 = 891 \text{r/min}$$

其人为特性曲线如图 3-6 中曲线 1 所示。

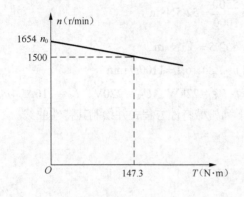

图 3-5　固有机械特性　　　　　　图 3-6　人为机械特性

1—$R_a = 0.7\Omega$　　2—$U = 110V$

3—$\Phi = 2/3\,\Phi_N$　　4—固有特性

③ 电源电压降至 110V 时

$\beta = 1.04$ 不变，n_0 变为

$$n_0' = \frac{1}{2} \times 1654 = 827 \text{ r/min}$$

人为特性为 $\qquad n = 827 - 1.04T$

当 $T = T_N$ 时，有

$$n = 827 - 1.04 \times 147.3 = 674 \text{ r/min}$$

其人为特性曲线如图 3-6 中曲线 2 所示。

④ 磁通减弱至 $\frac{2}{3}\Phi_N$ 时

n_0 和 β 均发生变化，有

$$n_0'' = \frac{U_N}{\frac{2}{3}C_e\Phi_N} = \frac{220}{\frac{2}{3}0.133} = 2481 \text{ r/min}$$

$$\beta'' = \frac{R_a}{9.55(\frac{2}{3}C_e\Phi_N)^2} = \frac{0.175}{9.55 \times (\frac{2}{3}0.133)^2} = 2.33$$

人为特性为

$$n = 2481 - 2.33T$$

当 $T = T_N$ 时，有

$$n = 2481 - 2.33 \times 147.3 = 2138 \text{ r/min}$$

其人为特性曲线如图 3-6 中曲线 3 所示。

⑤ 当负载转矩为额定值时，转速下降至 $n = 1000\text{r/min}$，可以采用电枢回路串电阻或降低电源电压的方法来实现。

当电枢串入 R_Ω 时，β 变化。将 $n = 1000\text{r/min}$、$T_N = 147.3\ \text{N·m}$ 代入机械特性

$$1000 = 1654 - \beta''' \times 147.3$$

得

$$\beta''' = 4.44$$

应串入的电阻值为

$$R_\Omega = 9.55(C_e\Phi_N)^2\beta''' - R_a = 9.55 \times 0.133^2 \times 4.44 - 0.175 = 0.575\Omega$$

当电压下降时，由公式

$$1000 = \frac{U}{0.133} - 1.04 \times 147.3$$

解得电压应降至 $U = 153.4\text{V}$。

3.2　他励直流电动机的起动

由于直流电动机带动生产机械起动，因此生产机械根据生产工艺的特点，对起动过程会有不同的要求。例如，对于无轨电车的直流电动机拖动系统，起动时要求平稳慢速起动，因为起动过快会使乘客感到不舒适。而对于一般的生产机械则要求有足够的起动转矩，这样可以缩短起动时间，从而提高生产效率。

把带有负载的电动机从静止起动到某一稳定速度的过程称为起动过程。电动机的起动是指电动机接通电源后，由静止状态加速到稳定运行状态的过程。电动机在起动瞬间（$n = 0$）的电磁转矩称为起动转矩，起动瞬间的电枢电流称为起动电流，分别用 T_{st} 和 I_{st} 表示。起动转矩为

$$T_{st} = C_T\Phi I_{st} \tag{3-5}$$

电动机起动时，必须先保证有磁场（即先通励磁电流），而后加电枢电压。

1. 直流电动机的直接起动

如果他励直流电动机施加额定电压起动（亦称全压起动），称为直接起动。由于起动瞬间转速 $n = 0$，电枢电动势 $E_a = 0$，故起动电流为

$$I_{st} = \frac{U_N - E_a}{R_a} = \frac{U_N}{R_a} \tag{3-6}$$

从式（3-6）可见，额定电压全部加在极小电枢内阻 R_a 上，直流电动机直接起动时的起动电流很大，通常可达到额定电流的 $10 \sim 20$ 倍，过大的起动电流会引起电网电压下降，影响电网上其他用户的正常工作；会使电动机的换向情况恶化，在换向器表面产生过大的火花，严重时甚至产生"环火"，甚至会烧坏电动机；同时过大的电磁力和冲击转矩会损坏电枢绕组和传动装置，对电网及拖动系统是有害的。因此在起动时，必须设法限制电枢电流。

在起动时为了限制起动电流，从式（3-6）可以看出：要么降低电枢电压，要么增加电枢回路电阻。因此，一般采取以下两种方法。

一种方法是在电枢电路内串入适当的外加电阻，来限制起动瞬时的过大的起动电流，待电动机转速逐渐升高，反电动势增大，电枢电流相对减小后再逐级切除外加电阻，直到电动机达到要求的转速。这种电阻专为限制起动电流用，又称为起动电阻。对这种起动方法的基本要求是：从技术上，起动电阻的计算应当满足起动过程的要求，主要是要保证必需的起动转矩。一般希望平均起动转矩大些，这样可以缩短起动时间。但起动转矩也不能过大，因为电动机允许的最大电流，通常都是由电动机的无火花条件和生产机械的允许强度所限制，一般直流电动机的最大起动电流按规定不得超过额定电流的 1.8~2.5 倍。从经济上要求起动设备简单、经济和可靠。为满足这样的要求，希望起动电阻的级数越少越好，但起动电阻过少会使起动过程的快速程度和平滑性变差。因此，为了保证在不超过最大允许电流的条件下尽可能满足平滑性和快速起动的要求，各级起动电阻都要对应相同的最大电流和切换电流，这在下面的起动过程介绍中会提到。

另一种方法是降低电枢电压的降压起动。这种起动方法的基本思想是：在起动瞬间反电动势很小，使外加电源电压很低，这样可防止产生过大的起动电流。待电动机转速升高后，反电动势增大，电流降低，这时再逐渐增加电枢两端的外加电压，直到电动机达到要求的转速。若采用手工调节电压 U_a，电枢电压不能升得太快，否则电流还会发生较大的冲击。为了保证限制电枢电流，手工调节必须小心地进行。在自动化的系统中，电压的调节及电流的限制靠一些环节自动实现较为方便。这种方法适用于电动机的直流电源是可以调节的。

2. 直流电动机的串电阻起动

在生产实际中，如果能够做到适当选用各级起动电阻，那么串电阻起动由于其起动设备简单、经济和可靠，同时可以做到平滑快速起动，因而得到广泛应用。但对于不同类型和规格的直流电动机，对起动电阻的级数要求也不尽相同。

（1）串联二级电阻的起动过程

下面以直流他励电动机电枢回路串联电阻二级起动为例说明起动过程。如图 3-7 所示，当电动机已有磁场时，给电枢电路加电源电压 U_{aN}，触点 KM1、KM2 均断开，电枢串入了全部附加电阻 $R_{K1} + R_{K2}$，电枢回路总电阻 $R_{a1} = r_a + R_{K1} + R_{K2}$。这时电动机的起动电流为

$$I_1 = I_{st} = \frac{U_{aN}}{R_{a1}} = \frac{U_{aN}}{r_a + R_{K1} + R_{K2}} \tag{3-7}$$

与起动电流 I_1 所对应的起动转矩为 T_1，对应于由电阻 R_{a1} 所确定的人为机械特性如图 3-8 中的曲线 1 所示。起动电流 I_1（或起动转矩 T_1）的确定，原则是不要超过允许过载的倍数（一般直流电动机的过载倍数为 $\lambda = \frac{I_a}{I_N} = 1.5 \sim 2.5$）。为使起动过程加快，切换电流选择 $I_2 = （1.1 \sim 1.17）I_L$。

在分级起动过程中，各级的最大电流 I_1（或相应最大转矩 T_1）及切换电流 I_2（或与之相应的切换转矩 T_2）都是不变的，这样，使得起动过程有较均匀的加速。

要满足以上电枢回路串接电阻分级起动的要求，需要选择合适的各级起动电阻。原则上根据他励直流电动机的机械特性方程可以分段计算。

限制起动电流的方法就是起动时在电枢电路中串接起动电阻 R_{st}，如图 3-9 所示。（起动电阻的值：$R_{st} = \frac{U}{I_{st}} - R_a$）

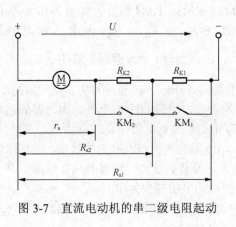

图 3-7　直流电动机的串二级电阻起动

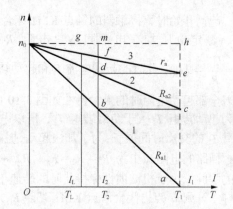

图 3-8　串电阻起动的机械特性

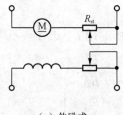

（a）他励式

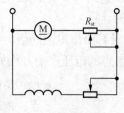

（b）并励式

图 3-9　直流电动机的起动

一般规定起动电流不应超过额定电流的 1.5～2.5 倍。起动时将起动电阻调至最大，待起动后，随着电动机转速的上升将起动电阻逐渐减小。

实际上，平滑地切除电阻是不可能的，一般是在电枢回路串入多级（通常是 2～5 级）电阻，在起动的过程中逐级加以切除。起动电阻的级数越多，起动过程就越快且越平稳，但所需要的控制设备也越多，投资也越大。下面对电枢串多级电阻的起动过程进行定性分析。

（2）串多级电阻的起动

图 3-10 所示为采用三级电阻起动时的电动机电路原理图及其机械特性。

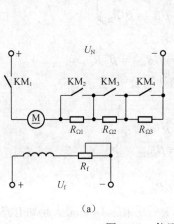

（a）

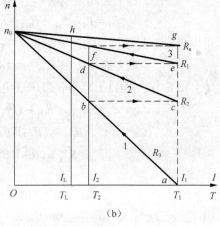

（b）

图 3-10　他励直流电动机三级电阻起动

起动开始时，接触器的触点 KM1 闭合，而 KM2、KM3、KM4 断开，如图 3-10（a）所示，额定电压加在电枢回路总电阻 R_3（$R_3 = R_a + R_{\Omega1} + R_{\Omega2} + R_{\Omega3}$）上，起动电流 $I_1 = \dfrac{U_N}{R_3} = \lambda I_N$，此时的起动电流 I_1 和起动转矩 T_1 均达到最大值（通常取额定值的 2 倍左右）。接入全部起动电阻时的人为特性如图 3-10（b）中的曲线 1 所示。起动瞬间从 a 点开始起步，因为起动转矩 T_1 大于负载转矩 T_L，所以电动机开始加速，沿着曲线 1 上升。因为要到达与负载 T_L 的交点时间很长，为了加快起动，提前在与 T_2 相交处的 b 点切除 $R_{\Omega3}$（闭合触点 KM4）。电枢回路的电阻减少为 R_2（$R_2 = R_a + R_{\Omega1} + R_{\Omega2}$），串电阻的人为特性变为曲线 2。在切除电阻的瞬间，由于机械惯性保持此时的转速不变，从 b 点平移到 c 点，沿着曲线 2 继续上升。同样上升到 d 点再闭合触点 KM3 切除 $R_{\Omega2}$，电枢回路的电阻减少为 R_1（$R_1 = R_a + R_{\Omega1}$），串电阻的人为特性变为曲线 3，电机的转速沿着曲线 3 继续上升。最后闭合触点 KM2 切除 $R_{\Omega1}$，电机沿着固有特性曲线加速到与负载 T_L 的交点 h 才稳定运行。

（3）分级起动电阻的计算

现以图 3-10 为例，计算所串电阻的值。设图中对应 b、d、f 点不同转速下的电枢电动势分别为 E_{a1}、E_{a2}、E_{a3}，各点的电压平衡方程如下：

$$\left.\begin{aligned}
b\ \text{点：} & R_3 I_2 = U_N - E_{a1} \\
c\ \text{点：} & R_2 I_1 = U_N - E_{a1} \\
d\ \text{点：} & R_2 I_2 = U_N - E_{a2} \\
e\ \text{点：} & R_1 I_1 = U_N - E_{a2} \\
f\ \text{点：} & R_1 I_2 = U_N - E_{a3} \\
g\ \text{点：} & R_2 I_1 = U_N - E_{a3}
\end{aligned}\right\} \tag{3-8}$$

比较以上 6 式可得

$$\frac{R_3}{R_2} = \frac{R_2}{R_1} = \frac{R_1}{R_a} = \frac{I_1}{I_2} = \beta \tag{3-9}$$

将起动过程中的最大电流 I_1 与切换电流 I_2 之比定义为起动电流比（也称起动转矩比）β，则在已知 β 和电枢电阻 R_a 的前提下，各级电阻可按以下各式计算

$$\left.\begin{aligned}
R_1 &= R_a + R_{\Omega1} = \beta R_a \\
R_2 &= R_a + R_{\Omega1} + R_{\Omega2} = \beta R_1 = \beta^2 R_a \\
R_3 &= R_a + R_{\Omega1} + R_{\Omega2} + R_{\Omega3} = \beta R_2 = \beta^3 R_a
\end{aligned}\right\} \tag{3-10}$$

由上式可以推论，当起动电阻为 m 级时，其总电阻为

$$R_m = R_a + R_{\Omega1} + R_{\Omega2} + \cdots + R_{\Omega m} = \beta R_{m-1} = \beta^m R_a \tag{3-11}$$

根据式（3-10）、式（3-11）可得各级串联电阻的计算公式为

$$\left.\begin{aligned}
R_{\Omega1} &= (\beta - 1)R_a \\
R_{\Omega2} &= (\beta - 1)\beta R_a = \beta R_{\Omega1} \\
R_{\Omega3} &= (\beta - 1)\beta^2 R_a = \beta R_{\Omega2} \\
&\ \ \vdots \\
R_{\Omega m} &= (\beta - 1)\beta^{m-1} R_a = \beta R_{\Omega(m-1)}
\end{aligned}\right\} \tag{3-12}$$

对于 m 级电阻起动时，电枢回路总电阻的式（3-11）可用电压 U_N 和最大起动电流 I_1 表示为

$$\beta^m R_a = \frac{U_N}{I_1} \tag{3-13}$$

于是电流比 β 可写为

$$\beta = m\sqrt{\frac{U_N}{I_1 R_a}} \quad (m \text{ 为整数}) \tag{3-14}$$

利用式（3-14）可以在已知 m、U_N、R_a、I_1 的条件下求出起动电流比 β，再根据式（3-12）求出各级起动电阻值。也可以在已知起动电流比 β 的条件下，利用式（3-14）求出起动级数 m，必要时应修改 β 值使 m 为整数。

综上所述，计算各级起动电阻的步骤如下。

① 估算或查出电枢电阻 R_a。

② 根据过载倍数选取最大转矩 T_1 对应最大电流 I_1。

③ 选取起动级数 m。

④ 按式（3-14）计算起动电流比 β。

⑤ 计算转矩 $T_2 = T_1/\beta$，检验 $T_2 \geq (1.1 \sim 1.17)T_L$，如果不满足，应另选 T_1 或 m 值，并重新计算，直到满足该条件为止。

⑥ 按式（3-12）计算各级起动电阻值。

【例 3-3】 他励直流电动机的铭牌数据如下：$P_N = 10\text{kW}$，$U_N = 220\text{V}$，$I_N = 52.6\text{A}$，$n_N = 1500\text{r/min}$。设负载转矩 $T_L = 0.8T_N$，起动级数 $m = 3$，过载倍数 $\lambda = 2$，求各级起动电阻值（参见图 3-10）

解： ① 估算 R_a

$$R_a \approx \frac{1}{2}\left(\frac{U_N I_N - P_N}{I_N^2}\right) = \frac{1}{2}\left(\frac{220 \times 52.6 - 10 \times 10^3}{52.6^2}\right) = 0.284\Omega$$

② 确定最大起动电流 I_1

$$I_1 = \lambda I_N = 2 \times 52.6 = 105.2\text{A}$$

③ 求起动电流比 β

$$\beta = m\sqrt{\frac{U_N}{I_1 R_a}} = 3\sqrt{\frac{220}{105.2 \times 0.284}} = 1.945$$

④ 求切换电流 I_2

$$I_2 = \frac{I_1}{\beta} = \frac{105.2}{1.945} = 54A > 0.8I_N \quad (\text{负载电流})$$

⑤ 各级起动电阻为

$$R_{\Omega 1} = (\beta - 1)R_a = (1.945 - 1)0.284 = 0.268\Omega$$

$$R_{\Omega 2} = \beta R_{\Omega 1} = 1.945 \times 0.268 = 0.521\Omega$$

$$R_{\Omega 3} = \beta R_{\Omega 2} = 1.945 \times 0.521 = 1.013\Omega$$

3. 直流电动机的降压起动

当直流电源电压可调时，可以采用降压方法起动。起动时，以降低的电源电压起动电动机，起动电流便会随着电压的降低而正比减少。

$$I_{st} = \frac{U_a - E_a}{R_a} = \frac{U_a - C_e \Phi n}{R_a}$$

一般最大起动电流 I_{stm} 还是限定允许过载的范围，即由上式可知：起动瞬间 $n = 0$ 时，

$$I_{stm} = \lambda I_N = \frac{U_a - E_a}{R_a} = \frac{U_{min}}{R_a}$$

这样可以计算出起动开始施加的最小电源电压为

$$U_{\min} = I_{\text{stm}} R_{\text{a}} = \lambda I_{\text{N}} R_{\text{a}}$$

从图 3-11（a）所示他励直流电动机降压起动机械特性中可以看出，施加最小电压 $U_{\min}$ 起动后，随着电动机转速的上升，反电势 E_{a} 逐渐增大，再逐渐提高电源电压，使电动机起动电流和起动转矩保持在一定数值范围内，从而保证电动机按需要的加速度升速。

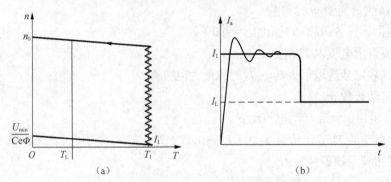

图 3-11　他励直流电动机降压起动机械特性

图 3-11（b）表示电枢电流在起动过程的变化情况：粗线表示理想的变化情况，细线表示在起动过程中多少有点超调和振荡变化。

【例 3-4】　例 3-3 中直流电动机若采用降压起动，试计算最小施加的电源电压值。

解：　$U_{\min} = I_{\text{stm}} R_{\text{a}} = I_1 R_{\text{a}} = 105.2 \times 0.284 \approx 30\text{V}$

可调压的直流电源，在过去多采用直流的发电机—电动机组，即每一台电动机专门由一台直流发电机供电。当调节发电机的励磁电流时，便可改变发电机的输出电压，从而改变加在直流电动机电枢两端的供电电压。近年来，随着电力电子技术的发展，直流调速正在被晶闸管整流电源代替，直流的数字调速控制装置也日异完善。降压起动虽然需要专用电源，设备投资大，但起动平稳，起动的过程中能量损耗小，因而得到了广泛应用。

3.3　他励直流电动机的制动

根据电动机的电磁转矩 T 与转速 n 方向之间的关系，可以将电机的运行状态分成两种情况。当 T 与 n 方向相同时，称为电动运行状态；当 T 与 n 方向相反时，称为制动运行状态。电动状态时，电机运行在 T—n 平面的 Ⅰ 、Ⅲ象限（第Ⅰ象限为正向电动状态，第Ⅲ象限为反向电动状态），电机的电磁转矩为驱动转矩，电机将电能转换成机械能；制动状态时，电机运行在 T—n 平面的 Ⅱ 、Ⅳ象限，电机的电磁转矩为阻力转矩（称为制动转矩），电机将机械能转换成电能。

直流电动机的制动是指将高速运转的转速降下来（或降至停转），或者从正转变为反转的过程。在电力拖动系统中，电动机经常需要工作在制动状态。例如，许多生产机械工作时，往往需要快速停车或者由高速运行迅速转为低速运行，这就要求电动机进行制动；对于吊车和电梯之类的位能性负载机构，为了获得稳定的下放速度，电动机也必须运行在制动状态。

他励直流电动机的制动有能耗制动、反接制动和回馈制动 3 种方式，下面分别介绍。

1. 直流电动机的能耗制动

直流他励电动机原来处于正向电动状态下运行，若突然将电枢电源断掉，并且立即加到制动限流电阻 R_K 上，如图 3-12 所示，由于机械惯性而转速 n 不变，从而电动势 E_a 亦不变。在电枢回路中靠 E_a 产生电枢电流 I_a，其方向与电动状态时相反，那么电动机转矩 T 亦与电动时的转矩方向相反，也与转速 n 方向相反，即 T 起制动作用，使系统减速。此时，电动机从电动状态转变为发电状态，将系统的动能转变为电能消耗在电枢回路的电阻上，即处于能耗制动状态。

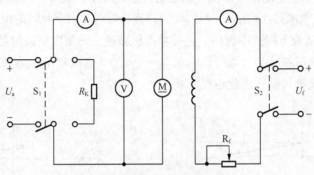

图 3-12 他励直流电动机的能耗制动

系统处于能耗制动状态时，电路的电压平衡方程式为

$$E_a + I_a(R_a + R_K) = 0 \tag{3-15}$$

式中：R_a——电枢回路总电阻；

R_K——制动电阻。

所以电枢电流

$$I_a = \frac{E_a}{R_a + R_K} \tag{3-16}$$

从式（3-15）和图 3-12 均可看出，电枢电流 I_a 方向与原来方向相反，大小应满足式（3-16）。它决定于制动电阻 R_K 的大小，R_K 由要求限制的制动电流的大小而定，制动限流电阻 R_K 可由式（3-17）计算。

$$R_K = \frac{E_a}{I_a} - R_a = \frac{E_a}{\lambda I_N} - R_a \tag{3-17}$$

由电枢电流所产生的电动机电磁转矩 T，其方向与原来的电动状态相反，变为制动（阻力）转矩，促使电动机降低转速。能耗制动过程中电动机与电网隔开，所以不需要从电网输入电功率，而拖动系统产生的制动转矩的电功率完全由拖动系统动能转换而来，即完全消耗系统本身的动能，能耗制动的名称就是由此而来。

这种制动方法的特点是比较经济，控制线路简单；在零速时没有转矩，可以准确停车。制动过程中与电源隔离，当电源断时也可以通过保护线路换接到制动状态进行安全停车，所以在不反转时而且要求准确停车的拖动系统中大多采用能耗制动。

能耗制动方法的缺点是其制动转矩随转速降低而减少，因而延长了制动时间。为了克服这个缺点，在有些生产机械中采用二级能耗制动的控制线路，如图 3-13 所示。开始制动时，

将 R_{K1} 和 R_{K2} 全部串入电路中，系统从 B 点进行制动降速，随之制动转矩减少，一直到 C 点时，制动转矩为 T_C。这时制动效果已经很小了，为此令接触器触点 KM1 闭合，把制动电阻 R_{K1} 切除掉，这时制动电流加大，其对应制动转矩加大到 D 点，系统再以较大的制动转矩进行制动，从而加强了制动的作用，直到制动到停车。

能耗制动是在停机时将电枢绕组接线端从电源上断开后立即与一个制动限流电阻短接，由于惯性，短接后电动机仍保持原方向旋转，电枢绕组中的感应电动势仍存在并保持原方向，但因为没有外加电压，电枢绕组中的电流和电磁转矩的方向改变了，即电磁转矩的方向与转子的旋转方向相反，起到了制动作用。

图 3-13 介绍了直流电动机带反抗性负载进行能耗制动，到 $n = 0$ 时制动结束；而带位能性负载则情况不同，如图 3-14 所示，当制动到转速为零时，由于此时的电机转矩 T 小于负载转矩 T_L，从系统运动的方程式中看出，还要求电机减速——则电机被位能性负载拖向反转。直到直流电动机的机械特性与负载特性的交点——C 点，电机才在 $-n_c$ 稳定运行。在实际应用中，吊车慢速下放重物可以采用此运行方式。

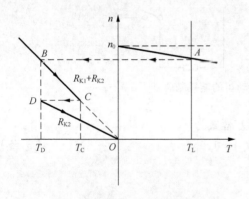

图 3-13　二级能耗制动的机械特性曲线　　　图 3-14　直流电动机带位能性负载机械特性

【例 3-5】　一台他励直流电动机的铭牌数据为：$P_N = 10$kW，$U_N = 220$V，$I_N = 53$A，$n_N = 1000$r/min，$R_a = 0.3\,\Omega$，电枢电流最大允许值为 $2I_N$。① 电动机在额定状态下进行能耗制动，求电枢回路应串的制动限流电阻值；② 用此电动机拖动起重机，在能耗制动状态下以 300 r/min 的转速下放额定负载的重物，求电枢回路应串多大的制动限流电阻。

解：① 电动机在额定状态下的电动势为

$$E_{aN} = U_N - R_a I_N = 220 - 0.3 \times 53 = 204.1\text{V}$$

应串入的制动限流电阻为

$$R_K = \frac{E_{aN}}{2I_N} - R_a = \frac{204.1}{2 \times 53} - 0.3 = 1.625\,\Omega$$

② 因为他励磁通不变，则

$$C_e \Phi_N = \frac{E_{aN}}{n_N} = \frac{204.1}{1000} = 0.2041$$

下放重物时，转速为 $n = -300$ r/min，由能耗制动的机械特性

$$n = -\frac{R_a + R_K}{C_e \Phi_N} I_N$$

得 $$-300 = -\frac{0.3 + R_{\mathrm{K}}}{0.2041} \times 53$$

所以 $$R_{\mathrm{K}} = 0.855\Omega$$

2. 直流电动机的反接制动

直流电动机的反接制动有两种情况，一种是转速反向的反接制动，另一种是电压反接制动。

（1）转速反向的反接制动

如图 3-15 所示，当直流电动机原拖动位能负载转矩 T_{L} 正向电动运行在 A 点时，突然在电枢回路中串入很大的电阻 R_{K}，此时电动机由于系统动能保持 n_{A} 的转速不变，从 A 点平移到 B 点，顺着串电阻人为特性下降转速，转速下降到 $n = 0$ 时，由于此时的电机转矩 T 小于负载转矩 T_{L}，从系统运动的方程式中看出，还要求电机减速——则电机被位能性负载拖向反转，直至 C 点后稳定运行在 $-n_{\mathrm{C}}$ 转速。在 $\overline{DC}$ 区间，电机的转矩 T 为正，而转速 n 为负，则电机处于制动状态。

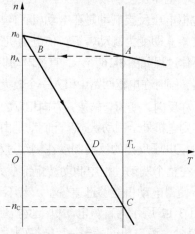

图 3-15　直流电动机的转速反向的反接制动曲线

此时，直流电动机施加的是正向电压，电动机应该正转，可是却因串了过大的电阻——机械特性太软，被位能性负载拖向反转，所以，转速反向的反接制动又称为倒拉式反接制动。又因电机电动运行时的电动势为反电势，由于转速改变了方向——也改变了电动势 E_{a} 的方向，所以，有时又称为电势反接制动。

转速反向的反接制动时，从电网输入的电功率和位能负载的机械功率都转换成电磁功率，两者均消耗在电枢回路的电阻上。由此可见，转速反向的反接制动能耗很大。转速反向的反接制动通常应用在起重机低速地下放重物。

【例 3-6】 例 3-5 中的电机运行在倒拉式反接制动状态，仍以 300r/min 的速度下放额定负载的重物。试求电枢回路应串入多大的电阻，电网输入的功率 P_1，从轴上输入的功率 P_2 及电枢回路消耗的功率。

解：将已知数据代入

$$n = \frac{U_{\mathrm{N}}}{C_{\mathrm{e}}\Phi_{\mathrm{N}}} - \frac{R_{\mathrm{a}} + R_{\mathrm{K}}}{C_{\mathrm{e}}\Phi_{\mathrm{N}}} I_{\mathrm{N}}$$

得

$$-300 = \frac{220}{0.2041} - \frac{0.3 + R_{\mathrm{K}}}{0.2041} \times 53$$

解得 $$R_{\mathrm{K}} = 5\Omega$$

从电网输入的功率为

$$P_1 = U_{\mathrm{N}} I_{\mathrm{N}} = 220 \times 53 = 11660\mathrm{W} = 11.66\mathrm{kW}$$

从轴上输入的功率近似等于电磁功率，即

$$P_2 = P_M = E_a I_N = C_e \Phi_N n I_N = 0.2041 \times 300 \times 53 = 3245.2\text{W} = 3.245\text{kW}$$

电枢回路消耗的功率为

$$P_{\text{Cua}} = (R_a + R_a)I_N^2 = (0.3 + 5) \times 53^2 = 14887.7\text{W} = 14.89\text{kW}$$

可见

$$P_1 + P_2 = P_{\text{Cua}}$$

（2）电压反接制动

电枢电压反接制动是在电动机正向电动运行时。将电枢绕组的电源极性反接，电动机的电磁转矩立即变为制动转矩，使电动机迅速减速至停转。

具体过程如图 3-16 所示，直流电动机原拖动负载 T_L 正向电动运行在 A 点，若突然把电枢电压反接，同时在电枢回路中串入一个较大的制动限流电阻 R_K。因而电枢电流马上反向，电动机的转矩亦反向，变为与转速 n 方向相反的制动转矩。在 $\overline{BD}$ 区间，电机的转矩 T 为负，而转速 n 为正，则电机处于制动状态。此制动是由于电源电压反接引起的，所以称为电压反接制动。

电枢电压反接的反接制动在制动过程中要消耗较大的能量，从技术的观点看，制动效果较好，在整个制动过程中制动转矩都很大，制动时间比较短。若制动到转速 $n = 0$ 时立即切断电源，使得电动机能够迅速停车。若不切断电源，则带不同负载时便会出现不同的情况。

图 3-17 所示为直流电动机带反抗性恒转矩负载的机械特性。当电压反接制动后在 $n = 0$ 的 D 点处，若电机的转矩 $|-T_D| < |-T_L|$，则电动机被负载卡在 $n = 0$ 处停止转动；若电机的转矩 $|-T_D| > |-T_L|$，则电动机会反向起动，直至电动机的机械特性与负载特性的交点 C 处，电机稳定运行在 $-n_c$。

图 3-16 所示为直流电动机带位能性恒转矩负载的机械特性。当电压反接制动后→反向电动→反向回馈制动→求寻找稳定运行的交点，便是下面要介绍的内容。

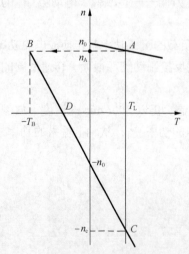

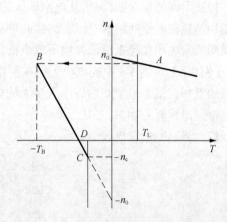

图 3-16　电枢电压反接的反接制动机械特性曲线　　图 3-17　带反抗性恒转矩负载的机械特性

3. 直流电动机的回馈制动

在上述电枢电压反接的反接制动到转速 $n = 0$ 时，如果不切断电源，直流电动机就会进入反向起动。转速升到同步转速 $-n_0$ 时，继续被位能负载拖向大于 n_0 的转速，直至与负载转矩的交点 C，才稳定运行在 $-n_c$。在 $-n_0$ 与 C 点区域直流电动机的转速 n 与转矩 T 反向，此时发生的制动称为发电反馈制动，又称为回馈制动。由此可见，电机回馈制动的条件是：除了电

机的转速 n 与转矩 T 的方向相反，还得转速 n 要高于理想的空载转速 n_0，即 $|n| > |n_0|$。

回馈制动又称发电反馈制动，是在电动机转速超过理想空载转速时出现，电枢绕组内的感应电动势将高于外加电压，使电机变为发电状态运行，将机械能转换为电能回送电网。回馈制动时电枢电流改变方向，电磁转矩成为制动转矩，限制电机转速过分升高。回馈制动通常应用在起重装置高速地下放重物。

回馈制动也可能出现在降低电枢电压的过程中。如图 3-18 所示，电动机原拖动负载电动运行在 A 点，现降低电枢电压 U_a，由于瞬间系统的动能不变，电机保持 n_A 的转速从 A 点平移到降压特性曲线的 B 点，然后电机逐渐降低转速，在 $\overline{Bn_{02}}$ 区间电机的转速 n 为正，转矩 T 为负的，且转速 n 大于理想空载转速 n_{02}，此为正向的回馈制动。

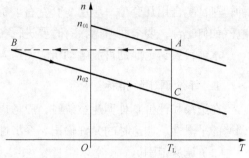

图 3-18　降低电压过程中的回馈制动

【例 3-7】　他励直流电动机数据为 $U_N = 440V$，$I_N = 80A$，$n_N = 1000r/min$，$R_a = 0.4\Omega$。在额定负载下，①工作在回馈制动状态，均匀下放重物，电枢回路不串电阻，求电动机的转速。②限止电流为 $2I_N$ 进行电压反接制动，应串入多大电阻 R_K？

解：　① 下放重物时电机运行于反向回馈制动状态，因磁通不变，故

$$C_e\Phi_N = \frac{U_N - R_a I_N}{n_N} = \frac{440 - 0.5 \times 80}{1000} = 0.4$$

根据反向回馈制动机械特性可求得转速

$$n = -n_0 - \beta T_N = -\frac{U_N + R_a I_N}{C_e\Phi_N} = -\frac{440 + 0.5 \times 80}{0.4} = -1200r/min$$

转速为负值，表示下放重物。

② 额定电动机运行时，电机的感应电势为

$$E_{aN} = U_N - I_N R_a = 440 - 80 \times 0.4 = 408V$$

限流为 $2I_N$ 时，所串电阻值为

$$R_K = \frac{-U_N - E_{aN}}{-2I_N} - R_a = \frac{440 + 408}{2 \times 80} - 0.4 = 4.9\Omega$$

3.4　他励直流电动机的速度调节

为了使生产机械以最合理的高速进行工作，从而提高生产率和保证产品具有较高的质量，大量的生产机械（如各种机床、轧钢机、造纸机、纺织机械等）要求在不同的情况下以不同的速度工作。这就要求采用一定的方法来改变生产机械的工作速度，以满足生产的需要，这种方法通常称为调速。

调速是速度调节的简称，是指在某一不变的负载条件下，人为地改变电路的参数，而得到不同的速度。调速与因负载变化而引起的转速变化是不同的。调速是主动的，它需要人为地改变电气参数，因而转换机械特性。负载变化时的转速变化则不是自动进行的，是被动的，且这时电气参数未变。

调速可用机械方法、电气方法或机械电气配合的方法。在用机械方法调速的设备上，速度的调节是用改变传动机构的速度比来实现，但机械变速机构较复杂。用电气方法调速，电动机在一定负载情况下可获得多种转速，电动机可与工作机构同轴，或其间只用一套变速机构，机械上较简单，但电气上可能较复杂；在机械电气配合的调速设备上，用电动机获得几种转速，配合用几套（一般用3套左右）机械变速机构来调速。究竟用何种方案，以及机械电气如何配合，要全面考虑，有时要进行各种方案的技术经济比较才能决定。

本项目只讨论他励直流电动机的调速方法及其优缺点。

1. 评价调速的指标

在选择和评价某种调速系统时，应考虑下列指标：调速范围、调速的稳定性及静差度、调速的平滑性、调速时的允许输出、经济性等。

（1）调速范围

调速范围是指在一定的负载转矩下（通常用额定负载时），电动机可能运行的最大转速 $n_{\max}$ 与最小转速 $n_{\min}$ 之比，即

$$D = \left[\frac{n_{\max}}{n_{\min}}\right]_{T=T_{\mathrm{N}}} \tag{3-18}$$

近代机械设备制造的趋势是力图简化机械结构，减少齿轮变速机构，从而要求拖动系统能具有较大的调速范围。不同生产机械要求的调速范围是不同的，如车床 $D=20\sim120$，龙门刨床 $D=10\sim40$，机床的进给机构 $D=5\sim200$，轧钢机 $D=3\sim120$，造纸机 $D=3\sim20$ 等。

电力拖动系统的调速范围，一般是机械调速和电气调速配合起来实现的。那么，系统的调速范围就应该是机械调速范围与电气调速范围的乘积。在这里，主要研究电气调速范围。在决定调速范围时，需要使用计算负载转矩下的最高和最低转速，但一般计算负载转矩大致等于额定转矩，所以可取额定转矩下的最高和最低速度的比值作为调速范围。

由式（3-18）可见，要扩大调速范围，必须设法尽可能地提高 $n_{\max}$ 与降低 $n_{\min}$。但电动机的 $n_{\max}$ 受其机械强度、换向等方面的限制，一般在额定转速以上，转速提高的范围是不大的。而降低 $n_{\min}$ 受低速运行时的相对稳定性的限制。

（2）调速的相对稳定性和静差度

所谓相对稳定性，是指负载转矩在给定的范围内变化时所引起的速度的变化，它决定于机械特性的斜率。斜率大的机械特性在发生负载波动时，转速变化较大，这要影响到加工质量及生产率。

生产机械对机械特性的相对稳定性的程度是有要求的。如果低速时机械特性较软，相对稳定性较差，低速就不稳定，负载变化，电动机转速可能变得接近于零，甚至可能使生产机械停下来。因此，必须设法得到低速硬特性，以扩大调速范围。

静差度（又称静差率）是指当电动机在一条机械特性上运行时，由理想空载到满载时的转速降落 Δn 与理想空载转速 n_0 的比值，用百分数表示，即

$$\delta = \frac{n_0-n}{n_0}\times100\% = \frac{\Delta n}{n_0}\times100\% \tag{3-19}$$

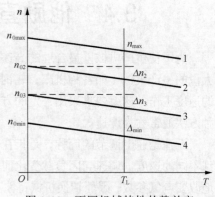

图 3-19　不同机械特性的静差率

在一般情况下，取额定转矩下的速度落差 Δn_N 有

$$\delta = \frac{n_0 - n_N}{n_0} \times 100\% = \frac{\Delta n_N}{n_0} \times 100\%$$

静差度的概念和机械特性的硬度很相似，但又有不同之处。两条互相平行的机械特性，硬度相同，但静差率不同。例如，高转速时机械特性的静差度与低转速时机械特性的静差度相比较，在硬度相等的条件下，前者较小。同样硬度的特性，转速愈低，静差率愈大，愈难满足生产机械对静差率的要求。

由式（3-19）可以看出，在 n_0 相同时，斜率愈大，静差度愈大，调速的相对稳定性愈差；显然，电动机的机械特性越硬，则静差度越小，转速的相对稳定性就越高。但是，静差率的大小不仅仅由机械特性的硬度决定的，还与理想空载转速的大小有关。例如，图 3-19 中两条相互平行的机械特性曲线 2、3，它们的斜率相同，额定转速降也相等，即 $\Delta n_2 = \Delta n_3$，但由于它们的理想空载转速不等，$n_{02} > n_{03}$，所以它们的静差率不等，$\delta_2 < \delta_3$。可见，在斜率相同的条件下，n_0 愈低，静差度愈大，调速的相对稳定性愈差。

静差率与调速范围两个指标是相互制约的，设图 3-19 中曲线 1 和曲线 4 为电动机最高转速和最低转速时的机械特性，则电动机的调速范围 D 与最低转速时的静差率 δ 关系如下：

$$D = \frac{n_{max}}{n_{min}} = \frac{n_{max}}{n_{0min} - \Delta n_N} = \frac{n_{max}}{\dfrac{\Delta n_N}{\delta} - \Delta n_N} = \frac{n_{max}\delta}{\Delta n_N(1-\delta)} \qquad (3\text{-}20)$$

式中：Δn_N——最低转速机械特性上的转速降；

δ——最低转速时的静差率，即系统的最大静差率。

由式（3-20）可知，若对静差率这一指标要求过高，即 δ 值越小，则调速范围 D 就越小；反之，若要求调速范围 D 越大，则静差率 δ 也越大，转速的相对稳定性越差。

生产机械调速时，为保持一定的稳定程度，要求静差度小于某一允许值。不同的生产机械，其允许的静差度是不同的，如普通车床可允许 $\delta \leqslant 30\%$，有些设备上允许 $\delta \leqslant 50\%$，而精度高的造纸机则要求 $\delta \leqslant 0.1\%$。

（3）调速的平滑性

调速的平滑性是指在一定的调速范围内，相邻两级速度变化的程度，用平滑系数 φ 表示，即

$$\varphi = \frac{n_K}{n_{K-1}} \qquad (3\text{-}21)$$

式中 n_K 和 n_{K-1} 为相邻两级转速，即 K 级与 K-1 级的速度。

这个比值愈接近于 1，调速的平滑性愈好。在一定的调速范围内，可能得到的调节转速的级数愈多，则调速的平滑性愈好，最理想的是 $\varphi = 1$ 时，为连续平滑调节的"无级"调速，其调速级数趋于无穷多。调速不连续时，级数有限，称为有级调速。

（4）调速时的容许输出（调速方法与负载的配合）

调速时的容许输出是指电动机在得到充分利用的情况下，在调速过程中轴能够输出的功率和转矩。对于不同类型的电动机采用不同的调速方法时，容许输出的功率与转矩随转速变化的规律是不同的。

另外，电动机稳定运行时实际输出的功率与转矩是由负载的需要来决定的。在不同转速下，不同的负载需要的功率 P_2 与转矩 T_2 也是不同的，应该使调速方法适应负载的要求。

直流电动机的调速方法有恒转矩和恒功率两种，分别带恒转矩和恒功率负载时，配合情况是不一样的。若恒转矩调速方法带恒转矩负载或恒功率调速方法带恒功率负载时，能做到全程配合。而恒转矩调速方法带恒功率负载或恒功率调速方法带恒转矩负载时，则配合过程会非常窄小。

（5）经济指标

在设计选择调速系统时，不仅要考虑技术指标，而且要考虑经济指标。调速的经济指标决定于调速系统的设备投资及运行费用，而运行费用又决定于调速过程的损耗，它可用设备的效率 η 来说明，即

$$\eta = \frac{P_2}{P_1} = \frac{P_2}{P_2 + \Delta p} \tag{3-22}$$

式中：P_2——电动机轴上的输出功率；

　　P_1——电动机输入的电功率；

　　Δp——电动机的损耗功率。

各种调速方法的经济指标极为不同。例如，直流他励电动机电枢串电阻的调速方法经济指标较低，因电枢电流较大，串接电阻的体积大，所需投资多，运行时产生大量损耗，效率低；而弱磁调速方法则经济得多，因励磁电流较小，励磁电路的功率仅为电枢电路功率的 $1\% \sim 5\%$。总之，在满足一定的技术指标下，确定调速方案时，应力求设备投资少，电能损耗小，而且维修方便。

2. 直流电动机的调速方法

直流电动机的调速方法有以下 3 种：电枢回路串接电阻调速，改变电源电压 U 调速和改变磁通 Φ 调速。

（1）电枢回路串接电阻调速

由直流电动机人为机械特性可知，电枢回路串接电阻，不能改变理想空载转速 n_0，只能改变机械特性的斜率。所串的附加电阻愈大，特性愈软，在一定负载转矩 T_L 下，转速 n 也就愈低，如图 3-20 所示。

这种调速方法，其调节区间只能是电动机的额定转速向下调节。优点是设备简单，操作维修方便。缺点是其机械特性的硬度随外串电阻的增加而变软；当负载较小时，低速时的机械特性很软，负载的微小变化将引起转速的较大波动。在额定负载时，其调速范围一般是 2:1 左右。

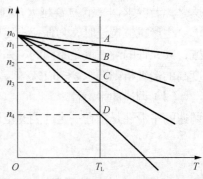

图 3-20　电枢串接电阻恒转矩调速

然而当为轻负载时，调速范围很小，在极端情况下，即理想空载时，则失去调速性能。这种调速方法是属于恒转矩调速性质，因为在调速范围内，其长时间输出额定转矩不变。

又由于调速是有级的，调速的平滑性很差。虽然理论上可以细分为很多级数，甚至做到"无级"，但由于电枢电路电流较大，实际上能够引出的抽头要受到接触器和继电器数量限制，不能过多。如果过多时，装置复杂，不仅初期投资过大，而且维护也不方便。一般只用少数的调速级数。再加上电能损

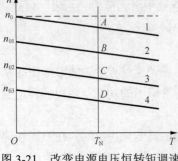

图 3-21　改变电源电压恒转矩调速

耗较大，所以这种调速方法近来在较大容量的电动机上很少采用，只是在调速平滑性要求不高，低速工作时间不长，电动机容量不大，采用其他调速方法又不值得的地方采用这种调速方法。

（2）改变电源电压调速

由他励直流电动机的机械特性方程式可以看出，升高电源电压 U_a 可以提高电动机的转速，降低电源电压 U_a 便可以减少电动机的转速。由于电动机正常工作时已是工作在额定状态下，所以改变电源电压通常都是向下调，即降低加在电动机电枢两端的电源电压，进行降压调速。由人为机械特性可知，当降低电枢电压时，理想空载转速降低，但其机械特性斜率不变，如图 3-21 所示。它的调速方向是从基速（额定转速）向下调的。这种调速方法是属于恒转矩调速，适于恒转矩负载的生产机械。

降压调速的优点如下。

① 电源电压能够平滑调节，可实现无级调速。

② 调速过程中机械特性的斜率不变，硬度较硬，负载变化时，速度稳定性好。

③ 无论轻载还是重载，调速范围相同，一般 $D = 2.5 \sim 12$。

④ 电能损耗极小。

降压调速的缺点是：需要一套电压可以连续调节的直流电源。早期常常用发电机—电动机系统（简称 G－M 系统），采用交流电动机带动直流发电机运转，调节直流发电机的励磁电流，便能得到不同的直流电压。目前，用得最多的可调直流电源是晶闸管整流装置，如图 3-22 所示。图中，调节触发器的控制电压 1，以改变触发器所发出的触发脉冲的相位 2，即改变了整流器的整流电压 3，从而改变了电动机的电枢电压，进而达到调速的目的。

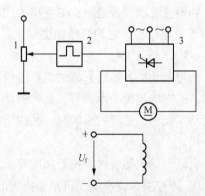

图 3-22　晶闸管整流装置供电的直流调速系统

采用降低电枢电压调速方法的特点是调节的平滑性较高，因为改变整流器的整流电压是依靠改变触发器脉冲的相移，故能连续变化，也就是端电压可以连续平滑调节，因此可以得到任何所需要的转速。另一特点是它的理想空载转速随外加电压的平滑调节而改变。由于转速降落不随速度变化而改变，故特性的硬度大，调速的范围也相对大得多。

这种调速方法还有一个特点，就是可以靠调节电枢两端电压来起动电动机而不用另外添加起动设备，这就是前节所说的靠改变电枢电压的起动方法。例如，电枢静止，反电动势为零；当开始起动时，加给电动机的电压应以不产生超过电动机最大允许电流为限。待电动机转动以后，随着转速升高，其反电动势也升高，再让外加电压也随之升高。这样如果能够控制得好，可以保持起动过程电枢电流为最大允许值，并几乎不变或变化极小，从而获得恒加速起动过程。

由于这种调速方法具有调速平滑、特性硬度大、调速范围宽等特点，使其具备良好的应用基础，在冶金、机床、矿井提升以及造纸机等方面得到广泛应用。

（3）改变主磁通的调速方法

改变主磁通 Φ 的调速方法，一般是指向额定磁通往下改变。因为电动机正常工作时，磁路已经接近饱和，即使励磁电流增加很大，但主磁通 Φ 也不能显著地再增加很多。所以一般所说的改变主磁通 Φ 的调速方法，都是指往额定磁通以下的改变。而通常改变磁通的方法都是增加励磁电路电阻，减小励磁电流，从而减小电动机的主磁通 Φ。

由他励直流电动机机械特性中看出：当减弱磁通时，其理想空载转速升高，而且斜率加大。在一般的情况下，即负载转矩不是过大的时候，减弱磁通使转速升高。它的调速方向是由基速（额定转速）向上调。

普通的非调磁直流他励电动机，所能允许的减弱磁通提高转速的范围是有限的。专门作为调磁使用的电动机，调速范围可达 3～4 倍。限制电动机弱磁升速范围的原因有机械方面的，也有电方面的。例如，机械强度的限制、整流条件的恶化、电枢反应等。普通非调磁电动机额定转速较高（1500r/min 左右），在弱磁升速就要受到机械强度的限制。同时在减弱磁通后，电枢反应增加，影响电动机的工作稳定性。

可调磁电动机的设计是在允许最高转速的情况下，降低额定转速以增加调速范围。所以在同一功率和相同最高转速的条件下，调速范围愈大，额定转速愈低，因此额定转矩也大，相应的电动机尺寸就愈大，因此价格也就愈高。

采用弱磁调速方法，当减弱励磁磁通 Φ 时，虽然电动机的理想空载转速升高、特性的硬度相对差些，但其调速的平滑性好。因为励磁电路功率小，调节方便，容易实现多级平滑调节。其调速范围，普通直流电动机大约为 1：1.5。如果要求调速范围增大时，则应用特殊结构的调 Φ 电动机，它的机械强度和换向条件都有改进，适于高转速工作，一般调速范围可达 1：2、1：3 或 1：4。

因为电动机发热所允许的电枢电流不变，所以电动机的转矩随磁通 Φ 的减小而减小，故这种调速方法是恒功率调节，适于恒功率性质的负载。这种调速方法是改变励磁电流，所以损耗功率极小，经济效果较高。又由于控制比较容易，可以平滑调速，因而在生产中可到广泛应用。

直流电动机的各种调速方法的特点如下。

① 改变磁通调速的优点是调速平滑，可做到无级调速，调速经济，控制方便，机械特性较硬，稳定性较好。但由于电动机在额定状态运行时磁路已接近饱和，所以通常只是减小磁通将转速往上调，调速范围较小。

② 改变电枢电压调速的优点是不改变电动机机械特性的硬度，稳定性好，控制灵活、方便，可实现无级调速，调速范围较宽。但电枢绕组需要一个单独的可调直流电源，设备较复杂。

③ 电枢串联电阻调速方法简单、方便，但调速范围有限，机械特性变软，且电动机的损耗增大太多，因此只适用于调速范围要求不大的中、小容量直流电动机的调速场合。

【例 3-8】 一台他励直流电动机的额定数据为 $U_N = 220V$，$I_N = 41.1A$，$n_N = 1500r/min$，$R_a = 0.4\Omega$，保持额定负载转矩不变。求：① 电枢回路串入 1.65Ω 后的稳态转速；② 电源电压将为 110V 时的稳定转速；③ 磁通减弱为 $0.9\Phi_N$ 时的稳定转速。

解：

$$C_e\Phi_N = \frac{U_N - R_a I_N}{n_N} = \frac{220 - 0.4 \times 41.1}{1500} = 0.136$$

① 因为负载转矩不变，且磁通不变，所以 I_a 不变。

$$n = \frac{U_N - (R_a + R_K)I_N}{C_e\Phi_N} = \frac{220 - (0.4 + 1.65) \times 41.1}{0.136} = 998r/min$$

② 与① 相同，$I_a = I_N$ 不变

$$n = \frac{U_N - R_a I_N}{C_e \Phi_N} = \frac{110 - 0.4 \times 41.1}{0.136} = 688r/min$$

③ 因为

$$T = C_T \Phi I_a' = C_T \Phi_N I_N = 常数$$

所以

$$I_a' = \frac{\Phi_N}{\Phi'} I_N = \frac{1}{0.9} \times 41.1 = 45.7A$$

$$n = \frac{U_N - R_a I_a}{C_e \Phi'} = \frac{220 - 0.4 \times 45.7}{0.9 \times 0.136} = 1648r/min$$

【例 3-9】 某直流调速系统，直流电动机的额定转速 $n_N = 900r/min$，其固有特性的理想空载转速 $n_0 = 1000r/min$，生产机械要求的静差率为 20%。求：① 采用电枢串电阻调速时的调速范围；② 采用降压调速时的调速范围。

解：① 电枢串电阻调速时，最低转速 n_{min} 时的转速降为
$$\Delta n_N = \delta n_0 = 0.2 \times 1000 = 200r/min$$

最低转速为

$$n_{min} = n_0 - \Delta n_N = 1000 - 200 = 800r/min$$

调速范围

$$D = \frac{n_{max}}{n_{min}} = \frac{900}{800} = 1.125$$

或

$$D = \frac{n_{max} \delta}{\Delta n_N (1 - \delta)} = \frac{900 \times 0.2}{200(1 - 0.2)} = 1.125$$

② 调压调速时转速降为
$$\Delta n_N = n_0 - n_N = 1000 - 900 = 100r/min$$

最低转速 n_{min} 时的理想空载转速

$$n_{0min} = \frac{\Delta n_N}{\delta} = \frac{100}{0.2} = 500r/min$$

最低转速

$$n_{min} = n_{0min} - \Delta n_N = 500 - 100 = 400r/min$$

调速范围

$$D = \frac{n_{max}}{n_{min}} = \frac{900}{400} = 2.25$$

或

$$D = \frac{n_{max} \delta}{\Delta n_N (1 - \delta)} = \frac{900 \times 0.2}{100(1 - 0.2)} = 2.25$$

3.5　直流电动机电力拖动的过渡过程

电机拖动系统的过渡过程是指系统因外部或内部的原因从一个稳定状态过渡到另一个稳定状态的中间过程，又称暂态过程，是电力拖动系统的各参量随着时间 t 变化的动态过程。用以下函数关系表达：

$$T = f(t)，\quad I_a = f(t)，\quad n = f(t)，\quad \Phi = f(t) \cdots$$

产生电力拖动系统过渡过程的内部原因是：系统储能元件的能量在系统变化的过程需要进行存储和释放的变化，反映三大惯性，即机械惯性、电磁惯性和热惯性。机械方面是机构的运动动能和位能，以及传动机构中转动部分的转动惯量或飞轮矩；电磁能量主要来自铁磁线圈电感器磁场能量的变化。相比较起来，由于热惯性在电机中反应比较缓慢（有的电机运行后达到稳定温升，往往需要几个小时或者长达十几个小时），由此一般不予考虑。

产生电力拖动系统过渡过程的外部原因是：要求电动机带动机械负载进行起动、制动、正反转切换和调速的变化过程。

同时考虑机械惯性和电磁惯性的动态过程，称为机械—电气的过渡过程。描述系统的微分方程是二阶微分方程，解的形式视特征方程根不同而异。若为两个不同的负实根，则解为两个不同的指数衰减量；若为重根，则解为与时间 t 相乘的指数衰减量；若为共轭复根时，解就为衰减的振荡形式。

由于机械惯性比电磁惯性大得多，工程上只考虑机械惯性的动态过程称为机械过渡过程。描述系统的微分方程是一阶微分方程，解的形式就是指数变化的过程。本节主要讨论他励直流电动机拖动系统的机械过渡过程。

在直流电动机拖动系统中，当电机的参数或负载发生变化时，系统的转速和转矩的平衡关系遭到破坏，了解系统动态过程的转速、转矩和电流的变化规律，能够重点分析经常处于起动—制动，正转—反转，变速调节运行的生产机械，如何缩短过渡过程时间，对减少动态过程的能量损耗，提高劳动生产率，非常有帮助。

由于过渡过程的存在，直接影响着电力拖动系统的生产效率、能量损耗和稳定运行情况。尤其在现代电机拖动系统中，随着计算机技术的发展，拖动系统中过渡过程运行更加频繁。因而，对电机拖动系统过渡过程的研究显得十分重要。

1. 直流电机电枢电压突变的过渡过程

他励直流电动机在磁通 Φ 一定时，通过改变电枢电压 U_a 以实现起动、制动和调速，其变化过程如图 3-23 所示。原来电动机拖动负载在机械特性曲线 1 的 A 点上稳定运行。如果电动机电枢电压 U_a 突然增加，引起电磁转矩的变化，理想空载转矩和机械特性也发生变化，在此瞬间电动机由特性曲线 1 上的 A 点过渡到特性曲线 2 的 B 点。在 B 点使得 $T>T_L$，系统将加速运转，随着转速的升高，电磁转矩沿着曲线

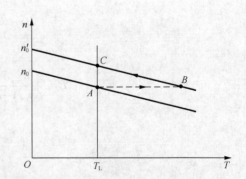

图 3-23　他励直流电动机电枢电压突变的过程

2 减小，当 $T = T_L$ 时，系统重新达到平衡运行状态。可见，从 A 点的稳态，过渡到 B 点的稳态，其间 $T \neq T_L$，使系统加速，这个暂态过程就是电枢电压突变时引起的过渡过程。

他励直流电动机拖动负载时，设初始条件为零，合上电源开关，使电枢两端突然施加电压 U_a，电枢电路中将产生电流 i_a，i_a 的大小由外加电压、电动势及电枢电路的电阻和电感所决定。列出电枢回路的电压平衡方程式和运动方程式如下：

$$U = i_a R_a + e_a + L_a \frac{\mathrm{d}i_a}{\mathrm{d}t} \tag{3-23}$$

$$T - T_L = \frac{GD^2}{375} \cdot \frac{\mathrm{d}n}{\mathrm{d}t} \tag{3-24}$$

$$e_a = C_e \Phi n \tag{3-25}$$

$$T = C_T \Phi I_a \tag{3-26}$$

一般来说，电枢绕组电感量比较小的，电磁暂态过程很短，为方便分析，通常忽略 L_a。这样，由式（3-23）~式（3-26）可容易求出电机在过渡过程期间转速、转矩和电枢电流的变化。

（1）$n = f(t)$ 的动态特性

在励磁磁通和负载转矩一定时，由式（3-23）~式（3-25）可得

$$C_T \Phi \left(\frac{U - C_e \Phi n}{R_a} \right) = \frac{GD^2}{375} \cdot \frac{\mathrm{d}n}{\mathrm{d}t} + T_L$$

上式乘以 $\dfrac{R_a}{C_e \Phi C_T \Phi}$ 得

$$\frac{U}{C_e \Phi} - n = \frac{GD^2}{375} \cdot \frac{R_a}{C_e \Phi C_T \Phi} \left(\frac{\mathrm{d}n}{\mathrm{d}t} \right) + \frac{R_a}{C_e \Phi C_T \Phi} T_L \tag{3-27}$$

令机电时间常数

$$T_M = \frac{GD^2}{375} \cdot \frac{R_a}{C_e \Phi C_T \Phi}$$

理想空载转速

$$n_0 = \frac{U}{C_e \Phi}$$

负载时的转速降

$$\Delta n = \frac{R_a}{C_e \Phi C_T \Phi^2} T_L$$

则式（3-27）可改写为

$$n_0 - n = T_M \frac{\mathrm{d}n}{\mathrm{d}t} + \Delta n \tag{3-28}$$

或

$$T_M \frac{\mathrm{d}n}{\mathrm{d}t} + n = n_L \tag{3-29}$$

式中 n_L 为过渡过程结束时的稳态转速，$n_L = n_0 - \Delta n$。

解微分方程式（3-29），得

$$n = C \mathrm{e}^{-\frac{t}{T_M}} + n_L \tag{3-30}$$

令 $t = 0$ 时，$n = n_{F0}$，其中 n_{F0} 为过渡过程开始时的初始转速。代为式（3-30），求得积分常数

$$C = n_{F0} - n_L$$

从而求得转速表达式为

$$n = n_L + (n_{F0} - n_L)e^{-\frac{t}{T_M}} \tag{3-31}$$

式（3-31）为直流电力拖动系统电机转速的过渡过程表达式，它适用于电动机电压变化时的各种状态的分析。

（2）$T = f(t)$ 的动态特性

根据式（3-24）中转矩与转速之间的关系，可方便求出 $T = f(t)$。先对式（3-30）求导，得

$$\frac{dn}{dt} = -\frac{C}{T_M}e^{-\frac{t}{T_M}}$$

代入式（3-24）即得转矩动态特性表达式为

$$T = \frac{GD^2}{375}(-\frac{C}{T_M}e^{-\frac{t}{T_M}}) + T_L \tag{3-32}$$

式（3-32）就是负载转矩为常数时，直流电机电力拖动系统电磁转矩的过渡过程表达式，它适用于电动机电压变化时的各种运行状态的分析。

如果令 $t = 0$ 时，$T = T_{F0}$，求积分常数 C 为

$$C = -\frac{T_{F0} - T}{\dfrac{GD^2}{375}} \times T_M$$

把 C 代入式（3-32），并经整理得

$$T = T_L + (T_{F0} - T_L)e^{-\frac{t}{T_M}} \tag{3-33}$$

式中：T_{F0}——过渡过程开始时电磁转矩的初始值；

T_L——过渡过程结束时电磁转矩的稳态值。

（3）$i_a = f(t)$ 的动态特性

在磁通一定时，电枢电流与电磁转矩 T 成正比，则由式（3-33）直接求得电枢电流表达式为

$$i_a = I_L + (I_{F0} - I_L)e^{-\frac{t}{T_M}} \tag{3-34}$$

式中：I_{F0}——过渡过程开始时电枢电流的初始值；

I_L——过渡过程结束时电枢电流的稳态值。

式（3-31）、式（3-33）和式（3-34）就是在励磁电流不变、负载转矩为常数、电枢电压变化时，他励直流电动机转速、转矩、电枢电流在过渡过程期间的一般表达式。求解一阶系统可以不必列写微分方程，只要掌握"三要素"法，便可直接求得解的结果。

所谓"三要素"法，就是一阶系统只要知道某变量的初始值 $f(0^+)$、稳态值 $f(\infty)$ 和时间常数 τ，便可写出其解的形式，即

$$f(t) = f(\infty) + (f(0^+) - f(\infty))e^{-\frac{t}{\tau}} \quad t \geq 0$$

2. 直流电动机起动时的过渡过程

设他励直流电动机起动之前，电机处于静止状态。当电枢绕组加上电源电压 U_a，电枢绕组中产生电流 I_a，从而产生电磁转矩 T，电磁转矩 T 大于负载转矩 T_L 时，电机开始起动。当电机起动完毕后，$T = T_L$，电机处于稳定运行状态。下面介绍他励直流电动机串电阻起动的过渡过程。

（1）串一级电阻起动的过渡过程

设电机起动前 $t = 0$ 时，$n_{F0} = 0$，$T = 0$；串一级电阻起动后，$t = \infty$ 时，$n = n_L$，$T = T_L$；时间常数

$$T_M = \frac{GD^2}{375} \cdot \frac{R_a + R_\Omega}{C_e \Phi C_T \Phi}$$

所以

$$n = n_L + (n_{F0} - n_L)e^{-\frac{t}{T_M}} = n_L(1 - e^{-\frac{t}{T_M}})$$

$$T = T_L + (T_{F0} - T_L)e^{-\frac{t}{T_M}} = T_L(1 - e^{-\frac{t}{T_M}})$$

静态特性曲线和动态特性曲线如图 3-24 所示。

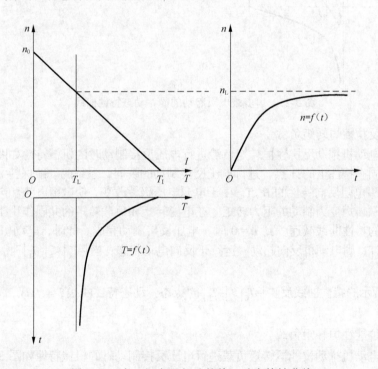

图 3-24　串一级电阻起动的静、动态特性曲线

（2）串多级电阻起动的过渡过程

串多级电阻起动时，分别算出每一级串电阻时的起始值、稳定值和时间常数。

然后将每一级过渡过程特性曲线叠加，可参见图 3-25 串多级电阻起动的静、动态特性曲线。

3. 直流电动机电压反接制动时的过渡过程

电压反接制动时的过渡过程与直流电动机拖动的负载性质有关，分述如下。

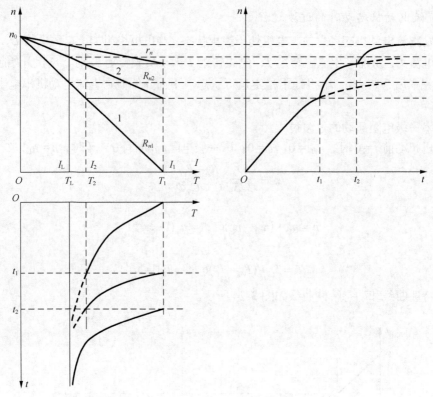

图 3-25　串多级电阻起动的静、动态特性曲线

（1）拖动反抗性恒转矩负载

他励直流电动机拖动反抗性恒转矩负载进行电压反接制动时的机械特性如图 3-13 所示。电机原运行于固有特性上的 A 点，进行电压反接制动的瞬间，系统的动能保持 n_A 转速不变，从 A 点平移到串电阻反向特性的 B 点。由于电源电压极性改变，使电枢电流和电磁转矩瞬间变为负值，电磁转矩变为制动的阻力转矩。在电磁转矩和负载转矩的共同作用下，电动机沿着反向串电阻的特性曲线减速，到 $n=0$ 时，电压反接制动完成。此时，电动机在 C 点的转矩若 $|-T_C| > |-T_L|$，则电动机反向起动，运行于反向电动状态；当 $|-T_C| \leqslant |-T_L|$ 时，电动机被堵转在 C 点。

图 3-26 所示的特性曲线反映 $|-T_C| > |-T_L|$ 的状态，动态特性曲线 $T = f(t)$，$n = f(t)$ 表示为实线部分。

（2）拖动位能性恒转矩负载

他励直流电动机拖动位能恒转矩负载进行电压反接制动时的机械特性如图 3-14 所示。在 C 点前的制动情况同前，在 C 点和 $-n_0$ 之间，电动机进入反向电动运行状态，过了 $-n_0$ 点继续升速至特性曲线的交点 D，电动机才稳定运行在 n_D。图 3-27 所示为 $T = f(t)$，$n = f(t)$ 的动态特性曲线。

4. 直流电动机能耗制动时的过渡过程

能耗制动时的过渡过程与直流电动机拖动的负载性质也有关，分述如下。

（1）拖动反抗性恒转矩负载时的能耗制动

如图 3-28 所示，能耗制动的静态特性和动态特性为实线表示部分，由于直流电机带反抗性恒转矩负载至 $n=0$ 时就停车了，转矩也等于零，过渡过程结束。

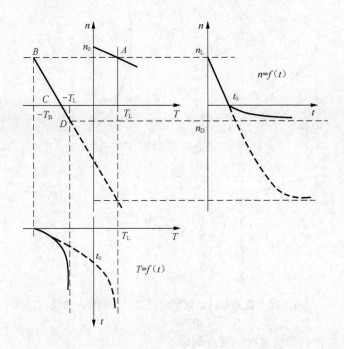

图 3-26　拖动反抗性恒转矩负载的静、动态特性曲线

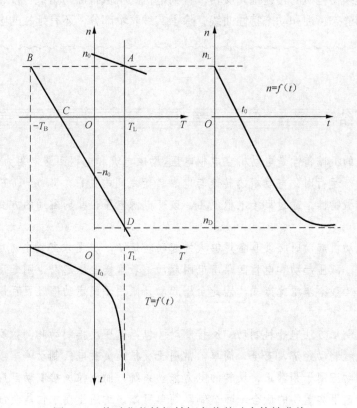

图 3-27　拖动位能性恒转矩负载的动态特性曲线

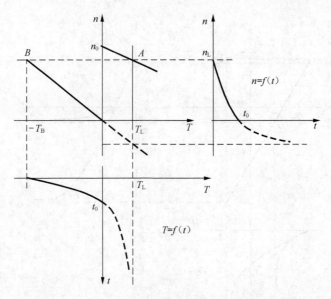

图 3-28　直流电机能耗制动的静、动态特性曲线

（2）拖动位能性恒转矩负载时的能耗制动

直流电机拖动位能性恒转矩负载时的能耗制动时，当制动到 $n = 0$ 时，由于位能性恒转矩负载的作用，继续将电机的转速拖向反转，直到电机的机械特性与负载特性相交后才稳定运行。能耗制动的静态特性和动态特性曲线，除了实线表示部分，还有延长的虚线部分。

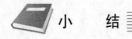小　　结

直流电动机的机械特性是电动机在电枢电压、励磁电流和电枢回路电阻为恒值的条件下，即电动机处于稳态运行时，电动机的转速与电磁转矩之间的关系，即 $n = f(T)$。分为固有机械特性和人为机械特性。通过串接电枢电阻、改变电源电压、减弱磁通的方式可得到不同的人为机械特性。

他励直流电动机起动时必须具备足够大的起动转矩 T_{st}，并要求起动电流尽可能小。起动方式有全压起动、减压起动和电枢回路串电阻起动。若直接全压起动，则起动电流过大，容易损坏电动机，一般不采用此方式，因此全压起动只限用于额定功率几百瓦以下的小容量直流电动机。

常用的电气制动方法有能耗制动、反接制动（包括电压反接制动和倒拉反接制动）和回馈制动 3 种。能耗制动经济、安全、简单，常用于反抗性负载电气制动停车或重物下放等场合；电压反接制动应用于频繁正、反转的电力拖动系统，而倒拉反接制动只应用于起重设备以较低的稳定转速下放重物的场合；回馈制动简单可靠，适用于要求位能负载稳定高速下放的场合。

当负载一定时，改变电动机的电枢电压、电枢电阻或减弱磁通，都可以调速。降压调速

相对稳定性好，平滑性也好，适用于调速要求较高的场合；串电阻调速相对稳定性差但平滑性较好，适用于对调速性能要求不高的场合；弱磁调速相对稳定性较好，平滑性也好，适用于恒功率负载的场合。

他励直流电动机电力拖动由于内因和外因的作用，会出现从一个稳态到另一稳态的过渡过程，又称动态特性。单考虑机械惯性的机械的过渡过程为一阶动态过程，可以采用三要素法求解，可以定性地绘出动态特性曲线。

 习　题

1. 他励直流电动机的机械特性指的是什么？是根据哪几个方程式推导出来的？

2. 什么叫硬特性？什么叫软特性？他励直流电动机机械特性的斜率与哪些量有关？什么叫机械特性的硬度？

3. 什么叫固有机械特性？从物理概念上说明为什么在他励直流电动机固有机械特性上对应额定电磁转矩 T_N 时，转速有 Δn_N 的降落？

4. 什么叫人为机械特性？从物理概念说明为什么电枢外串电阻越大，机械特性越软？

5. 为什么降低电源电压的人为机械特性是互相平行的？为什么减弱气隙每极磁通后机械特性会变软？

6. 他励直流电动机稳定运行时，电枢电流的大小由什么决定？改变电枢回路电阻或改变电源电压的大小时，能否改变电枢电流的大小？

7. 他励直流电动机为什么不能直接起动？直接起动会引起什么不良后果？

8. 起动他励直流电动机前励磁绕组断线，没发现就起动了，下面两种情况会引起什么后果？

（1）空载起动；

（2）负载起动，$T_L = T_N$。

9. 能耗制动过程和能耗制动运行有何异同点？

10. 他励直流电动机有几种调速方法？各有什么特点？

11. 静差率与机械特性的硬度有何区别？

12. 调速范围与静差率有什么关系？为什么要同时提出才有意义？

13. 什么叫恒转矩调速方式和恒功率调速方式？他励直流电动机的 3 种调速方法各属于哪种调速方式？

14. 电动机的调速方式为什么要与负载性质匹配？不匹配时有什么问题？

15. 是否可以说他励直流电动机拖动的负载只要转矩不超过额定值，不论采用哪一种调速方法，电动机都可以长期运行而不致过热损坏？

16. 如何判断他励直流电动机是处于电动运行状态还是制动运行状态？

17. 电动机在电动状态和制动状态下运行时机械特性位于哪个象限？

18. 回馈制动有何特点？

19. 电压反接制动与电动势反接制动有何异同点？

20. 他励直流电动机拖动反抗性恒转矩负载，最大起动转矩为 $2T_N$，最大制动转矩也为

$2T_N$，负载转矩为 T_N，采用三级起动和反接制动。试画出机械特性和原理性电路图，说明电动机从静止状态正向起动到额定运行点，再经反接制动停车，再反向起动到额定运行点的整个过程。

21. 拖动位能性恒转矩负载的他励直流电动机，有可能在反向电动状态下运行吗？若有可能请举一例，并说明条件及在机械特性上标出工作点。

22. 如果一台他励直流电动机拖动一台电动小车，向前行驶转速方向规定为正，当小车是在斜坡路上，负载的摩擦转矩比位能转矩小。试分析小车在斜坡上前进和后退时电动机可能工作在什么运行状态？请在机械特性上标出工作点。

23. 什么叫电力拖动系统的过渡过程？引起电力拖动系统过渡过程的原因是什么？在过渡过程中为什么电动机的转速不能突变？

24. 什么是机械过渡过程？推导他励直流电动机拖动系统机械过渡过程解析式时作了哪些假定？

25. 什么是他励直流电动机拖动系统机械过渡过程的三要素？机电时间常数的大小与哪些量有关？

26. 一台他励直流电动机，铭牌数据为 P_N=60kW，U_N=220V，I_N=305A，n_N=1000r/min。试求：

（1）固有机械特性并画在坐标纸上；

（2）T=0.75T_N 时的转速；

（3）转速 n=1100r/min 时的电枢电流。

27. 电动机的数据同上题，试计算并画出下列机械特性：

（1）电枢回路总电阻为 0.5R_N 时的人为机械特性；

（2）电枢回路总电阻为 2R_N 时的人为机械特性；

（3）电源电压为 0.5U_N，电枢回路不串电阻时的人为机械特性；

（4）电源电压为 U_N，电枢不串电阻，Φ = 0.5Φ_N 时的人为机械特性。

注：R_N= U_N/ I_N 为额定电阻，它相当于电动机额定运行时从电枢两端看进去的等效电阻。

28. 一台他励直流电动机，铭牌数据如下：P_N=18kW，U_N=220V，I_N=94A，n_N=1000r/min，试求在额定负载下：

（1）降速 800r/min 稳定运行，需外串多大电阻？

（2）采用降压方法，电源电压应降至多少伏？

29. 一直流电动机：U_N=220V，I_N=40A，n_N=1000r/min，R_a=5Ω。当电压降为 U=180V，负载转矩 T_L=T_N 时。试计算：

（1）若电动机为他励直流电动机，则转速 n 和电枢电流 I_a 为多少？

（2）若电动机为并励直流电动机，则转速 n 和电枢电流 I_a 为多少？

30. Z2-71 型他励直流电动机，P_N=7.5kW，U_N=110V，I_N=85.2A，n_N=750r/min，R_a = 0.129Ω。采用电枢串电阻分三级起动，最大起动电流为 2 I_N，试计算各级起动电阻值。

31. 一台他励直流电动机，P_N=7.5kW，U_N=220V，I_N=41A，n_N=1500r/min，R_a = 0.376Ω，拖动恒转矩负载运行，T=T_N。当把电源电压降到 U=180 V 时，问：

（1）降低电源电压瞬间电动机的电枢电流及电磁转矩是多少？

（2）稳定运行时转速是多少？

32. 上题中的电动机拖动恒转矩负载运行，T=T_N，若把磁通减小到 Φ = 0.8Φ_N，计算稳定运行时电动机的转速是多少？电动机能否长期运行？为什么？

33. 一台他励直流电动机，P_N=17kW，U_N=110V，I_N=185A，n_N=1000r/min，R_a=0.065Ω。该电机最大允许电流 I_{max}=1.8I_N，电动机拖动负载 T_L=0.8T_N 电动运行。试求：

（1）若采用能耗制动停车，则电枢回路应串入多大电阻？

（2）若采用反接制动停车，则电枢回路应串入多大电阻？

34. 一台他励直流电动机，P_N=5.5kW，U_N=220V，I_N=30.3A，n_N=1000r/min，R_a=0.847Ω。假设负载转矩 T_L=0.8T_N，忽略空载转矩 T_0，问：

（1）采用能耗制动方式、倒拉反接制动方式，以 n_N=400r/min 速度下放重物时，应串入多大的制动龟阻 R_{bk}？

（2）采用反向回馈制动方式下放重物时，电枢回路不串电阻，电动机转速为多少？

35. 他励直流电动机的额定数据如下：P_N=22kW，U_N=220V，I_N=115A，n_N=1500r/min，R_a=0.1Ω。若电动机带动恒转矩负载 T_L=T_N 运行时，要求把转速降低到 n=1000r/min，不计电动机的空载转矩。

（1）采用电枢串电阻调速时，应串入多大的电阻？

（2）采用降压调速时，需将电源电压降低到多少伏？

36. 他励直流电动机的数据为 P_N=13kW，U_N=220V，I_N=68.7A，n_N=1500r/min，R_a = 0.224Ω。采用电枢串电阻调速，要求 δ_{max}=30%，求：

（1）电动机拖动额定负载时的最低转速；

（2）调速范围；

（3）电枢需串入的电阻值；

（4）拖动额定负载在最低转速下运行时电动机电枢回路输入的功率、输出功率（忽略 T_0）及外串电阻上消耗的功率。

37. 一台他励直流电动机 P_N=3kW，U_N=110V，I_N=35.2A，n_N=750r/min，R_a = 0.35Ω。电动机原工作在额定电动状态下，已知最大允许电枢电流为 I_{amax} = 2I_N，试求：

（1）采用能耗制动停车，电枢中应串入多大电阻？

（2）采用电压反接制动停车，电枢中应串入多大电阻？

（3）两种制动方法在制动到 n=0 时，电磁转矩各是多大？

（4）要使电动机以 −500r/min 的转速下放位能负载，T=T_N，采用能耗制动运行时电枢应串入多大电阻？

38. 一台他励直流电动机，P_N=13kW，U_N=220V，I_N=68.7A，n_N=1500r/min，R_a = 0.195Ω，拖动一台起重机的提升机构。已知重物的负载转矩 T_L=T_N，为了不用机械闸而由电动机的电磁转矩把重物吊在空中不动，问此时电枢回路中应串入多大电阻？

39. Z2-52 型他励直流电动机，P_N=4kW，U_N=220V，I_N=22.3A，n_N=1000r/min，R_a = 0.91Ω。拖动位能性恒转矩负载，T_L=T_N，采用反接制动停车，已知电枢外串电阻 R_c = 9Ω，求：

（1）制动开始时电动机产生的电磁转矩；

（2）制动到 n=0 时如不切断电源，不用机械闸制动，电动机能否反转？为什么？

40. 他励直流电动机的数据为 P_N=17kW，U_N=110V，I_N=185A，n_N=1000r/min，R_a = 0.035Ω，GD_R^2=30N·m²，拖动恒转矩负载运行，T_L=0.85T_N，采用能耗制动或反接制动停

车，最大允许电枢电流为 $1.8I_N$。求两种停车方法的停车时间是多少？（取系统总飞轮矩 $GD^2=1.25\text{N·m}^2$）

41. 他励直流电动机的数据为 $P_N=5.6\text{kW}$，$U_N=220\text{V}$，$I_N=31\text{A}$，$n_N=1000\text{r/min}$，$R_a = 0.45\Omega$。系统总飞轮矩 $GD^2=9.8\text{N·m}^2$，在固有特性上从额定转速开始电压反接制动，制动的起始电流为 $2I_N$。试就反抗性负载及位能性负载两种情况，求：

（1）反接制动使转速 n_N 降到零的制动时间；

（2）从制动到反转整个过渡过程的 $n=f(t)$ 及 $I_a=f(t)$ 的解析式，并大致画出过渡过程曲线。

42. 根据图 3-29 所示各机械特性，求出相应的机电时间常数并定性地画出 $n=f(t)$ 及 $T=f(t)$ 曲线。

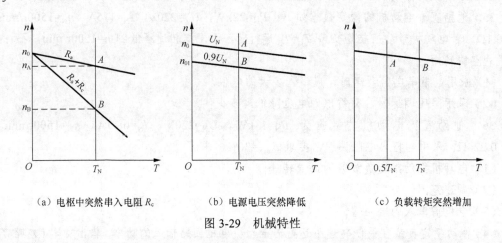

（a）电枢中突然串入电阻 R_c　　　（b）电源电压突然降低　　　（c）负载转矩突然增加

图 3-29　机械特性

43. 图 3-30 所示为他励直流电动机机械特性及负载的机械特性，试问其起动过渡过程 $n=f(t)$ 是否也为指数曲线？其机电时间常数 $T_M =$?

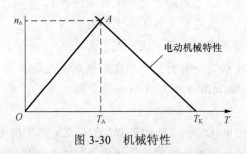

图 3-30　机械特性

第4章 变压器

变压器是运用电磁感应的原理，将某种电压等级的交流电转换成同频率的另一种电压等级的静止电机。变压器的主要功能有：① 变换电压：如电力变压器；② 变换电流：如电流互感器；③ 变换阻抗：如电子线路中阻抗匹配的输出变压器。

4.1　变压器的工作原理和结构

1．变压器的分类

变压器的种类很多，一般常用的分类归纳如下。

（1）按用途分类

① 电力变压器：用于输配电系统的升压或降压，是一种最普通的常用变压器。

② 仪表用变压器：如电压互感器、电流互感器，用于测量仪表和继电保护装置。

③ 特殊用途变压器：如冶炼用的电炉变压器、电解用的整流变压器、焊接用的电焊变压器等。

④ 控制和电源变压器：如用于电子线路和自动控制系统中的小功率电源变压器、控制变压器和脉冲变压器等。

（2）按相数分类

① 单相变压器：用于单相负荷和三相变压器组。

② 三相变压器：用于三相电力系统的升降电压。

（3）按绕组数分类

① 自耦变压器：它的低压边绕组是高压边绕组的一部分，常用在电压变化不大的系统中。

② 双绕组变压器：这是变压器绕组的基本形式，广泛应用于两个电压等级的电力系统中。

（4）按铁心形式分类

有芯式变压器和壳式变压器两种。

（5）按冷却方式分类

① 油浸式变压器：靠绝缘油进行冷却。

② 干式变压器：依靠辐射和空气对流进行冷却，一般容量较小。

③ 充气式变压器：变压器的器身放在封闭的铁箱内，箱内充以绝缘性能好传递快、化学性能稳定的气体。

2. 变压器的基本结构

变压器的种类很多，但基本结构相同。变压器的基本部件是铁心和绕组，大型变压器还有油箱及其他附件，如图 4-1 所示。

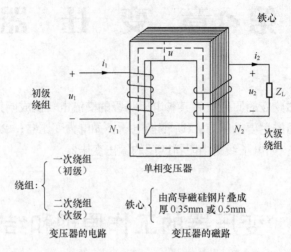

图 4-1　变压器的结构

（1）变压器的铁心

铁心主要用于构成变压器的磁路和支撑变压器的绕组。铁心分铁心柱和铁轭两部分，铁心柱上套装绕组，铁轭使整个磁路构成闭合回路。为了减少铁心中的涡流损耗，铁心一般用高导磁率的硅钢片叠成，分热轧和冷轧两种，其厚度为 0.35~0.5mm。硅钢片的两面涂以绝缘漆，以使片与片之间绝缘。

（2）绕组

绕组在变压器中常称为线圈，是变压器的电路重要部分，一般用有绝缘的铜导线或铝导线绕制而成。按照高压绕组和低压绕组在铁心柱上的安排方式，变压器的绕组分为同心式和交叠式两种。

① 同心式绕组：同心式绕组的高、低压绕组同套在铁心柱上，是为了便于调压和绝缘，通常低压绕组在里面，高压绕组在外面，高、低压绕组之间都留有一定的绝缘间隙，并以绝缘纸筒相互隔开。它又可分为圆筒式、连续式、螺旋式、线段式等。这种绕组结构简单，绕制方便，应用广泛。

② 交叠式绕组：交叠式绕组把高、低压绕组互相交叠放置，为了减小绝缘距离，将低压绕组靠近上下铁轭，中间放置高压绕组。这种绕组由于高、低压绕组之间的间隙较多，绝缘复杂，故包扎很不方便。优点是机械强度较高，主要应用在低压、大电流的电焊、电炉变压器中。

（3）油浸式电力变压器

油浸式变压器的铁心和绕组，是浸在充满变压器油的油箱内。变压器油既是绝缘介质，又是冷却介质，它通过受热后的对流，将铁心和绕组的热量带到箱壁及冷却装置，再散发到周围的空气中去。油浸式电力变压器的外形如图 4-2 所示。

① 变压器的油箱和冷却装置。变压器油箱的结构与变压器的容量、发热情况密切相关，

变压器的容量越大，发热就越严重。在小容量变压器中采用平板式油箱，容量稍大的变压器采用排管式油箱，在油箱侧壁上焊接许多冷却用的钢管，以增大油箱散热面积。当装设散热管不能满足散热需要时，则将排管做成散热器，再把散热器安装在油箱上，这种油箱称为散热器式油箱。此外，大型变压器还采用强迫油循环冷却等方式，以增强冷却效果。强迫油循环的冷却装置称为冷却器，不强迫油循环的冷却装置称为散热器。

② 绝缘套管。变压器的套管是将绕组的高、低压引线引到箱外的绝缘装置，它是引线对地（外壳）的绝缘，又担任着固定引线的作用。套管大多装于箱盖上，中间穿有导电杆，套管下端伸进油箱与绕组引线相连，套管上部露出箱外，与外电路连接，低压引线一般用陶瓷套管，高压引线一般用充油式或电容式套管。

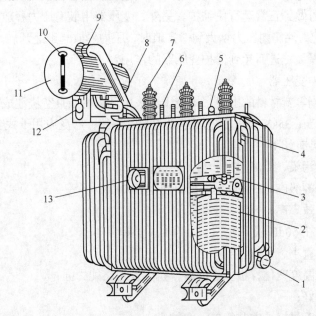

1—放油阀门　2—绕组　3—铁心　4—油箱　5—分接开关　6—低压套管　7—高压套管
8—气体继电器　9—安全气道　10—油表　11—储油柜　12—吸湿器　13—湿度计

图 4-2　油浸式变压器外形图

③ 保护装置。变压器的保护装置由下列部件组成。

储油柜——是一种油保护装置，水平安装在变压器油箱盖上，用弯曲连管与油箱连通，柜内油面高度随变压器油的热胀冷缩而变动。储油柜的作用是保证变压器油箱内充满油，减少油和空气的接触面积，从而降低变压器油受潮和老化的速度。

吸湿器——通过吸湿器可使大气与储油柜连通。当变压器油因热胀冷缩而使油面高度发生变化时，气体将通过吸湿器进出，吸湿器内装有硅胶或活性氧化铝，用以吸收进入储油柜中空气的水分。

安全气道——安全气道装于油箱顶部，它是一个长圆钢筒，上端口装有一定厚度的玻璃板或酚醛纸板，下端口与油箱连通。它的作用是当变压器内部发生故障引起压力骤增时，让油气流冲破玻璃或酚醛纸板，以免造成箱壁爆裂。

净油器——净油器是利用油的自然循环，使油通过吸附剂进行过滤，以改善运行中变压器油的性能。

气体继电器——气体继电器装在储油柜和油箱的连通管中间。当变压器内部发生故障（如绝缘击穿、匝间短路、铁心事故等）产生气体或油箱漏油使油面降低时，气体继电器动作，发出信号以便运行人员及时处理。若事故严重，可使断路器自动跳闸，对变压器起保护作用。

此外，变压器还有调压分接开关和测温及温度监控装置等。

近年来，为了使变压器的运行更加安全、可靠，维护更加简单，油浸式电力变压器采用了密封式结构，使变压器油和周围空气完全隔绝。目前，主要密封形式有空气密封型、充氮密封型和全充油密封型。全充油密封型变压器与普通油浸式变压器相比，取消了储油柜，当绝缘油体积发生变化时，由波纹油箱壁或膨胀式散热器的弹性形变作补偿，解决了变压器油的膨胀问题。由于全密封变压器的内部与大气隔绝，防止和减缓油的劣化和绝缘受潮，增强了运行可靠性，可做到正常运行免维护。另外，变压器中装有压力释放阀，当变压器内部发生故障，油被气化，油箱内压力增大到一定值时，压力释放阀迅速开启，将油箱内压力释放，防止变压器油箱爆裂，进而起到保护变压器的作用。

（4）干式电力变压器

随着环氧树脂等新材料的出现，将变压器采用环氧树脂真空浇注成为一个整体，称为干式变压器。目前，在35kV及以下电压等级的配电系统，广泛应用干式变压器。

干式变压器具有如下的特点：

① 无油、无污染、难燃阻燃和自熄防火；

② 绝缘温升等级高（F级绝缘，温升可达100K）；

③ 损耗小、效率高；

④ 噪声小（在50dB以下）；

⑤ 局部放电量小、可靠性高；

⑥ 抗裂、抗温度变化，机械强度高，抗突发短路能力强；

⑦ 防潮性能好；

⑧ 体积小、重量轻，安装简单，维护量小。

目前，干式电力变压器在楼宇、地铁、机场等场所都得到应用。

3. 变压器的工作原理

图4-3所示为单相变压器原理图，为了分析方便，规定与一次侧（又称初级）有关的各量，在其符号的右下角均标注1，如e_1、u_1、U_1、I_1、N_1、P_1等，规定与二次侧（又称次级）有关的各量，在其符号的右下角均标注2，如e_2、u_2、U_2、I_2、N_2、P_2等。

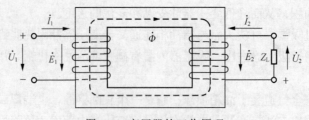

图4-3　变压器的工作原理

当变压器一次侧接入交流电源后，在一次侧绕组中就有交流电流通过，于是在铁心中产生交变磁通，称为主磁通。主磁通集中在铁心中，极少一部分在绕组外闭合，称为漏磁通，为讨论问题方便可忽略不计。所以，可认为一次侧、二次侧绕组同受主磁通作用。根据电磁感应定律，一次侧、二次侧绕组都将产生感应电动势。如果二次侧接有负载构成闭合回路，就有感应电流流过负载。

（1）变压原理

设一次侧、二次侧绕组的匝数分别为 N_1、N_2。用于一次侧、二次侧绕组同受主磁通作用，所以在两个绕组中产生感应电动势 e_1、e_2 频率与电源频率相同。若主磁通随时间的变化率为 $\dfrac{\Delta\varphi}{\Delta t}$，则由电磁感应定律可得

$$e_1 = -N_1 \frac{\mathrm{d}\phi}{\mathrm{d}t}$$

$$e_2 = -N_2 \frac{\mathrm{d}\phi}{\mathrm{d}t}$$

又因感应电动势与感应电压反相，所以

$$u_1 \approx e_1 = -N_1 \frac{\mathrm{d}\phi}{\mathrm{d}t}$$

$$u_2 \approx e_2 = -N_2 \frac{\mathrm{d}\phi}{\mathrm{d}t}$$

如不考虑相位，只考虑它们的大小，则有效值之间的关系为

$$\frac{U_1}{U_2} \approx \frac{e_1}{e_2} = \frac{N_1}{N_2} = k \tag{4-1}$$

式中：U_1——一次侧交流电压的有效值；

$\qquad U_2$——二次侧交流电压的有效值；

$\qquad N_1$——一次侧绕组的匝数；

$\qquad N_2$——二次侧绕组的匝数；

$\qquad K$——一次侧、二次侧的电压比或匝数比，简称变比。

式（4-1）表明，变压器一次侧、二次侧绕组的电压比等于它们的匝数比 k。当 $k>1$ 时，$N_1>N_2$，$U_1>U_2$，这种变压器是降压变压器；当 $n<1$ 时，$N_1<N_2$，$U_1<U_2$，这种变压器是升压变压器。可见，只要选择变压器一次侧、二次侧绕组的电压比，就可实现升压或降压的目的。

（2）变流原理

变压器在变压过程中只起能量传递的作用，无论变换后的电压是升高还是降低，电能都不会增加。根据能量守恒定律，在忽略损耗时，变压器的输出功率 P_2 应与变压器从电源中获得的功率 P_1 相等，即 $P_1=P_2$。于是，当变压器只有一个二次侧时，则关系为

$$I_1 U_1 = I_2 U_2 \quad \text{或} \quad \frac{I_1}{I_2} = \frac{U_2}{U_1} = \frac{N_2}{N_1} = \frac{1}{k} \tag{4-2}$$

式（4-2）说明，变压器工作时其一次侧、二次侧绕组的电流比与一次侧、二次侧绕组的电压比或匝数比成反比，而且一次侧的电流随着二次侧电流的变化而变化。

（3）阻抗变换原理

变压器除能改变交变电压、电流的大小外，还能变换交流阻抗，这在电信工程中有着广泛的应用。

如图 4-4 所示，若把这个带负载的变压器看成是一个新的负载并以 R'_L 表示，则对于无损

耗的变压器来说其初级、次级功率相等，即

$$I_1^2 R_L' = I_2^2 R_L$$

将公式 $I_1 = \dfrac{N_2}{N_1} I_2$ 代入 $I_1^2 R_L' = I_2^2 R_L$，得

$$R_L' = \left(\frac{N_1}{N_2}\right)^2 R_L = k^2 R_L$$

上式表明，负载 R_{fz}' 接在变压器的次级上，从电源中获取的功率和负载 $R_{fz}' = k^2 R_{fz}$。直接接在电源上所获取的功率是完全相同的。另外，变压器初级交流等效电阻 R_{fz}' 的大小，不但与变压器次级的负载 R_{fz} 成正比，而且与变压器的变比 n 的平方成正比。即

$$k = \sqrt{\frac{R_L'}{R_L}} \tag{4-3}$$

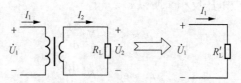

图 4-4　变压器的阻抗变换作用

【例 4-1】　有一台降压变压器，一次绕组电压为 220 V，二次绕组电压为 110 V，一次绕组为 2200 匝，若二次绕组接入阻抗值为 10Ω 的阻抗，问变压器的变比、二次绕组匝数、一次和二次绕组中的电流各为多少？

解：

$$k = \frac{U_1}{U_2} = \frac{220}{110} = 2$$

$$N_2 = \frac{N_1 U_2}{U_1} = \frac{2200 \times 110}{220} = 1100 \ (匝)$$

$$I_2 = \frac{U_2}{|Z_L|} = \frac{110}{10} = 11 \ A$$

$$I_1 = \frac{N_2}{N_1} I_2 = \frac{1100}{2200} \times 11 = 5.5 \ A$$

【例 4-2】　如图 4-5 所示，交流信号源的电动势 $E=120V$，内阻 $R_0=800\Omega$，负载为扬声器，其等效电阻为 $R_L=8\Omega$。

① 当 R_L 折算到原边的等效电阻时，求变压器的匝数比和信号源输出的功率；

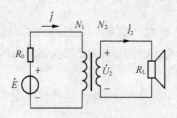

图 4-5　例 4-2 图

② 当将负载直接与信号源联接时，信号源输出多大功率?

解： ① 变压器的匝数比为

$$k = \frac{N_1}{N_2} = \sqrt{\frac{R_L'}{R}} = \sqrt{\frac{800}{8}} = 10$$

信号源的输出功率：

$$P = \left(\frac{E}{R_0 + R_L}\right) R_L' = \left(\frac{120}{800 + 800}\right)^2 \times 800 = 4.5\text{W}$$

② 将负载直接接到信号源上时，输出功率为

$$P = \left(\frac{E}{R_0 + R_L}\right)^2 R_L = \left(\frac{120}{800 + 8}\right)^2 \times 8 = 0.176\text{W}$$

结论：接入变压器以后，输出功率大大提高。因此，在电子线路中，常利用阻抗匹配实现最大输出功率。

4. 变压器的功率和效率

（1）变压器的功率

变压器的额定容量，即表示变压器允许传递的最大功率。一般用视在功率来表示，即 S_N，单位为 W 或 kW。

单相变压器：$S_N = U_{2N}I_{2N} \approx U_{1N}I_{1N}$ （4-4）

三相变压器：$S_N = \sqrt{3}\, U_{2N}I_{2N} \approx \sqrt{3}\, U_{1N}I_{1N}$ （4-5）

（2）变压器功率损耗

变压器功率损耗包括铁损耗和铜损耗两部分。

① 铁损耗：是由变压器铁心中的磁滞损耗和涡流损耗组成的。当外加电压一定、工作磁通一定时，铁损耗是不变的，因此铁损耗为固定损耗。

② 铜损耗：电流通过绕组时，在电阻上产生的功率损耗。铜损耗的大小随通过绕组的电流变化而变化，因此铜损耗为可变损耗。

（3）变压器的效率

所谓变压器的效率就是变压器的输出功率 P_2 与输入功率 P_1 之比的百分数，即

$$\eta = \frac{P_2}{P_1} \times 100\% \tag{4-6}$$

由于变压器是静止电器，没有机械传动所带来的力量损耗，只有较少的铁损耗和铜损耗，故它的效率比较高。一般供电变压器的效率都在 95% 左右，大型变压器的效率可达 98% 以上。

（4）理想变压器

有时候为了快速分析和计算变压器的主要问题，可以忽略变压器的损耗，将变压器理想化考虑。理想变压器的条件如下。

① 变压器绕组电阻 $r = 0$（即不考虑铜损耗）。

② 变压器的铁损耗 $p_{Fe} = 0$（即不考虑铁磁损耗和涡流损耗）。

③ 变压器的耦合系数 $k = \sqrt{\dfrac{M_{12}M_{21}}{L_1 L_2}} = 1$（表示变压器的全耦合作用）。

这样就将变压器视为一次测绕组从电网获得的能量，经过改变电压之后，完全无损地传给负载。

4.2 变压器的空载运行

将变压器的一次绕组接到额定电压的电网上，二次绕组开路，这时变压器工作在空载状态。这是变压器运行的一种极限状态，二次绕组无电流。我们先从空载状态开始分析，然后再分析负载状态。先讲单相，再讲三相，这样由简到繁，易于理解。

1. 空载运行时的电磁状况

图 4-6 所示为工程中空载运行的大型变压器，在一次侧加上电压 u_1 之后，绕组流过空载电流 i_0，它建立了空载磁动势 $N_1 i_0$，这一磁动势作用在铁心磁路上产生组磁通 Φ，主磁通交链着一次绕组和二次绕组。当 i_0 和 Φ 以频率 f_1 交变时，在一次绕组和二次绕组中分别感应出电动势 e_1 和 e_2。同时也产生只交链一次绕组的漏磁通 $\Phi_{\delta 1}$，它在一次绕组也感应电动势，称为漏感应电动势 $e_{\delta 1}$。i_0 流过一次绕组也有相应的电阻压降 $i_0 r_1$。从而可知 e_1、$e_{\delta 1}$ 和 $i_0 r_1$ 一起平衡电源电压。二次绕组开路只产生感应电动势 e_2，因开路 $i_2 = 0$，无阻抗压降，所以变压器空载输出电压 u_{20} 等于电动势 e_2。变压器空载时电流很小，仅为额定电流的百分之几。变压器空载时的电磁关系可表示如下

$$u \longrightarrow i_0 \longrightarrow N_1 i_0 \begin{array}{l} \longrightarrow i_0 r_1 \\ \Phi_{\delta 1} \longrightarrow e_{\delta 1} \\ \Phi \begin{array}{l} e_1 \\ e_2 \end{array} \end{array}$$

2. 变压器中各量正方向的选定

分析变压器常按用电惯例规定各量的正方向。变压器的一次绕组相当于用电器，按电动机惯例规定各量的正方向，如图 4-6 所示。电流 i_0 的正方向与产生它的电源电压 u_1 的正方向相同。i_0 产生的磁通（包括主磁通 Φ 和漏磁通 $\Phi_{\delta 1}$）正方向与 i_0 的正方向符合右手螺旋定则。电动势的正方向与产生它的磁通正方向也符合右手螺旋定则，这样电动势 e_1 与 i_0 的正方向一致。变压器空载时，一次侧的电压方程式可以写成

$$u_1 = -e_1 - e_{\delta 1} + i_0 r_1 \tag{4-7}$$

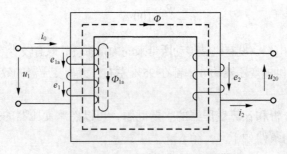

图 4-6　变压器空载运行原理图

变压器二次绕组对外相当于一个电源，所以二次绕组各量正方向的规定按发电机的惯例。电动势 e_2 与磁通 Φ 也符合右手螺旋定则，电流 i_2 的正方向与 e_2 的正方向一致。加在外电路上的变压器输出电压 u_2 的正方向与 i_2 相同，如图 4-6 所示。空载时 $i_2 = 0$，$u_{20} = e_2$。

3．磁通、电动势与空载电流

（1）磁通 Φ

变压器空载时，在一次绕组的电压方程式中，$e_{\sigma1}$ 和 $i_0 r_1$ 在数值上比 e_1 要小得多，两者之和也不足 e_1 的 1%，所以可以略去。方程式可以近似写成

$$u_1 \approx -e_1 \tag{4-8}$$

即 e_1 基本上与 u_1 大小相等、相位相反，或者说 u_1 是 e_1 的倒影。如果变压器外加电压 u_1 为正弦波，那么 e_1 也按正弦规律变化。由式 $e_1 = -N_1 \mathrm{d}\Phi/\mathrm{d}t$ 可知，主磁通 Φ 也应按正弦波规律变化，因此，可以假定磁通是正弦量，写成

$$\Phi = \Phi_{\mathrm{m}} \sin \omega t$$

并在以后的相量图中以磁通为参考相量，将它画在横座标上，磁通把一次侧和二次侧两个电路联系起来，以它为参考相量比较方便。

（2）电动势 e_1 和 e_2

由前面的正方向规定，依据电磁感应定律可以写出 e_1 和 e_2 的表达式为

$$e_1 = -N_1 \frac{\mathrm{d}\Phi}{\mathrm{d}t} = -N_1 \frac{\mathrm{d}(\Phi_{\mathrm{m}} \sin \omega t)}{\mathrm{d}t} = -\omega N_1 \Phi_{\mathrm{m}} \cos \omega t = E_{1\mathrm{m}} \sin(\omega t - 90°)$$

式中 $E_{1\mathrm{m}} = \omega N_1 \Phi_{\mathrm{m}} = 2\pi f_1 N_1 \Phi_{\mathrm{m}}$ 是一次侧绕组电动势的最大值，其有效值为

$$E_1 = E_{1\mathrm{m}} / \sqrt{2} = 4.44 f_1 N_1 \Phi_{\mathrm{m}} \tag{4-9}$$

式（4-9）是以后经常用到的公式之一，如果磁通单位为 Wb，算出的电动势单位为 V。同理可得

$$e_2 = E_{2\mathrm{m}} \sin(\omega t - \frac{\pi}{2})$$

$$E_{2\mathrm{m}} = \omega N_2 \Phi_{\mathrm{m}}$$

$$E_2 = 4.44 f_1 N_2 \Phi_{\mathrm{m}} \tag{4-10}$$

式（4-9）和式（4-10）写成相量形式有

$$\dot{E}_1 = -\mathrm{j}4.44 f_1 N_1 \dot{\Phi}_{\mathrm{m}}$$
$$\dot{E}_2 = -\mathrm{j}4.44 f_1 N_2 \dot{\Phi}_{\mathrm{m}} \tag{4-11}$$

（3）空载电流 i_0

变压器空载时，一次绕组流过空载电流 i_0，它的主要作用是在磁路中产生磁动势建立磁通。因此，我们也把它叫做励磁电流。由前面的分析可知，如果变压器外加电压为正弦波形时，它的磁通波形也基本上是正弦的，磁通是空载电流产生的，那么空载电流又是什么样的波形呢？下面我们就来分析这个问题。

（4）磁通 Φ 与空载电流的关系是由变压器铁心磁路的磁化曲线和磁滞回线决定的。如果先不考虑铁心的饱和影响，也不考虑磁滞的影响，磁通与空载电流呈线性关系。当磁通 Φ 为正弦波时，i_0 也是正弦波，而且两者相位相同。当外加电压很低磁路不饱和时，变压器工作在磁化曲线的直线部分，就属于这种情况。在变压器正常工作时，电压为额定值，磁路出现饱和现象，铁心也有磁滞和涡流损耗产生，这时变压器空载电流的波形就发生了变化。下面

分别来看一下饱和磁滞对空载电流波形的影响。

当只考虑磁路饱和作用，不考虑磁滞和涡流影响时，变压器空载电流由图 4-7 所示磁路的基本磁化曲线所决定。当磁通 Φ 为正弦波时，由作图法可以求得 i_0 为一尖顶波。它与 $-\dot{E}_1$ 差 90° 相位角，是一个纯无功分量。我们把这一电流称为磁化电流，它是用来建立磁场的。

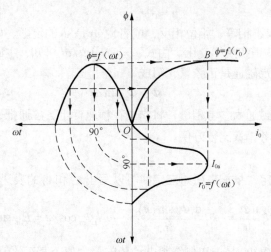

图 4-7　不考虑磁滞时励磁电流波形

当既考虑磁饱和影响又考虑磁滞影响时，Φ 与 i_0 的关系是图 4-8(a) 所示的磁滞回线。当 Φ 为正弦波时，由作图法可得 i_0 为一不对称尖顶波，如图 4-8(b) 所示。我们可以把这个不对称尖顶波分成两个分量：其中一个分量是尖顶波（同前）；另一个分量数值较小，近似正弦波，与 $-\dot{E}_1$ 同相位，是一个有功分量，对应铁心中的磁滞损耗。如果再把铁心中的涡流损耗考虑进去，这一有功分量还要加大。

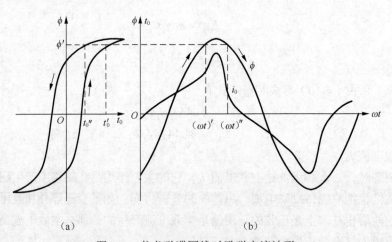

（a）　　　　　　　　　　　　　　（b）

图 4-8　考虑磁滞回线时励磁电流波形

4．电动势平衡方程式，等效电路及相量图

式（4-7）是变压器空载时一次侧电压瞬时值方程式。各量的正方向符合用电惯例，将它写成相量形式则有

$$\dot{U}_1 = -\dot{E}_1 - \dot{E}_{\delta 1} + \dot{I}_0 r_1 \qquad\qquad （4\text{-}12）$$

式中 $-\dot{E}_{\delta 1}$ 是漏磁通在一次侧绕组中产生的感应电动势。

我们仿照推导主磁通 Φ 与电动势 e_1 关系的过程，也可以推导出 $\Phi_{\delta 1}$ 和 $e_{\delta 1}$ 的关系，即

$$e_{\delta 1} = \omega N_1 \Phi_{\delta 1m} \sin(\omega t - 90°) = E_{\delta 1m} \sin(\omega t - 90°)$$

式中 $E_{\delta 1m} = \omega N_1 \Phi_{\delta 1m}$ 为最大值，其有效值为 $E_{\delta 1} = \omega N_1 \Phi_{\delta 1m} / \sqrt{2}$，写成相量形式则有

$$\dot{E}_{\delta 1} = -\mathrm{j}\omega N_1 \Phi_{\delta 1m} / \sqrt{2} \tag{4-13}$$

漏电动势 $\dot{E}_{\delta 1}$ 也可以用漏抗压降的形式表示，即

$$\dot{E}_{\delta 1} = -\mathrm{j}\dot{I}_0 \omega L_{\delta 1} = -\mathrm{j}\dot{I}_0 X_1 \tag{4-14}$$

代入式（4-12）得

$$\dot{U}_1 = -\dot{E}_1 - \dot{E}_{\delta 1} + \dot{I}_0 r_1 = -\dot{E}_1 + \dot{I}_0 r_1 + \mathrm{j}\dot{I}_0 X_1 = -\dot{E}_1 + \dot{I}_0 Z_1 \tag{4-15}$$

式中 $Z_1 = r_1 + \mathrm{j}X_1$ 是一次侧的漏阻抗。

绘出对应式（4-15）的等效电路如图 4-9（a）所示。

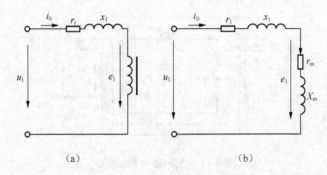

图 4-9 变压器空载等效电路

如果把 $-\dot{E}_1$ 也用电路参数来表示，即 $-\dot{E}_1$ 可用空载电流 $\dot{I}_0$ 与励磁阻抗 Z_m 乘积来表示。

$$-\dot{E}_1 = \dot{I}_0 Z_\mathrm{m} = \dot{I}_0 (r_\mathrm{m} + \mathrm{j}X_\mathrm{m})$$

式中 r_m 对应铁心损耗，X_m 对应产生主磁通的电抗。

这样式（4-15）可写为

$$\dot{U}_1 = \dot{I}_0 Z_\mathrm{m} + \dot{I}_0 Z_1$$

对应的等效电路如图 4-9（b）所示。这就是变压器空载时的等效电路。

变压器空载时相量图如图 4-10 所示，以磁通 $\dot{\Phi}_\mathrm{m}$ 为参考相量，将其画在横坐标轴线上。由式（4-11）可知，$\dot{E}_1$ 和 $\dot{E}_2$ 均落后 $\dot{\Phi}_\mathrm{m}$ $90°$。空载电流 $\dot{I}_0$ 比 $\dot{\Phi}_\mathrm{m}$ 略超前一个角度。画出 $\dot{I}_0$ 后即可根据式（4-15）画出外加电压 $\dot{U}_1 = -\dot{E}_1 + \dot{I}_0 r_1 + \mathrm{j}\dot{I}_0 X_1$。图中的 $\dot{I}_0 r_1$ 和 $\mathrm{j}\dot{I}_0 X_1$ 两个相量实际很小，为了看得清楚，在绘图时人为地将其放大了。

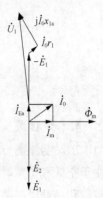

图 4-10 变压器空载时相量图

4.3 变压器的负载运行

1. 负载运行时的电磁状况

变压器空载时只有一次侧的空载电流 $\dot{I}_0$。二次侧没有向外供电，没有电流，因此主磁路上只有一个磁动势 $N_1\dot{I}_0$，它在主磁路中建立了主磁通 Φ。变压器负载后，二次绕组作为一个电源向负载供电，如图 4-11 所示。由于二次绕组流过电流 $\dot{I}_2$，它也产生一个磁动势 $N_2\dot{I}_2$，$N_2\dot{I}_2$ 也作用在主磁路上，它改变了变压器原来空载时的磁动势关系。$\dot{I}_2$ 的出现使一次绕组电流从 $\dot{I}_0$ 增加到 $\dot{I}_1$。因此，变压器负载运行时，主磁路上存在两个磁动势，即 N_1I_1 和 N_2I_2。两者相加才是在主磁路在才是磁通的合成磁动势。二次绕组磁动势 N_2I_2 在二次侧漏磁路也产生漏磁通 $\Phi_{\delta2}$，它在二次绕组中产生的漏磁动势同样也可以表示漏抗压降 $\dot{E}_{\delta2} = -\mathrm{j}\dot{I}_2 X_2$ 形式。

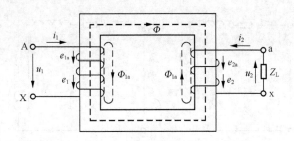

图 4-11 变压器负载运行

所以，这时二次侧电路电动势 $\dot{E}_2$ 减去漏阻抗压降 $\dot{I}_2 r_2$ 和 $\mathrm{j}\dot{I}_2 X_2$ 才是供给负载的输出电压 $\dot{U}_2$。变压器负载以后它的电磁关系表示如下：

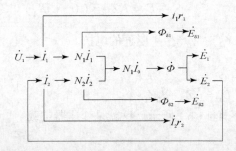

2. 基本方程式

（1）磁动势平衡方程式

由于空载和负载时外加电压 $\dot{U}_1$ 不变，在一次绕组产生的电动势 $-\dot{E}_1$ 并无变化。因此可以认为空载和负载时磁路中主磁通 Φ 无变化，从而得出负载时磁路的总磁动势 $N_1\dot{I}_1 + N_2\dot{I}_2$ 与空载时磁路的总磁动势 $N_1\dot{I}_0$ 相等，即

$$N_1\dot{I}_1 + N_2\dot{I}_2 = N_1\dot{I}_0$$

这就是变压器负载后的磁动势平衡方程式。将上式写成下面形式：

$$N_1\dot{I}_1 = N_1\dot{I}_0 - N_2\dot{I}_2$$

也可以作如下的解释：变压器负载后一次侧磁动势 $N_1\dot{I}_1$ 有两个分量，一个是空载时的励磁磁动势 $N_1\dot{I}_0$，它产生磁路中的主磁通 Φ；另一个分量 $-N_2\dot{I}_2$ 用来抵消二次侧磁动势 $N_2\dot{I}_2$，二次侧磁动势有多大，一次侧就产生一个与它大小相等、方向相反的分量与之平衡，从而保证磁路中的总磁动势仍为 $N_1\dot{I}_0$ 不变。正是磁动势中的 $-N_2\dot{I}_2$ 分量把变压器一次侧的电功率传给了变压器二次侧。

（2）电动势平衡方程式

通过上面分析，按图 4-11 中所示一次绕组和二次绕组正方向（一次绕组符合电动机惯例，二次绕组符合发电机惯例），很容易写出变压器负载后的一次侧和二次侧电动势平衡方程式，即

$$\dot{U}_1 = -\dot{E}_1 + \dot{I}_1 r_1 + \mathrm{j}\dot{I}_1 X_1 = -\dot{E}_1 + \dot{I}_1 Z_1$$

$$\dot{U}_2 = \dot{E}_2 - \dot{I}_2 r_2 - \mathrm{j}\dot{I}_2 X_2 = \dot{E}_2 - \dot{I}_2 Z_2$$

3．折算

由以上分析可以写出描述变压器负载运行的一组方程式为

一次侧电动势方程式 　　　　　$\dot{U}_1 = -\dot{E}_1 + \dot{I}_1 Z_1$

二次侧电动势方程式 　　　　　$\dot{U}_2 = \dot{E}_2 - \dot{I}_2 Z_2$

磁动势平衡方程式 　　　　　$N_1\dot{I}_1 = N_1\dot{I}_0 - N_2\dot{I}_2$

励磁回路电压方程 　　　　　$\dot{I}_0 Z_\mathrm{m} = -\dot{E}_1$

负载伏安特性 　　　　　$\dot{U}_2 = \dot{I}_2 Z_\mathrm{L}$

匝数比方程 　　　　　$N_1 / N_2 = E_1 / E_2 = k$

应用上面这组方程式可以对变压器的负载运行进行定量计算。但上面 6 个方程多为复数方程式，计算十分繁杂，特别是电压比（匝数比）k 较大时，一次和二次电压、电流、阻抗数值差别很大，计算很不方便，绘制相量图也比较困难，为了解决这些问题，需要引入另一种新的计算方法——折算法。

由于变压器一次侧和二次侧电路上并无直接电的联系，只有磁的耦合，二次侧电路的变化完全是通过磁动势 $N_2\dot{I}_2$ 感应到一次侧的。因此，折算的原则是保证二次侧磁动势关系不变、功率关系不变。依据这样的原则，下面介绍二次侧各量折算值的求法。设 $E_2', U_2', I_2', r_2', X_2', Z_2'$ 为折算到一次侧的参量，并记作 $E_1 = E_2'$。

① 二次侧电流的折算。

依据折算前后磁动势不变的原则，有 $N_1 I_2' = N_2 I_2$

则

$$I_2' = \frac{N_2}{N_1} I_2 = \frac{1}{k} I_2$$

② 二次侧电动势、电压的折算。

由于折算前后主磁通和漏磁通均不改变，根据电动势与匝数成正比关系，得

$$\frac{E_2'}{E_2} = \frac{E_1}{E_2} = \frac{N_1}{N_2} = k$$

则　　　　　$E_2' = kE_2$ 　　　　同理　　　　$U_2' = kU_2$

③ 二次侧电阻、电抗及阻抗的折算。

折算前后二次侧绕组的损耗不变，便得

$$r_2' I_2'^2 = r_2 I_2^2$$

则 $\qquad r_2' = r_2 (\dfrac{I_2}{I_2'})^2 = k^2 r_2$ $\qquad$ 同理 $\qquad X_2' = k^2 X_2,\ Z_2' = k^2 Z_2,\ Z_L' = k^2 Z_L$

4. 等效电路及相量图

（1）T 形等效电路

进行折算后，就可以将两个独立电路直接连在一起，然后将励磁阻抗 $\dot{I}_0 Z_m = \dot{I}_0 (r_m + jX_m) = -\dot{E}_1$ 考虑进去，得到变压器的 T 形等效电路如下：

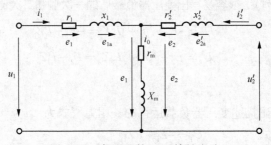

图 4-12　变压器的 T 形等效电路

等效电路把基本方程式所表示的电磁关系用电路的形式表示了出来，即所谓"场化为路"，是研究变压器和其他电机理论的基本方法之一。图 4-12 中，消耗在电阻 r_1 和 r_2' 中的电功率 $r_2 I_1^2$ 和 $r_2' I_2'^2$ 分别代表一次、二次绕组的铜损耗 p_{Cu1} 和 p_{Cu2}，消耗在励磁电阻 r_m 上的电功率 $r_m I_m^2$ 代表变压器的铁损耗 p_{Fe}。

（2）近似等效电路

T 形等效电路能正确反映变压器内部的电磁关系，但结构为串、并联混合电路，计算比较繁杂，为此提出在一定条件下把等效电路简化。

在 T 形等效电路中，一次侧漏阻抗压降 $Z_1 \dot{I}_1 = Z_1 [\dot{I}_0 + (-\dot{I}_2')] = Z_1 \dot{I}_0 + Z_1 (-\dot{I}_2')$ 由两部分组成，因 $I_0 \ll I_{1N}$，$Z_1 \ll Z_m$，故 $Z_1 I_0$ 很小，可以略去不计。同时根据一次侧电动势平衡方程式 $\dot{U}_1 = -\dot{E}_1 + \dot{I}_1 Z_1$ 可知，由于 $\dot{I}_1 Z_1$ 很小（ 5%<U_{1N}),也可以忽略不计，则 $\dot{U}_1 \approx \dot{E}_1$，又 $\dot{I}_0 = \dfrac{\dot{E}_1}{Z_m} \approx \dfrac{\dot{U}_1}{Z_m}$，故 I_0 基本不随负载而变，这样便可把励磁支路从 T 形电路的中部移到电源端，得到图 4-13 所示的变压器近似等效电路。由于其阻抗元件支路构成一个 Γ 形电路，故亦称 Γ 形等效电路。

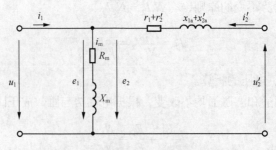

图 4-13　变压器的 Γ 形等效电路

（3）简化等效电路

空载电流 I_0 是产生主磁通的，因此又可称为励磁电流 I_m。由于一般变压器 $I_m \ll I_N$，可

以把励磁电流 I_m 忽略，即去掉励磁支路，而得到一个由一次、二次侧的漏阻抗构成的更为简单的串联电路，如图 4-14 所示，称为变压器的简化等效电路。

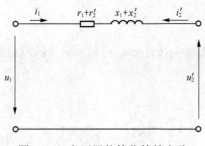

图 4-14　变压器的简化等效电路

在图 4-14 中

$$R_S = r_1 + r_2'$$
$$X_S = X_1 + X_2'$$
$$Z_S = Z_1 + Z_2'$$

式中：R_s——短路电阻；

　　　X_s——短路电抗；

　　　Z_s——短路阻抗。

变压器的短路阻抗即为一次、二次漏阻抗之和，其值较小且为常数。由简化等效电路可见，如果变压器发生稳态短路，则短路电路 $I_S = U_1 / Z_S$，可见，短路阻抗能起到限制短路电流的作用，由于 Z_s 很小，故短路电流较大，一般可达额定电流的 10～20 倍。

（4）负载时的相量图

变压器负载运行时的电磁关系，除了用基本方程式和等效电路表示外，还可以用相量图表示。相量图是根据基本方程式画出的，其特点是从图中可直观地看出变压器各物理量的大小和相位关系。图 4-15 所示为变压器带感性负载时 T 形等效电路的相量图。

在画相量图时，首先要选一个参考相量，参考相量的选法不是唯一的，这要视已知条件而定。常选 $\dot{\Phi}_m$ 或 $\dot{U}_2'$ 为参考相量，在此我们选 $\dot{\Phi}_m$ 为参考相量，并把它画在横坐标轴上，在已知变压器各参数 Z_1，Z_2'，Z_m 及负载阻抗 Z_L' 的情况下，可按下述步骤画出感性负载的变压器相量图。

① 在横坐标轴上画出参考相量 $\dot{\Phi}_m$。

② 根据 $\dot{E}_1 = \dot{E}_2' = -j4.44 f_1 N_1 \dot{\Phi}_m$ 画出 $\dot{E}_1 = \dot{E}_2'$。

③ 根据 $\dot{I}_2' = \dot{E}_2' /(Z_2' + Z_L')$ 和 $\dot{E}_2' = \dot{U}_2' + \dot{I}_2' Z_2'$ 画出 $\dot{I}_2'$ 和 $\dot{U}_2'$。

④ 由 $\dot{I}_0 = -\dot{E}_1 / Z_m$ 画出 $\dot{I}_0$。

⑤ 由 $\dot{I}_1 = \dot{I}_0 - \dot{I}_2'$ 画出 $\dot{I}_1$。

⑥ 由 $\dot{U}_1 = -E_1 + \dot{I}_1 Z_1$ 画出 $\dot{U}_1$。

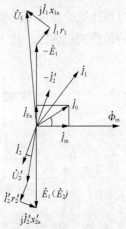

图 4-15　变压器带感性负载时的相量图

相量图虽然能反映各量的大小和相位，但由于作图很难精确，特别是书中的相量图，为了看得清楚各阻抗压降都人为地加大了。因此，相量图主要还是用来作定性分析。

4.4　变压器参数的测定

1. 变压器的空载试验

变压器的空载试验电路如图 4-16 所示，空载试验可以测定变压器的变压比 k、空载电流 I_0 和空载损耗 P_0 等。

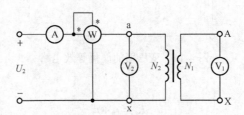

图 4-16　变压器的空载试验接线图

变压器的空载试验应该在变压器一次侧绕组接入可调电压的交流电源，二次侧绕组开路情况下进行测试。但是对于降压的电力变压器作空载试验时，为了安全起见可采用低压绕组接入额定电压，而将高压绕组开路。当二次侧绕组加上额定电压 U_2（电压表 V_2 上读数），测量一次侧绕组空载电压 U_{10}（电压表 V_1 读数），此时，变压器的变压比 $k = \dfrac{U_1}{U_2}$；电流表 A 的读数即为空载电流 I_0。功率表 W 的读数就是空载损耗 P_0，空载 P_0 包括铁耗和铜耗两个方面，由于铜耗很小（$I_0^2 r$），可忽略不计，故 $P_0 \approx P_{Fe}$，空载损耗近似认为即是铁耗。

空载试验时，所用的登记表准确度等级不应低于 0.5 级，因为空载时功率因数很低，约为 0.2，为了减少测量误差，应采用低功率因数功率表测量空载功率 P_0。

2. 变压器的短路试验

通过短路试验可以测出变压器的铜耗、短路电压（阻抗电压）等数据。图 4-17 所示为变压器短路试验的接线图。变压器的高压端经调压变压器接入电源，低压端短路。

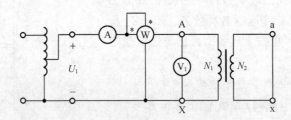

图 4-17　变压器的短路试验接线图

短路试验时，调节调压变压器，使一次绕组中的电流从零开始达到额定值 I_{N1} 时为止，通过电压表 V_1 测出一次侧绕组电压 U_K，通过功率表 W 测出输入功率 P_K。

由于低压端短路，负载阻抗为零，输出功率为零，电源输出的功率完全为变压器本身所损耗。这时，一次侧绕组所加的电压 U_K 是很低的，约为额定电压 U_{N1} 的 4%～10%，铁心中的主磁通也很小，仅为额定工作磁通的百分之几，励磁电流和铁耗 P_{Fe} 都非常小，可以忽略

不计。因此，短路试验时的输出功率 P_K 几乎完全供给了绕组的铜耗 P_{Cu}，即

$$P_K \approx P_{Cu}$$

短路试验时，一次侧绕组所加电压 U_K，叫做变压器的短路电压，又称阻抗电压。通常用它与额定电压之比的百分数 U_K^* 来表示，即

$$U_K^* = \frac{U_K}{U_{N1}} \times 100\%$$

U_K 的大小标志着额定电流时变压器阻抗压降的大小。从正常运行的角度考虑，要求 U_K 小一些，这样就可以使负载增加时，变压器的阻抗压降小一些，输出电压稳定些；从发生短路故障时的角度考虑，则希望 U_K 大一些，使变压器阻抗大一些，以限制短路电流。因此，变压器的短路电压应有一个适当的数值，以适应正常运行和事故运行两方面的不同要求。一般短路电压的 U_K^* 为 5%~10%，变压器容量越大，额定电压越高，则短路电压 U_K^* 也越大。

4.5　三相变压器

在现代的电力系统均采用三相制，因而普遍采用三相变压器供配电。三相变压器可以用 3 个容量相同的单相变压器组合，这种三相变压器称为三相组式变压器。还要一种是将三相铁心联到一起的三相变压器，称为三相芯式变压器。从运行原理来看，三相变压器在对称负载下工作时，各相电压、电流大小相等，相位上彼此相差 120°。就其一相来说，和单相变压器没有什么区别。因此，单相变压器的基本方程式、等效电路、相量图以及运行特性的分析方法与结论等完全适用于三相变压器。本节主要讨论三相变压器的磁路系统、电路系统等特殊问题。

1. 三相变压器的磁路系统

三相变压器的磁路系统按其铁心结构不同，可分为三相组式变压器和三相芯式变压器。

（1）三相组式变压器

三相组式变压器是由三台单相变压器组成的，相应的磁路称为组式磁路。由于每相的主磁通 Φ 各沿自己的磁路闭合，彼此不相关联。当一次侧外施三相对称电压时，各相的主磁通也是对称的，由于三相磁路对称，显然三相空载电流也是对称的。三相组式变压器的磁路系统如图 4-18 所示。

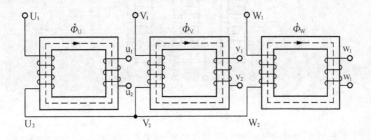

图 4-18　三相组式变压器的磁路系统

（2）三相芯式变压器

三相芯式变压器是由三相组式变压器演变而来的。将 3 个单相变压器的铁心在一块，其中一端铁心联在一起，如图 4-19（a）所示。这种磁路的特点是三相磁路彼此关联。从图 4-19（a）中可以看出，任何一相的主磁通都要通过其他两相的磁路作为自己的闭合磁路。在外施对称三相交流电压时，三相主磁通是对称的，中间铁心柱的磁通 $\dot{\Phi}_u + \dot{\Phi}_v + \dot{\Phi}_w = 0$，即中间铁柱无磁通通过，因此可以将中间铁心柱省去，如图 4-19（b）所示。为了制造方便和降低成本，把 V 相铁轭缩短，并把 3 个铁心柱置于同一平面，便得到三相芯式变压器铁心结构，如图 4-19（c）所示。在这种变压器中，中间 V 相磁路最短，两边 U、W 相较长，三相磁路不对称。当外施对称电压时，三相空载电流便不相等，但由于空载电流较小，它的不对称对变压器负载运行的影响不大，所以可略去不计。

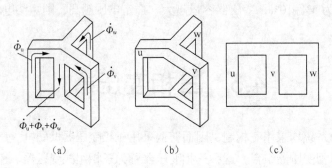

(a)   (b)   (c)

图 4-19　三相芯式变压器的磁路系统

与三相组式变压器相比，三相芯式变压器省材料，效率高，占地少，成本低，运行维护方便，故广泛采用。只有在超高压、特大容量变压器中，由于受运输条件限制才采用三相组式变压器，使用三相组式变压器还可以减小备用变压器容量。

2. 三相变压器的电路系统

实际使用的三相电力变压器不但体积要比容量相同的单相变压器小，而且重量轻、成本低。如图 4-20 所示，根据电力网的线电压和各个初级绕组额定电压的大小，可把 3 个初级绕组接成星形或三角形。根据供电需要，它们的次级绕组也可接成上述形式。

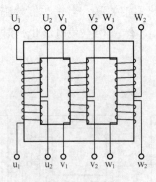

图 4-20　三相变压器

三相变压器的铁心具有 3 个芯柱，在每个铁心柱上各装有一个初级绕组和一个次级绕组。各相高压绕组的始、末端分别用 U_1、V_1、W_1 和 U_2、V_2、W_2 表示，低压绕组的始、末端分

别用 u_1、v_1、w_1 和 u_2、v_2、w_2 表示。三相电力变压器绕组的接法，常用的有 3 种：Y/Y$_0$,Y/△，Y$_0$/△。分子表示三相高压绕组的接法，分母表示三相低压绕组的接法。一般容量不大的而需要中线的变压器，多采用 Y/Y$_0$ 连接，其中 Y 表示高压绕组作 Y 形连接但无中线，Y$_0$ 表示低压绕组作 Y$_0$ 形连接并有中线，如图 4-21 所示。

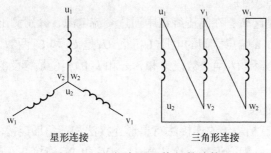

星形连接　　　　　三角形连接

图 4-21　三相变压器绕组的连接

3. 三相变压器的连接组

（1）绕组的极性

变压器绕组的极性是指一次侧、二次侧绕组的相对极性，即在某一瞬间，当一次侧绕组也必然同时有一个感应电动势电位为正的对应端。这两个对应端就叫做同极性端或者叫做同名端，通常用符号"*"标注，如图 4-22 所示。

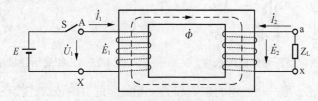

图 4-22　变压器绕组的同名端

在变压器一次侧电路中，当合上开关 S 的瞬间，一次侧绕组电流 I_1 产生主磁通，由于该瞬间是增长的，所以使一次侧绕组产生自感电动势 E_1，二次侧绕组产生互感电动势 E_2 和感应电流 I_2，根据楞次定律可确定该瞬间 E_1 和 E_2 实际方向。如图 4-22 所示 E_1 从 X 向 A，U_2 从 x 指向 a，所以 A 和 a 是该瞬间感应电动势同时为正的极性点。A 和 a 是同名端。一次侧绕组的 X 端和二次侧绕组的 x 端是该瞬间为负极性端点，也是同名端。在实际判别中，只需将 A 和 a 处加上"*"表明同名端。

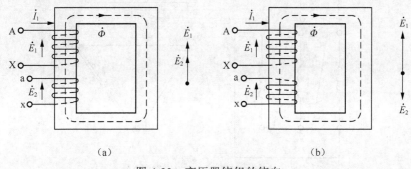

（a）　　　　　　　　　　　（b）

图 4-23　变压器绕组的绕向

从图 4-23 中可以看出，同名端实际上是两线圈绕向相同的端点，因此也可以从绕向上区分两端点是否是同名端。图 4-23（a）中一、二次侧绕组绕向相同，A 和 a 是同名端，两感应电动势相位相同。图 4-23 中（b）中 A 和 a 不是同名端，而是异名端。两感应电动势相位相反，相差 180°。

在实际应用中，可以用试验的方法，测出变压器绕组的同名端。通常可采用如图 4-24 所示的交流法来测定绕组的极性。

把 X 和 x 端点联结起来，在高压绕组中通过交流电源，分别测出一次侧电压 U_1、二次侧电压 U_2 以及测出 A 和 a 端点之间的电压 U_3。若 U_3 是 U_1 和 U_2 两数之差，即 A 和 a 两端点是同名端；如果 U_3 是 U_1 和 U_2 两个数值之和，u_1 和 u_2 的相位是相反的，则 A 与 a 不是同名端，而是异名端。

（2）三相变压器的连接

三相绕组连接法。三相绕组的连接法有星形连接法和三角形连接法两种。

① 星形连接法。把三相绕组的 3 个末端 U_2、V_2 和 W_2 连接在一起，这个连接点称为中心点，用 N 表示，把它们的首端 U_1、V_1 和 W_1 引出接至电源或负载，便是星形连接法。在对称三相系统中，星形连接法和相量图如图 4-25 所示。

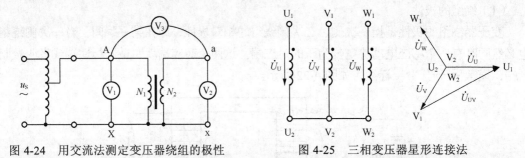

图 4-24　用交流法测定变压器绕组的极性　　　图 4-25　三相变压器星形连接法

② 三角形连接法。把一相绕组的末端和另一相绕组的首端依次连接在一起，形成闭合回路，便是三角形连接，用符号"△"表示。三角形连接法和接法相量图如图 4-26 所示。

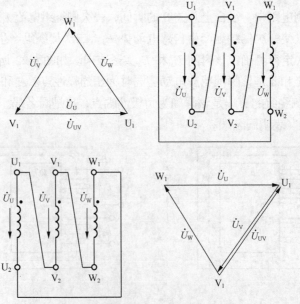

图 4-26　三相变压器三角形连接法

我国的三相变压器有 Yy（Y/Y）、Yd（Y/△）、Dy（△/Y）等连接法，斜线上面的符号表示一次侧绕组的连接法，斜线下面的符号表示二次侧绕组的连接法。

（3）绕组的连接组

① Y（Y/Y）连接。在三相变压器中，当一次侧绕组接上对称的三相交流电源时，绕在同一铁心上的同绕向一次侧、二次侧绕组中的电压是同相位的，一次侧、二次侧绕组中的电压$\dot{U}_U$和$\dot{U}_u$也是同相位的。由于一次侧绕组的 3 个交流电压$\dot{U}_U$，$\dot{U}_V$，$\dot{U}_W$互为 120° 的相位差，所以，一次侧或二次侧绕组所产生出 3 个感应电动势也应有 120° 的相位差，如图 4-27 所示。

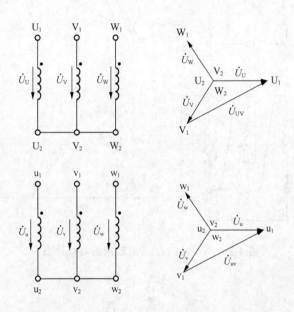

图 4-27　Yy0（Y/Y－12）连接图和相量图

设想把$\dot{U}_{UV}$和$\dot{U}_{uv}$一起放到时钟面上，如图 4-28 所示，$\dot{U}_{UV}$指向"12"，由于$\dot{U}_{uv}$和$\dot{U}_{UV}$同相，所以$\dot{U}_{uv}$也指向"12"，这种同相的关系叫做用 12 点钟（或 0 点钟）接法，用 Yy0（Y/Y-12）表示，"12"称为变压器连接组别代号，表明了三相变压器中一次侧、二次侧绕组线电压之间的相位关系。这种表示方法叫时钟表示法，它是把变压器一次侧绕组某线电压作为时钟的分针，并固定指向"12"上，而把二次侧绕组对应端的线电压作为时钟的时（短）针，看短针在几点钟的位置，就以这个钟点作为连接组的代号。

② Yd（Y/△）连接。变压器作 Yd-9（Y/△-9）连接，如图 4-29 所示。

图 4-28　Yy0（Y/Y-12）时钟表示法

在 Y 和△的相量图中，$\dot{U}_{uv}$ 比 $\dot{U}_{UV}$ 越前 90°，而且一次测 U 相绕组与二次测 w 相绕组套在同一铁心上，至于 $\dot{U}_W$ 与 $\dot{U}_U$ 的相位相反（相差 180°）可以将二次测的同名端标在下面。用时钟表示法如图 4-30 所示，$\dot{U}_{UV}$ 指向"12"时，$\dot{U}_{uv}$ 相量则指向"9"，这种接法叫做 9 点钟接法，用 Yd-9（Y/△-9）表示。

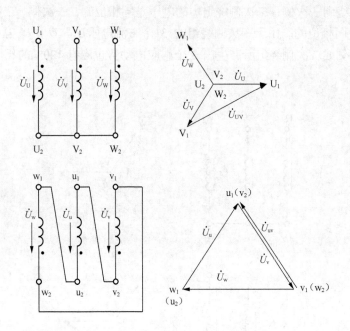

图 4-29　Yd-9（Y/△-9）连接图与相量图

图 4-30　Yd-9（Y/△-9）时钟表示法

4. 变压器的并联运行

将两台以上三相变压器的原、副绕组同标号的出线端联在一起，直接或者经过一段线路接到母线上，这种运行方式就称为变压器的并联运行。图 4-31（a）所示为两台变压器并联运行时的原理图，图 4-31（b）所示为其简化的表示形式（即在供电系统中常用的接线图）。

由于发电厂和变电所的负载受季节和用户的影响，当多台变压器采用并联运行时，在负载小的时候，让一部分变压器退出运行，使其余的变压器都接近满载。这样，不仅能提高变压器的效率，而且还可以改善供电系统的功率因数。

因此，在电力供电系统中，广泛地采用两台以上的变压器以并联运行方式供电，这在技术上不但是经济的，在检修运行中、备用变压器容量和供电的可靠性方面也是合理的。

5. 变压器并联运行的条件

在变配电站中，总的负载常用两台或多台变压器并联供电有许多优点，但是，不是所有的变压器都可以进行并联运行。合理的变压器能并联运行应该是在空载时，各台变压器之间没有循环的电流，也就是没有附加损耗；在负载时，各台变压器绕组的负载电流要容量成正比地分配，以防止某台变压器过载或者欠载。这样可使并联运行的变压器容量都得到充分地利用。

为了达到上述目的，并联运行的变压器必须满足以下 3 个条件。

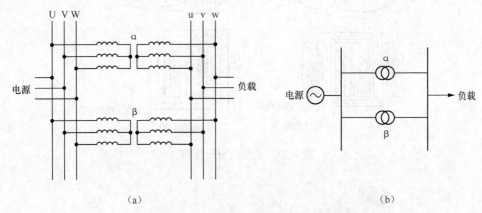

图 4-31　两台三相变压器的并联运行

① 参加并联运行的变压器，它们的一、二次电压应对应相等，即变压比应相等。
② 所有并联运行变压器的连接组别相同。
③ 所有并联运行变压器的短路阻抗标幺值 Z_K^* 应相等。

这些条件能够保证原、副边并联变压器绕组之间的电势大小相等，相位相同，阻抗一致。在实际运行中，第二个条件必须严格遵守，第一和第三个条件则可稍有出入。

4.6　其他用途变压器

1. 单相照明变压器

单相照明变压器是一种最常见的变压器，如图 4-32 示。它是由铁心和两个相互绝缘的线圈构成，一般为壳式。通常用来为车间或工厂内部的局部照明灯具提供安全电压，以确保人身安全。这种变压器的初级额定电压有 220V 和 380V 两种，次级电压多为 36V 或 24V。在特殊危险场合使用时，次级电压多为 24V 或 12V。有的变压器次级电压为 6V 左右，专供指示灯用。

2. 自耦变压器

自耦变压器的一、二次绕组合二为一，二次绕组成为一次绕组的一部分，这种变压器称为自耦变压器，如图 4-33 所示。可见自耦变压器的一、二次绕组之间除了有磁的耦合外，还有电的直接联系。

如果把自耦变压器的抽头做成滑动触点，就构成输出电压可调的自耦变压器，称为自耦调压器。常用的单相调压器，一次绕组输入电压 U_1=220V，二次绕组输入电压 U_2=0~250V，使用时，改变滑动端的位置，便可得到不同的输出电压。实验室中用的调压器就是根据此原理制作的。注意，初级、次级千万不能对调使用，以防变压器损坏。

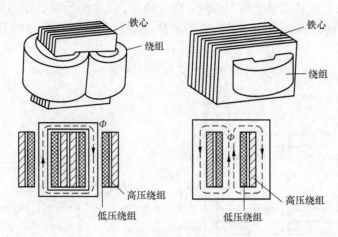

图 4-32　单相照明变压器

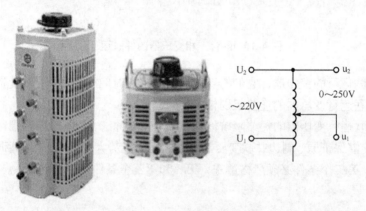

图 4-33　自耦变压器

自耦变压器的优点为结构简单、节省材料、体积小、成本低。缺点为因一次、二次绕组之间有电联系，接线不正确时安全隐患大。图 4-34 所示为自耦变压器给携带式安全照明灯提供 12 V 的工作电压，因为 U_2 点接地，此时连接灯泡的每根导线对地的电压都是 200 V 以上，这对持灯人极不安全。

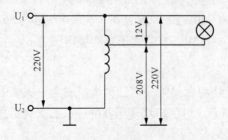

图 4-34　自耦变压器使用时不安全状况

3．仪用变压器

专供测量仪表使用的变压器称为仪用互感器，简称互感器。根据用途不同，互感器可分为电压互感器和电流互感器两种。

（1）电压互感器

电压互感器的结构和工作原理与普通变压器空载情况相似。使用时，必须把匝数较多的高压绕组跨接在被测的高压电路上，而匝数较少的低压绕组则与电压表、电压继电器或其他仪表的电压线圈相连接。电压互感器的接线图如图 4-35 示。

电压互感器 $N_2 < N_1$，可将线路上的高电压变为低电压来测量。通常规定电压互感器二次侧绕组的额定电压设计成标准值 100V。被测电压的大小等于二次侧电压表的读数与变压比的乘积。

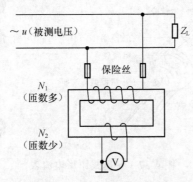

图 4-35　电压互感器的接线图

使用电压互感器时的注意事项如下。

① 电压互感器运行中，二次侧绕组不能短路，否则会烧坏绕组。为此，二次侧要装熔断器保护。

② 铁心、低压绕组的一端要可靠接地，以防在绝缘损坏时，在初级出现高压。

（2）电流互感器

电流互感器是在测量大电流时用来将大电流变成小电流的升压变压器。使用时，应把匝数少的初级绕组串联在被测大电流的电路中；而匝数较多的次级绕组则与安培表、电流继电器或其他仪表的电流线圈相串接成一闭合回路。电流互感器的接线图如图 4-36 所示。

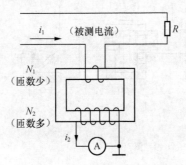

图 4-36　电流互感器的接线图

电流互感器 $N_1 < N_2$，可将线路上的大电流变为小电流来测量。通常电流互感器一次侧绕组的额定电流设计成标准值 5A。被测电流的大小等于二次侧电流表的读数与变流比的乘积。

使用电流互感器时的注意事项如下。

① 电流互感器运行中二次侧绕组不能开路，否则会产生高电压，危及仪表和人身安全，因此二次侧不能接熔断器；运行时如要拆下电流表，必须先将二次侧短路。

② 电流互感器铁心和二次侧绕组的一端要可靠接地，以防在绝缘损坏时，在一次侧出现过压而危及仪表和人身安全。

便携式钳形电流表就是利用电流互感器原理制作的，其外形如图 4-37 所示。

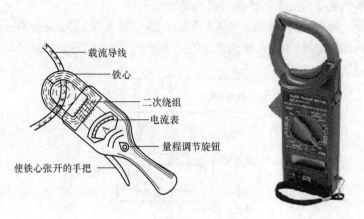

图 4-37 便携式钳形电流表

钳形电流表的闭合铁心可以张开，将被测载流导线钳入铁心窗口中，可直接读出被测电流的数值。用钳形电流表测量电流不用断开电路，使用非常方便。

4. 电焊变压器

电焊变压器是一种降压升流变压器，它的二次绕组因电压较低而能够输出大电流从而在焊条和焊件之间燃起电弧，利用电弧的高温熔化金属达到焊接目的。电焊变压器实质上是一台特殊的降压变压器，其原理图及外形如图 4-38 所示。

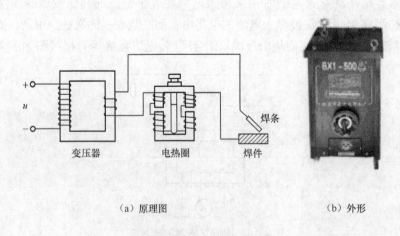

（a）原理图　　　　　　　　　　（b）外形

图 4-38 电焊变压器

电焊变压器的工作原理：为了起弧较容易，电焊变压器的空载电压一般为 60～75V，当电弧起燃后，焊接电流通过电抗器产生电压降。调节电抗器上的旋柄可改变电抗的大小以控制焊接电流及焊接电压。维持电弧工作电压一般为 25 ~ 30 V。

为了保证焊接质量和电弧燃烧的稳定性，电焊变压器应满足以下条件。

① 为保证容易起弧，二次侧空载电压应为 60 ~ 75V，最高不超过 85V。

② 负载运行时具有电压迅速下降的外特征，一般在额定负载时输出电压在 30V 左右。

③ 焊接电流可在一定范围内调节。

④ 短路电流不应过大，一般不超过额定电流的 2 倍，且焊接电流稳定。

4.7 变压器的运行维护及故障处理

变压器的运行过程中需要经常维护，尤其出现事故时要学会怎样处理。

1. 变压器运行中出现的不正常现象

① 变压器运行中如漏油、油位过高或过低，温度异常，音响不正常及冷却系统不正常等，应设法尽快消除。

② 当变压器的负荷超过允许的正常过负荷值时，应按规定降低变压器的负荷。

③ 变压器内部音响很大，很不正常，有爆裂声；温度不正常并不断上升；储油柜或安全气道喷油；严重漏油使油面下降，低于油位计的指示限度；油色变化过快，油内出现碳质；套管有严重的破损和放电现象等，应立即停电修理。

④ 当发现变压器的油温较高时，而其油温所应有的油位显著降低时，应立即加油。加油时应遵守规定。如因大量漏油而使油位迅速下降时，应将瓦斯保护改为只动作于信号，而且必须迅速采取堵塞漏油的措施，并立即加油。

⑤ 变压器油位因温度上升而逐渐升高时，若最高温度时的油位可能高出油位指示计，则应放油，使油位降至适当的高度，以免溢油。

2. 变压器运行中的检查

① 检查变压器上层油温是否超过允许范围。由于每台变压器负荷大小、冷却条件及季节不同，运行中的变压器不能以上层油温不超过允许值为依据，还应根据以往运行经验及在上述情况下与上次的油温比较。如油温突然增高，则应检查冷却装置是否正常，油循环是否破坏等，来判断变压器内部是否有故障。

② 检查油质，应为透明、微带黄色，由此可判断油质的好坏。油面应符合周围温度的标准线，如油面过低应检查变压器是否漏油等。油面过高应检查冷却装置的使用情况，是否有内部故障。

③ 变压器的声音应正常。正常运行时一般有均匀的嗡嗡电磁声。如声音有所改变，应细心检查，并迅速汇报值班调度员并请检修单位处理。

④ 应检查套管是否清洁，有无裂纹和放电痕迹，冷却装置应正常。工作、备用电源及油泵应符合运行要求等。

⑤ 天气有变化时，应重点进行特殊检查。大风时，检查引线有无剧烈摆动，变压器顶盖、套管引线处应无杂物；大雪天，各部触点在落雪后，不应立即熔化或有放电现象；大雾天，各部有无火花放电现象等。

3. 变压器的故障处理

为了正确地处理事故，应掌握下列情况：

① 系统运行方式，负荷状态，负荷种类；

② 变压器上层油温，温升与电压情况；

③ 事故发生时天气情况；

④ 变压器周围有无检修及其他工作；

⑤ 运行人员有无操作；

⑥ 系统有无操作；

⑦ 何种保护动作，事故现象情况等。

变压器在运行中常见的故障是绕组、套管和电压分接开关的故障，而铁心、油箱及其他附件的故障较少。下面将常见的几种主要故障分述如下。

（1）绕组故障

绕组故障主要有匝间短路、绕组接地、相间短路、断线及接头开焊等。产生这些故障的原因有以下几点。

① 在制造或检修时，局部绝缘受到损害，遗留下缺陷。

② 在运行中因散热不良或长期过载，绕组内有杂物落入，使温度过高绝缘老化。

③ 制造工艺不良，压制不紧，机械强度不能经受短路冲击，使绕组变形绝缘损坏。

④ 绕组受潮，绝缘膨胀堵塞油道，引起局部过热。

⑤ 绝缘油内混入水分而劣化，或与空气接触面积过大，使油的酸价过高绝缘水平下降或油面太低，部分绕组露在空气中未能及时处理。

由于上述种种原因，在运行中一经发生绝缘击穿，就会造成绕组的短路或接地故障。匝间短路时的故障现象是变压器过热油温增高，电源侧电流略有增大，各相直流电阻不平衡，有时油中有吱吱声和咕嘟咕嘟的冒泡声。轻微的匝间短路可以引起瓦斯保护动作，严重时差动保护或电源侧的过流保护也会动作。发现匝间短路应及时处理，因为绕组匝间短路常常会引起更为严重的单相接地或相间短路等故障。

（2）套管故障

这种故障常见的是炸毁、闪落和漏油，其原因有以下两点。

① 密封不良，绝缘受潮劣比。

② 呼吸器配置不当或者吸入水分未及时处理。

（3）分接开关故障

常见的故障是表面熔化与灼伤，相间触头放电或各接头放电。主要原因有以下几种。

① 连接螺丝松动。

② 带负荷调整装置不良和调整不当。

③ 分接头绝缘板绝缘不良。

④ 接头焊锡不满，接触不良，制造工艺不好，弹簧压力不足。

⑤ 油的酸价过高，使分接开关接触面被腐蚀。

（4）铁心故障

铁心故障大部分原因是铁心柱的穿心螺杆或铁轮的夹紧螺杆的绝缘损坏而引起的，其后果可能使穿心螺杆与铁心迭片造成两点连接，出现环流引起局部发热，甚至引起铁心的局部熔毁。也可能造成铁心迭片局部短路，产生涡流过热，引起迭片间绝缘层损坏，使变压器空载损失增大，绝缘油劣化。

运行中变压器发生故障后，如判明是绕组或铁心故障应吊心检查。首先测量各相绕组的直流电阻并进行比较，如差别较大，则为绕组故障。然后进行铁心外观检查，再用直流电压、电流表法测量片间绝缘电阻。如损坏不大，在损坏处涂漆即可。

（5）瓦斯保护故障

瓦斯保护是变压器的主保护，轻瓦斯作用于信号，重瓦斯作用于跳闸。下面分析瓦斯保护动作的原因及处理方法。

① 轻瓦斯保护动作后发出信号。其原因是：变压器内部有轻微故障；变压器内部存在空气；二次回路故障等。运行人员应立即检查，如未发现异常现象，应进行气体取样分析。

② 瓦斯保护动作跳闸时，可能变压器内部发生严重故障，引起油分解出大量气体，也可能二次回路故障等。出现瓦斯保护动作跳闸，应先投入备用变压器，然后进行外部检查。检查油枕防爆门，各焊接缝是否裂开，变压器外壳是否变形；最后检查气体的可燃性。

变压器自动跳闸时，应查明保护动作情况，进行外部检查。经检查不是内部故障而是由于外部故障（穿越性故障）或人员误动作等引起的，则可不经内部检查即可投入送电。如差动保护动作，应对该保护范围内的设备进行全部检查。

此外，变压器着火也是一种危险事故，因变压器有许多可燃物质，处理不及时可能发生爆炸或使火灾扩大。变压器着火的主要原因是：套管的破损和闪落，油在油枕的压力下流出并在顶盖上燃烧；变压器内部故障使外壳或散热器破裂，至使燃烧着的变压器油溢出。发生这类事故时，变压器保护应动作使断路器断开。若因故断路器未断开，应用手动来立即断开断路器，拉开可能通向变压器电源的隔离开关，停止冷却设备，进行灭火。变压器灭火时，最好用泡沫式灭火器，必要时可用沙子灭火。

小　结

变压器是一种传递交流电能的静止电气设备，它利用一、二次绕组匝数的不同，通过电磁感应作用，改变交流电的电压、电流数值，但频率不变。

在分析变压器内部电磁关系时，通常将磁通分成主磁通和漏磁通两部分，前者以铁心作为闭合磁路，在一、二次绕组中均感应电动势，起着传递能量的媒介作用；而漏磁通主要以非铁磁性材料闭合，只起电抗压降的作用。

分析变压器内部电磁关系有基本方程式、等效电路和相量图 3 种方法。基本方程式是一种数学表达式，它概述了电动势和磁通势平衡两个基本电磁关系，负载变化对一次侧的影响是通过二次磁通势 F_2 来实现的。等效电路从基本方程式出发用电路形式来模拟实际变压器，而相量图是基本方程式的一种图形表示法，三者是完全一致的。在定量计算中常用等效电路的方法求解，而相量图能直观地反映各物理量的大小和相位关系，故常用于定性分析。

励磁阻抗 Z_m 和漏电抗 X_1、X_2 是变压器的重要参数。每一种电抗都对应磁场中的一种磁通，如励磁电抗对应于主磁通，漏电抗对应于漏磁通。励磁电抗受磁路饱和影响不是常量，而漏电抗基本上不受铁心饱和的影响，因此它们基本上为常数。励磁阻抗和漏阻抗参数可通过空载和短路试验的方法求出。

电压变化率 ΔU 和效率 η 是衡量变压器运行性能的两个主要指标。电压变化率 ΔU 的大小反映了变压器负载运行时二次端电压的稳定性，而效率 η 则表明变压器运行时的经济性。ΔU 和 η 的大小不仅与变压器的本身参数有关，而且还与负载的大小和性质有关。

变压器两侧电压的相位关系通常用时钟法来表示，即联结组别。影响三相变压器联结组别的因素除有绕组绕向和首末端标志外，还有三相绕组的联结方式。

变压器并联运行的条件是：① 变比相等；② 组别相同；③ 短路电压（短路阻抗）标称值相等。前两个条件保证了空载运行时变压器绕组之间不产生环流，后一个条件是保证并联运行变压器的容量得以充分利用。必须严格满足组别相同这一条件，否则会烧坏变压器。

自耦变压器的特点是：一、二次绕组间不仅有磁的耦合，而且还有电的直接联系。自耦变压器具有省材料、损耗小、体积小等优点。其缺点是短路电流较大等。

仪用互感器是测量用的变压器，使用时应注意将其二次侧接地，绝不允许电流互感器二次侧开路和电压互感器二次侧短路。

 习　题

1. 变压器是怎样实现变压的？为什么能变电压，而不能变频率？

2. 变压器铁心的作用是什么？为什么要用 0.35mm 厚、表面涂有绝缘漆的硅钢片叠成？

3. 变压器一次绕组若接在直流电源上，二次侧会有稳定的直流电压吗，为什么？

4. 变压器有哪些主要部件，其功能是什么？

5. 变压器二次额定电压是怎样定义的？

6. 双绕组变压器一、二次侧的额定容量为什么按相等进行设计？

7. 一台 380/220V 的单相变压器，如不慎将 380V 加在低压绕组上，会产生什么现象？

8. 变压器空载电流的性质和作用如何？其大小与哪些因素有关？

9. 变压器空载运行时，是否要从电网中取得功率？起什么作用？为什么小负荷的用户使用大容量变压器无论对电网还是对用户都不利？

10. 一台 220/110V 的单相变压器，试分析当高压侧加 220V 电压时，空载电流 I_0 呈何波形？加 110V 时又呈何波形？若将 110V 加到低压侧，此时 I_0 又何波形？

11. 一台频率为 60Hz 的变压器接在 50 Hz 的电源上运行，其他条件都不变，问主磁通、空载电流、铁损耗和漏抗有何变化？为什么？

12. 变压器负载时，一、二次绕组各有哪些电动势或电压降？它们产生的原因是什么？并写出电动势平衡方程式。

13. 为什么变压器的空载损耗可近似看成铁损耗？短路损耗可否近似看成铜损耗？

14. 变压器二次侧接电阻、电感和电容负载时，从一次侧输入的无功功率有何不同？为什么?

15. 变压器短路试验一般在哪一侧进行?将电源加到高压侧或低压侧所测得的短路电压、短路电压百分值、短路功率及计算出的短路阻抗是否相等?

16. 变压器外加电压一定,当负载(阻感性)电流增大,一次电流如何变化?二次电压如何变化?当二次电压偏低时,对于降压变压器该如何调节分接头?

17. 变压器负载运行时引起二次电压变化的原因是什么?二次电压变化率是如何定义的,它与哪些因素有关?当二次带什么性质负载时有可能使电压变化率为零?

18. 试说明三相组式变压器不能采用 Yyn (Y/Y0)接线,而三相小容量心式变压器却可采用的原因。

19. 三相变压器的一、二次绕组按图 3-43 联结,试画出它们的线电动势相量图,并判断其联结组别。

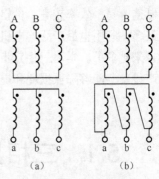

图 4-39 习题 19 图

20. 变压器并联运行的理想条件是什么?试分析当某一条件不满足时并联运行所产生的后果。

21. 自耦变压器的功率是如何传递的?为什么它的设计容量比额定容量小?

22. 使用电流互感器时要注意哪些事项?

23. 使用电压互感器时要注意哪些事项?

24. 有一台单相变压器,$S_N=50kVA$,$U_{1N}/U_{2N}=10500/230V$,试求一、二次绕组的额定电流。

25. 有一台 $S_N=5000kVA$,$U_{1N}/U_{2N}=10/6.3kV$,Yd 联结的三相变压器。试求:①变压器的额定电压和额定电流;②变压器一、二次绕组的额定电压和额定电流。

26. 有一台单相变压器,额定容量为 5kVA,高、低压绕组均由两个线圈组成,高压边每个线圈的额定电压为 1100V,低压边每个线圈的额定电压为 110V,现将它们进行不同方式的联结。试问;可得几种不同的变比?每种联结时,高、低压边的额定电流为多少?

27. 某三相变压器容量为500kVA,Yyn联结,电压为6300/400V,现将电源电压由6300V改为10000V,如保持低压绕组匝数每相40匝不变,试求原来高压绕组匝数及新的高压绕组匝数。

第5章 三相异步电动机的基本原理

三相异步电动机是现代工农业生产中使用最多的电动机之一，由于异步电动机结构简单、制造容易、效率较高、价格低廉，坚固耐用、维护维修成本较低等优点，因此成为当代产量最多，应用也最广泛的电机。加上变频器的发展，其调速性能提高，在工农业生产中使用得越来越多了。学习三相异步电动机的有关知识有利于更好地掌握生产技能，维护和管理好生产设备，能够降低损耗和提高企业的产出效益。

5.1　三相异步电动机的基本原理和结构

三相异步电动机的结构主要由定子和转子两个基本部分组成，三相异步电动机的分拆图如图 5-1 所示。

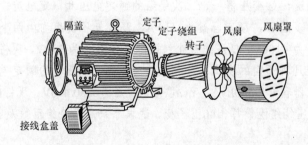

图 5-1　三相笼型异步电动机的结构

1. 定子

异步电动机的定子主要是由机座、定子铁心和定子绕组 3 个部分组成。

机座充当电动机的外壳，它由铸铁或铸钢制成。如图 5-2（b）所示。

定子铁心安放在机座内部，是电动机磁路的一部分。为了减少涡流损失，它由 0.5mm 厚的硅钢片叠合成筒形。在铁心的内表面分布有与转轴平行的槽，用以安放定子绕组，如图 5-2（a）所示。

定子绕组是定子中的电路部分，它是用绝缘铜导线绕制成线圈，然后按照一定的规律嵌置在定子铁心的槽孔内。

2. 转子

转子是电动机的转动部分，它是由转轴、转子铁心和转子绕组组成。

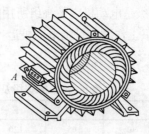

（a）定子铁心　　　　　（b）机座

图 5-2　定子

电动机转轴一般是用碳钢制成，用以支撑转子铁心和传递功率，两端放置在电动机端盖内的轴承上。

转子铁心也是采用 0.5mm 厚的硅钢片叠合成圆柱体，并且片与片之间相互绝缘。在转子铁心硅钢片的圆周上冲有凹槽，槽中用来嵌放转子绕组。

转子绕组的作用是产生感应电动势和电磁转矩。

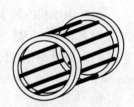

图 5-3　鼠笼式绕组

转子有两种结构形式，一种是笼型，另一种是线绕型。三相笼型异步电动机的转子是由安放在转子铁心槽内的裸导体和两端的短路环连接而成的。转子绕组就像一个鼠笼形状，故称其为鼠笼式转子，如图 5-3 所示。

3. 异步电机的额定值与铭牌数据

电动机的外壳上都有一块铭牌，标出了电动机的型号以及主要技术数据，以便能正确使用电动机。表 5-1 所示为一台三相异步电动机的铭牌。

表 5-1　三相异步电动机的铭牌

三相异步电动机					
型号	Y180M—4	功率	18.5kW	电压	380V
电流	35.9A	频率	50Hz	接法	△
转速	1470r/min	功率因数	0.85	工作方式	连续
绝缘等级	B	重量	180kg	产品编号	××××
××电机厂					

电动机型号（Y180M—4）：指国产 Y 系列异步电动机，机座中心高度为 180mm，"M" 表示中机座（"L" 表示长机座，"S" 表示短机座），"4" 表示旋转磁场为四极（$p=2$）。

功率：即额定功率，为电动机在额定状态下运行时，转子轴上输出的机械功率，单位 kW。

电压和接法：电压指定子绕组按铭牌上规定的接法连接时应加的线电压值。

电流：即额定电流，指电动机在额定运行情况下，定子绕组取用的线电流值。

转速：即额定转速，为电动机在额定运行状态时的转速，单位为 r/min。

频率：即额定频率，是指额定电压的频率，国产电动机均为 50 Hz。

绝缘等级：绝缘等级是电动机定子绕组所用的绝缘材料的等级。绝缘等级及极限工作温度列于表 5-2。表中极限工作温度是指电动机运行时绝缘材料的最高允许温度。目前 Y 系列电动机一般采用 B 级绝缘。

表 5-2　绝缘等级及极限工作温度

绝缘等级	Y	A	E	B	F	H	C
最高允许温度/℃	90	105	120	130	155	180	大于 180

工作方式：工作方式即电动机的运行方式。按负载持续时间的不同，国家标准把电动机分成 9 种工作方式，常用如下 3 种，即连续工作制、短时工作制和断续周期工作制。

除了铭牌数据外，还可以根据有关产品目录或电工手册查出电动机的其他一些技术数据。

4. 异步电机的转差率

异步电动机的转子转速 n 低于旋转磁场的同步转速 n_1，两者的差值（n_1-n）称为转差。转差就是转子与旋转磁场之间的相对转速。

转差率就是相对转速（即转差）与同步转速之比，用 S 表示，即

$$s=\frac{n_1-n}{n_1} \qquad (5-1)$$

转差率是分析异步电动机运转特性的一个重要参数。根据转差率 s 的大小和正负，异步电动机可分为 3 种运行状态：电动机运行状态、发电机运行状态和电磁制动状态，如图 5-4 所示。下面就这 3 种运行状态分别介绍。

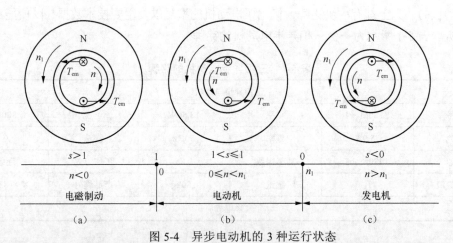

图 5-4　异步电动机的 3 种运行状态

（1）电动机运行状态

当异步电动机工作在电动机运行状态时，转子转速 n 总是低于同步转速 n_1，且 n 与 n_1 同转向，即 $0 \leqslant n < n_1$，相应的转差率在 $0 < s \leqslant 1$ 范围内。在电动机起动瞬间，$n=0$，$s=1$；当电动机转速达到同步转速（为理想空载转速，电动机实际运行中不可能达到）时，$n=n_1$，$s=0$。由此可见，异步电动机在运行状态下，转差率的范围为 $0 < s < 1$；在额定状态下运行时，$s=0.02 \sim 0.06$。

$$n = (1-s)n_1 = (1-s)\frac{60f_1}{p} \qquad (5-2)$$

异步电动机工作在电动机运行状态时，定子从电源吸取电能，通过磁场传递给转子，并转换为机械能输出。

（2）发电机运行状态

当异步电动机工作在发电机运行状态时，转子转速 n 大于同步转速 n_1，且 n 与 n_1 同转向，即 $n > n_1$，相应的转差率在 $s < 0$ 范围内。不难想象，当异步电动机工作在发电机运行状态时，是由原动机或其他外力（如惯性力或重力）拖动异步电动机运行，使转子转速超过同步转速。因此，这时电动机把外施机械能转换为电能由电枢输出而工作在发电状态。

（3）电磁制动状态

当异步电动机工作在电磁制动状态时，转子转速 n 为负值，且 n 与 n_1 反转向，即 $n < 0$，相应的转差率在 $s > 1$ 范围内。当异步电动机工作在电磁制动状态时，电动机从电源吸收电能，产生制动的电磁转矩。

5.2 三相异步电动机的绕组与感应电动势

交流电机的绕组是实现机电能量转换的重要部件，对发电机而言，定子绕组的作用是产生感应电动势和输出电功率。而对电动机而言，定子绕组的作用是通电后建立旋转磁场，该旋转磁场切割转子导体，在转子导体中形成感应电流，彼此相互作用产生电磁转矩，使电机旋转，输出机械能。

1. 交流绕组的基本知识

（1）交流电机绕组的基本要求和分类

虽然交流电机定子绕组的种类很多，但基本要求是相同的。从设计制造和运行性能两方面考虑，对交流电机绕组提出如下几点基本要求。

① 三相绕组对称，以保证三相电动势和磁动势对称。

② 在导体数一定的情况下，力求获得最大的电动势和磁动势。

③ 绕组的电动势和磁动势波形力求接近于正弦波。

④ 端部连线应尽可能短，以节省用铜量。

⑤ 绕组的绝缘和机械强度可靠，散热条件好。

⑥ 工艺简单、便于制造、安装和维修。

三相交流电机定子绕组的绕法有叠绕组和波绕组，如图 5-5 所示。按槽内导体层数可分为单层绕组和双层绕组。按绕组节距可分为整距绕组和短距绕组。汽轮发电机和大、中型异步电动机的定子绕组，一般采用双层短距叠绕组；而小型异步电动机则采用单层绕组。

（2）交流绕组的几个基本概念

① 极距 τ。两个相邻磁极轴线之间沿定子铁心内表面的距离称为极距 τ，极距一般用每个极面下所占的槽数来表示，定子的槽数为 Z，极对数为 p，则

$$\tau = \frac{Z}{2p}$$

（5-3）

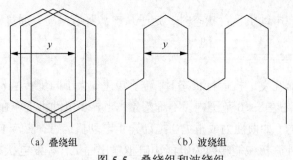

（a）叠绕组　　　　　　　（b）波绕组

图 5-5　叠绕组和波绕组

② 线圈节距 y。一个线圈的两个有效边之间所跨过的距离称为线圈的节距 y，如图 5-5 所示。节距一般用线圈跨过的槽数来表示。为使每个绕组获得尽可能大的电动势或磁动势，节距 y 应等于或接近极距 τ。将 $y=\tau$ 的绕组称为整距绕组，$y<\tau$ 的绕组称为短距绕组。

③ 电角度。电机周围的几何角度恒为 360°，称为机械角度。从电磁观点来看，若转子上有一对磁极，它旋转一周，定子导体就掠过一对磁极，导体中感应电动势就变化一个周期，即 360° 电角度。若电机的极对数为 p，则转子转一周，定子导体中感应电动势就变化了 p 个周期，即变化 $p\times360°$，因此，电机整个圆周对应的机械角度为 360°，而对应的空间电角度则为 $p\times360°$，则有

电角度 $=p\times$机械角度　　　　　　　　　　　　（5-4）

④ 槽距角 α。相邻两个槽之间的电角度称为槽距角 α。因为定子槽在定子圆周上是均匀分布的，所以若定子槽数为 Z，电机的极对数为 p，则

$$\alpha=\frac{p\times360°}{Z}\tag{5-5}$$

对于 24 槽的定子铁心安放 $p=2$ 的磁极。则槽距角 $\alpha=30°$。

⑤ 每极每相槽数 q。每一个极面下每相所占的槽数为 q，若绕组相数为 m，则

$$q=\frac{Z}{2pm}\tag{5-6}$$

若 q 为整数，则相应的交流绕组为整数槽绕组；若为分数，则相应的交流绕组为分数绕组。

⑥ 相带。为了确保三相绕组对称，每个极面下的导体必须平均发给各相，则每一相绕组在每个极面下所占的范围，用电角度表示，称为相带。因为每个磁极占有的电角度是 180°，对于三相绕组而言，一相占有 60° 电角度，称为 60° 相带。

2. 三相单层叠绕组

单层绕组的每个槽内只放置一个线圈边，整台电机的线圈总数等于槽数的一半。单层绕组可分为单层叠绕组和同心式绕组，如图 5-6 所示。这里以 $Z=36$，要求绕成 $2p=4$，$m=3$ 的单层绕组的排列和连接规律。

① 计算绕组数据。

$$\tau=\frac{Z}{2p}=\frac{36}{4}=9$$

$$q=\frac{Z}{2pm}=\frac{36}{4\times3}$$

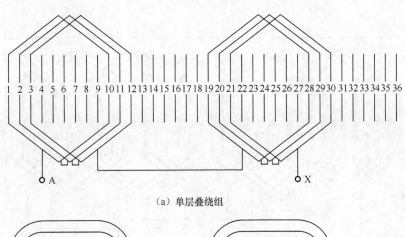

（a）单层叠绕组

（b）单层同心式

图 5-6　三相单层相绕组展开图

$$\alpha = \frac{p \times 360°}{Z} = \frac{2 \times 360°}{36} = 20°（电角度）$$

② 划分相带。将槽依次编号，按 60° 相带的排列次序，将各相带包含的槽填入表 5-3 中。

表 5-3　相数与槽号对照表（60° 相带）

第一对极	相带	U_1	W_2	V_1	U_2	W_1	V_2
	槽号	1，2，3	4，5，6	7，8，9	10，11，12	13，14，15	16，17，18
第二对极	相带	U_1	W_2	V_1	U_2	W_1	V_2
	槽号	19，20，21	22，23，24	25，26，27	28，29，30	31，32，33	34，35，36

③ 组成线圈和线圈组。将属于 U 相的 1 号槽的线圈边和 10 号槽的线圈边组成一个线圈（ $y = \tau = 9$ ），2 号槽的线圈边和 11 号槽的线圈边组成一个线圈，3 号槽的线圈边和 12 号槽的线圈边组成一个线圈，再将上面 3 个线圈串联成一个线圈组（又称极相组）。同理，将 19，20，21 和 28，29，30 号槽中线圈边分别组成线圈后再串联成一个线圈组。

④ 构成一相绕组。同一相的两个线圈组串联或并联可构成一相绕组。图 5-7 所示为 U 相的两个线圈组串联形式，每相只有一条支路。

可见，本例中的每相线圈组数恰好等于极对数，可以证明，单层绕组每相共有 p 个线圈组，则 p 个线圈组所处的磁极位置完全相同，它们可以串联也可以并联。在此引入并联支路数的概念，用 a 表示并联支路数，对于图 5-7，则有 $a = 1$。可见，单层绕组的每相最大并联支路数 $a_{\max} = p$。

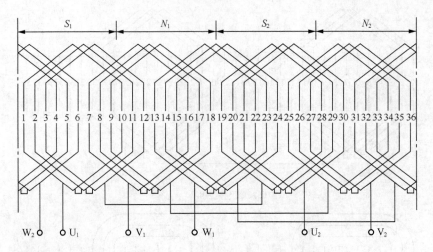

图 5-7 三相单层等元件绕组展开图

3. 三相双层叠绕组

双层叠绕组每个槽内放置上下两层线圈的有效边,线圈的一个有效边放置在某一槽的上层,另一有效边则放置相隔节距为 y 的另一槽的下层。整台电机的线圈总数等于槽数。双层绕组所有线圈尺寸相同,这有利于绕制;端部排列整齐,有利于散热。通过合理地选择节距 y,还可以改善电动势和磁动势波形。

双层绕组按线圈形状和端部连接线的连接方式不同分为双层叠绕组和双层波绕组。本节只介绍双层叠绕组。

【例 5-1】 一台三相双层叠绕组电机,$2p = 4$,$Z = 36$ 槽,$y = 7$,说明三相双层短距叠绕组的构成原理,并绘出展开图。

解: ① 介绍绕组数据。

$$\tau = \frac{Z}{2p} = \frac{36}{4} = 9$$

$$q = \frac{Z}{2pm} = \frac{36}{4 \times 3} = 3$$

$$\alpha = \frac{p \times 360°}{Z} = \frac{2 \times 360°}{36} = 20°（电角度）$$

② 分相。

根据 $q = 3$,按 60° 相带次序 U₁、W₂、V₁、U₂、W₁、V₂,对上层线圈有效边进行分相,即 1、2、3 三槽为 U₁,4、5、6 三槽为 W₂,7、8、9 三槽为 V₁;……依此类推,如表 5-4 所示。

表 5-4 按双层 60° 相带排列表

第一对极	相带	U₁	W₂	V₁	U₂	W₁	V₂
	槽号或上层边	1, 2, 3	4, 5, 6	7, 8, 9	10, 11, 12	13, 14, 15	16, 17, 18
第二对极	相带	U₁	W₂	V₁	U₂	W₁	V₂
	槽号或上层边	19, 20, 21	22, 23, 24	25, 26, 27	28, 29, 30	31, 32, 33	34, 35, 36

③ 构成相绕组并绘出展开图。

根据上述对上层线圈边的分相以及双层绕组的嵌线特点，线圈的一个有效边放置在某一槽的上层，另一有效边则放置相隔节距为 y 的另一槽的下层，例如，1 号线圈一个有效边放在 1 号槽上层（实线表示），则另一个有效边根据节距 $y = 7$ 应放在 8 号槽下层（用虚线表示），依此类推。一个极面下属于 U 相的 1、2、3 号 3 个线圈顺向串联起来构成一个线圈组（也称极相组），再将第二个极面下属 U 相的 10、11、12 号 3 个线圈串联构成第二个线圈组。按照同样方法，另两个极面下属于 U 相的 19、20、21 号和 28、29、30 号线圈分别构成第三、第四个线圈组，这样每个极面下都有 U 相的线圈组，所以双层绕组的线圈组数和磁极数相等。然后根据电动势相加的原则把 4 个线圈组串联起来，组成 U 相绕组，如图 5-8 所示。V、W 相类同。

各线圈组也可以采用并联连接，用 a 来表示每相绕组的并联支路数，对于图 5-8，则 $a = 1$，即有一条并联支路。随着电机容量的增加，要求增加每相绕组的并联支路数。

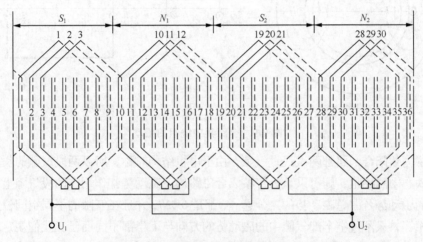

图 5-8　三相双层叠绕组展开图（U 相）

4. 短距绕组、分布绕组的感应电动势

可以证明定子绕组的感应电动势为

$$E_1 = 4.44 f_1 N_1 K_{w1} \Phi_m \tag{5-7}$$

式中 $K_{w1} = K_p K_y$ 即绕组系数＝分布系数×短距系数。

5.3　三相异步电动机的磁动势

三相交流电机的绕组中流过电流，就会产生磁动势，有了磁动势才能在电机的磁路里产生磁通。本节分析一相绕组产生的磁动势情况，然后再分析三相绕组产生的合成磁动势的情况。

1. 单相绕组的脉振磁动势

单相绕组流过交流电流时，产生的是一个脉振磁动势，它既是空间位置 α 的函数，又是

时间 t 的函数。为了便于说明，先选定一个时刻 t，分析该瞬时磁动势在空间的分布，然后再去研究它随时间的变化。

图 5-9（a）绘出一个全距集中绕组 U_1U_2，假定它的匝数为 N，流过的瞬时电流为 i。电流 i 将产生磁动势，磁动势将产生磁通。根据全电流定律可知，闭合磁路的总磁动势等于该闭合回路所包围的总安匝数。由图 5-9（a）可以看出，无论所选路径距离导体 U_1（或 U_2）远近，也无论闭合路径的长短，每条磁力线所包围的安匝数都是 Ni，都是相等的。

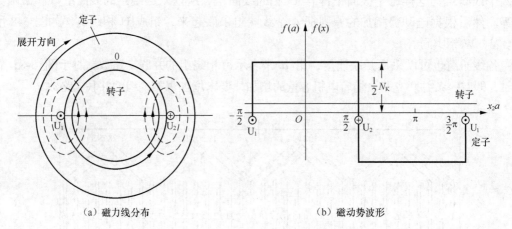

（a）磁力线分布　　　　　　　　　　（b）磁动势波形

图 5-9　全距集中绕组的磁动势

每条磁力线闭合回路都两次经过气隙。由于电机结构对称，所以两段气隙的长度相等。如果略去铁心中的磁阻，则可以认为每条闭合磁路的总磁动势都作用在两段气隙上，所以每段气隙上的磁动势各占总磁动势的二分之一，都是 $0.5Ni$，并且在气隙的不同空间位置上各点磁动势都相等，只不过上半部气隙中的磁动势的方向与下半部不同而已。我们规定电流的正方向为由 U_2 流入（以 $\oplus$ 表示），经 U_1 流出（以 $\odot$ 表示）。磁动势的正方向规定为从转子进入定子为正，从定子进入转子为负。因此，图 5-9（a）中上半部气隙磁动势为正，下半部气隙磁动势为负。如果把图 5-9（a）从 U_1 点切开，并展开成直线，则磁动势沿空间的分布如图 5-9（b）所示。图中的纵坐标表示磁动势 $f(x)$ 或 $f(\alpha)$，横坐标表示气隙圆周的空间位置 x 或 α。坐标的原点选在 U_1U_2 绕组的轴线 O 处。这种空间分布的磁动势的横坐标最好用空间电角度 α 标注。空间电角度的 π 弧度对应气隙圆周上的一个极距 τ，对应气隙圆周上的某一点，如果它到坐标原点 O 的距离按弧长计算为 x，则该点到坐标原点的空间电角度用 α 表示时，有 $\alpha : x = \pi : \tau$ 的关系，也就是 $\alpha = \dfrac{\pi}{\tau}x$。

如图 5-9（b）所示，气隙磁动势沿空间分布的波形是矩形波：

$$f(\alpha) = \begin{pmatrix} \dfrac{1}{2}Ni\left(-\dfrac{\pi}{2} < a < \dfrac{\pi}{2}\right) \\ -\dfrac{1}{2}Ni\left(-\dfrac{\pi}{2} < a < \dfrac{\pi}{2}\right) \end{pmatrix} \tag{5-8}$$

2. 磁动势的空间谐波

如图 5-9（b）中的空间磁动势矩形波用傅里叶级数分解后，可以得到如图 5-10 所示的基波和高次谐波，由于它们是空间位置的函数，所以称为空间谐波。如果以绕组轴线 O 为空间坐标原点，则这些空间谐波的表达式为

$$f(x) = \frac{Ni}{2} \times \frac{4}{\pi}(\cos\frac{\pi}{\tau}x - \frac{1}{3}\cos 3\frac{\pi}{\tau}x + \frac{1}{5}\cos 5\frac{\pi}{\tau}x - \cdots) \tag{5-9}$$

$$f(\alpha) = \frac{Ni}{2} \times \frac{4}{\pi}(\cos\alpha - \frac{1}{3}\cos 3\alpha + \frac{1}{5}\cos 5\alpha - \cdots) \tag{5-10}$$

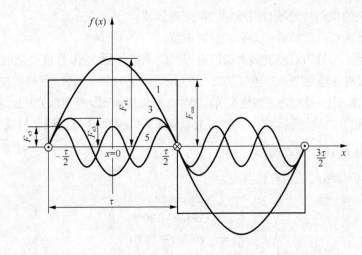

图 5-10　磁动势的空间谐波

3. 单相绕组的基波脉振磁动势

上面分析的磁动势沿空间分布的波形都是在某一瞬时的情况。在这瞬时，绕组中电流 i 是不变的。如果再把电流随时间变化的因素也考虑进去，假定电流是时间的余弦函数，即 $i = \sqrt{2}I\cos\omega t$，则有

$$f(\alpha, t) = \frac{\sqrt{2}NI}{2} \times \frac{4}{\pi}(\cos\alpha - \frac{1}{3}\cos 3\alpha + \frac{1}{5}\cos 5\alpha - \cdots)\cos\omega t \tag{5-11}$$

这时气隙磁动势既是空间位置 α 的函数，又是时间 t 的函数，称为时空函数。

在实际电机中使用的多是短距分布绕组，而不是整距集中绕组。绕组的短距和分布不但有消减电动势中高次谐波的作用，也有消减磁动势中高次谐波的效果。消减的程度也由高次谐波的短距系数 K_y 和分布系数 K_p 来决定。

由上面的分析可知，磁动势中的高次谐波是 3、5、7、9、11 各次谐波更高次数的谐波其幅值已经很小了。3、9 等次谐波在三相绕组的联接中单取线电压就有消除作用，而 5、7、11 等次谐波由于绕组的短距和分布也已大部分消除掉了，所以高次谐波磁动势在短距和分布绕组中已经所剩无几。下面我们就集中力量来分析绕组基波磁动势的作用。

考虑到绕组的短距分布对磁动势的消减作用，则基波磁动势可以写成

$$f_1(\alpha, t) = \frac{\sqrt{2}}{2} \times \frac{4}{\pi} \times \frac{N_1 k_{w1}}{p}I\cos\alpha\cos\omega t = 0.9\frac{N_1 k_{w1}}{p}I\cos\alpha\cos\omega t = F_{1m}\cos\alpha\cos\omega t$$

式中：N_1—— 一相定子绕组的总匝数；

N_1/p————对磁极下一相绕组的匝数；

k_{w1}————基波绕组系数，它反映出绕组的短距和分布使基波磁动势幅值减小情况，也可以把 N_1k_{w1}/p 理解为一对极下一相绕组的有效匝数。

应用三角函数公式将上式分解为

$$f_1(\alpha,t) = F_{1m}\cos\alpha\cos\omega t = 0.5F_{1m}\cos(\alpha-\omega t) + 0.5F_{1m}\cos(\alpha+\omega t) \tag{5-12}$$

综上所述可以得出：

① 单相绕组的磁动势为随时间脉动的空间矩形波；

② 空间矩形波可以分解成一系列的空间谐波；

③ 绕组的短距与分布对空间高次谐波有很大的消减作用，消减程度由绕组系数 k_{w1} 决定；

④ 基波脉振磁动势是物理学中的驻波，它既是时间 t 的余弦函数又是空间位置 α 的函数，其波幅在绕组的轴线上，波结在等效绕组所在槽中，基波脉振磁动势可以分解成两个转向相反、转速相同、幅值相等的旋转磁动势，两个旋转磁动势的幅值等于脉振磁动势最大幅值的 1/2。

4. 三相绕组的旋转磁动势

假定流过三相绕组的三相对称电流为

$$i_u = I_m\cos\omega t$$
$$i_v = I_m\cos(\omega t - 120°)$$
$$i_w = I_m\cos(\omega t - 240°) \tag{5-13}$$

如果空间坐标原点选在绕组的轴线上，则三相对称电流流过三相对称绕组产生的 3 个基波脉振磁动势分别为

$$f_{U1}(\alpha,t) = F_{1m}\cos\alpha\cos\omega t = 0.5F_{1m}\cos(\alpha-\omega t) + 0.5F_{1m}\cos(\alpha+\omega t)$$
$$f_{v1}(\alpha,t) = F_{1m}\cos(\alpha-120°)\cos(\omega t-120°) = 0.5F_{1m}\cos(\alpha-\omega t) + 0.5F_{1m}\cos(\alpha+\omega t-240°)$$
$$f_{w1}(\alpha,t) = F_{1m}\cos(\alpha-240°)\cos(\omega t-240°) = 0.5F_{1m}\cos(\alpha-\omega t) + 0.5F_{1m}\cos(\alpha+\omega t-120°)$$

$$\tag{5-14}$$

定子中三相合成磁势为

$$\Sigma f_1(\alpha,t) = f_{U1}(\alpha,t) + f_{v1}(\alpha,t) + f_{w1}(\alpha,t) = 1.5F_{1m}\cos(\alpha-\omega t) \tag{5-15}$$

显然，合成磁势 $\Sigma f_1(\alpha,t)$ 是沿着 α 轴正方向向前旋转的旋转磁势，其幅值是单相脉振磁动势幅值的 1.5 倍。

以上是用三角函数解析的方法推导出三相绕组的旋转磁动势。为加深对旋转磁场物理实质的理解，下面用分时方法画出各相磁动势瞬时空间分布波形，来看画出磁动势是怎样在短距其中圆周上旋转的。

三相异步电动机是指由三相交流电源供电，利用电磁感应原理，输出转矩的旋转电动机。其转动的关键是旋转磁场的形成。

图 5-11 所示为最简单的三相异步电动机的定子，三相定子绕组对称放置在定子槽中，即三相绕组首端 U₁、V₁、W₁（或末端 U₂、V₂、W₂）的空间位置互差 120°。

若三相绕组连接成星形，末端 U₂、V₂、W₂ 相连，首端 U₁、V₁、W₁ 接到三相对称电源上，则在定子绕组中通过三相对称的电流 i_U、i_V、i_W（习惯规定电流参考方向由首端指向末端），其波形如图 5-12 所示。

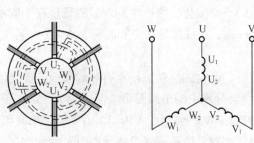

图 5-11　三相定子绕组作星形连接

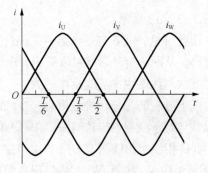

图 5-12　三相电流波形

$$i_U=I_m\sin\omega t$$

$$i_V=I_m\sin(\omega t-120°)$$

$$i_W=I_m\sin(\omega t+120°)$$

当三相电流流入定子绕组时，各相电流的磁场为交变、脉动的磁场，而三相电流的合成磁场则是一旋转磁场。为了说明问题，在图 5-13 中选择几个不同瞬间，来分析旋转磁场的形成。

① $t=0$ 瞬间（$i_U=0$，i_V 为负值，i_W 为正值）：此时，U 相绕组（U_1U_2 绕组）内没有电流；V 相绕组（V_1V_2 绕组）电流为负值，说明电流由 V_2 流进，由 V_1 流出；而 W 相绕组（W_1W_2 绕组）电流为正，说明电流由 W_1 流进，由 W_2 流出。运用右手螺旋定则，可以确定这一瞬间的合成磁场如图 5-13（a）所示，为一对极（两极）磁场。

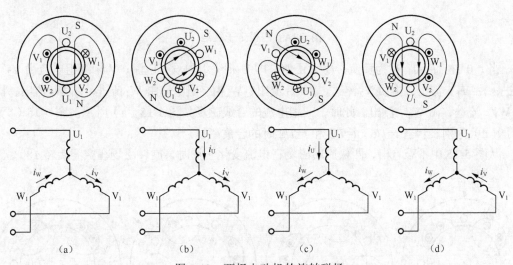

图 5-13　两极电动机的旋转磁场

② $t=T/6$ 瞬间（i_U 为正值，i_V 为负值，$i_W=0$）：U 相绕组电流为正，电流由 U_1 流进，由 U_2 流出；V 相绕组电流未变；W 相绕组内没有电流。合成磁场如图 5-13（b）所示，与 $t=0$ 瞬间相比，合成磁场沿顺时针方向旋转了 60°。

③ $t=T/3$ 瞬间（i_U 为正值，$i_V=0$，i_W 为负值）：合成磁场沿顺时针方向又旋转了 60°，如图 5-13（c）所示。

④ $t=T/2$ 瞬间（$i_U=0$，i_V 为正值，i_W 为负值）：与 $t=0$ 瞬间相比，合成磁场共旋转了 180°，

如图 5-13（d）所示。

由此可见，随着定子绕组中三相对称电流的不断变化，所产生的合成磁场也在空间不断地旋转。从两极旋转磁场可以看出，电流变化一周，合成磁场在空间旋转 360°（一转），且旋转方向与线圈中电流的相序一致。

以上分析的是每相绕组只有一个线圈的情况，产生的旋转磁场具有一对磁极。旋转磁场的极数与定子绕组的排列有关。如果每相定子绕组分别由两个线圈串联而成，如图 5-14 所示，其中，U 相绕组由线圈 U_1U_2 和 U_1' U_2' 串联组成，V 相绕组由 V_1V_2 和 V_1' V_2' 串联组成，W 相绕组由 W_1W_2 和 W_1' W_2' 串联组成，当三相对称电流通过这些线圈时，便能产生两对极旋转磁场（四极）。

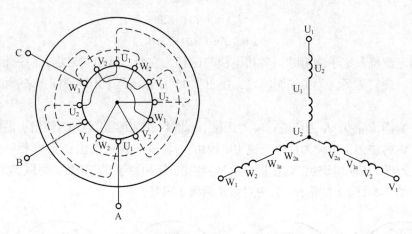

图 5-14 四极定子绕组

当 $t=0$ 时，$i_U=0$；i_V 为负值；i_W 为正值。即 U 相绕组内没有电流；V 相绕组电流由 V_2' 流进，由 V_1' 流出，再由 V_2 流进，由 V_1 流出；W 相绕组电流由 W_1 流进，由 W_2 流出，再由 W_1' 流进，由 W_2' 流出。此时，三相电流的合成磁场如图 5-15（a）所示。图 5-15（b）、（c）、（d）分别表示当 $t=T/6$、$t=T/3$ 和 $t=T/2$ 时的合成磁场。

从图 5-15 中不难看出，四极旋转磁场在电流变化一周时，旋转磁场在空间旋转 180°。

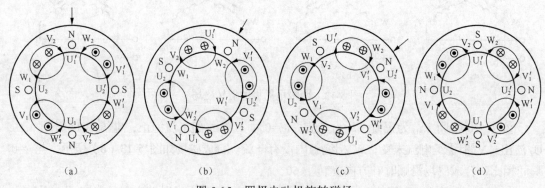

（a）　　　　　　　（b）　　　　　　　（c）　　　　　　　（d）

图 5-15 四极电动机旋转磁场

由以上分析可以看出，旋转磁场的转速与磁极对数、定子电流的频率之间存在着一定的关系。一对极的旋转磁场，电流变化一周时，磁场在空间转过 360°（一转）；两对极的旋转磁场，电流变化一周时，磁场在空间转过 180° （1/2 转）；依此类推，当旋转磁场具有 p 对磁极时，电流变化一周，其旋转磁场就在空间转过 $1/p$ 转。

通常转速是以每分钟的转数来表示的，所以旋转磁场转速的计算公式为

$$n_1 = \frac{60 f_1}{p}$$

（5-16）

式中：n_1——旋转磁场的转速，又称同步转速，单位为 r/min；

　　f_1——定子电流的频率，单位为 Hz；

　　p——旋转磁场的极对数。

国产的异步电动机，定子绕组的电流频率为 50Hz，所以不同极对数的异步电动机所对应的旋转磁场的转速也就不同（见表 5-5）。

表 5-5　异步电动机转速和极对数的对应关系

p	1	2	3	4
n_1（r/min）	3000	1500	1000	750

旋转磁场的转向与电流的相序一致，如图 5-13 和图 5-15 中电流的相序为 U-V-W，则磁场旋转的方向为顺时针。必须指出，电动机三相绕组的任一相都可以是 U 相（或 V 相、W相），而电源的相序总是固定的（正相序）。因此，如果将三根电源线中的任意两根（如 U 和V）对调，也就是说，电源的 U 相接到 V 相绕组上，电源的 V 相接到 U 相绕组上，在 V 相绕组中，流过的电流是 U 相电流 i_U，而在 U 相绕组中，流过的是 V 相电流 i_V，这时，三相对称的定子绕组中电流的相序为 U-W-V（逆时针），所以旋转磁场的转向也变为逆时针了。

由此，我们可以知道三相异步电动机的基本工作原理：当定子绕组通入三相正弦交流电流后，便会产生旋转磁场，转子导体因切割定子磁场而产生感应电动势，因转子绕组自身闭合，转子绕组内便有电流流动。载有电流的转子在定子在定子旋转磁场作用下，将产生电磁力（方向可由"左手定则"确定），拖着转子顺着旋转磁场的方向转动，且转速慢于旋转磁场的转速（"异步"由此而来）。

5. 交流电机的主磁通、漏磁通

当交流电机定子绕组接至三相电源时，便有对称三相电流在绕组中流过，在气隙中建立旋转磁动势、产生相应的旋转磁场。与旋转磁场相对应便有主磁通，除了主磁通之外还存在漏磁通。

（1）主磁通

由基波旋转磁动势所产生的穿过气隙与定子绕组、转子绕组同时相交链的基波磁通称为主磁通。简单地说，主磁通是气隙中与以同步转速旋转的磁场对应的磁通。图 5-16 表示一台四极异步电动机的主磁通分布情况。主磁通经过的路径为：气隙（2 个）、定子齿（2 个）、定子轭（1 个）、转子齿（2 个）、转子轭（1 个），与直流电机相类似。

（2）漏磁通

定子三相电流除了产生主磁通外，还产生与定子绕组相交链而不与转子绕组相交链的磁通，以及高次谐波磁通，统称为定子漏磁通，用 $\Phi_{1\delta}$ 表示。定子漏磁通按路径可分三部分。

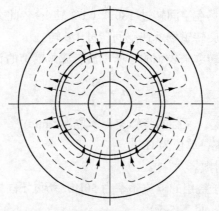

图 5-16 四极异步电动机的主磁通分布情况

① 槽漏磁通：穿过定子槽的漏磁通，如图 5-17（a）所示。

② 端部漏磁通：交链定子绕组端部的漏磁通，如图 5-17（b）所示。

③ 谐波漏磁通：气隙中由谐波磁动势产生的磁场称为谐波漏磁通，它对应的采用称为谐波漏磁通。

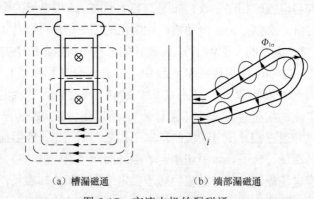

（a）槽漏磁通　　　　　　　　　（b）端部漏磁通

图 5-17　交流电机的漏磁通

应该说明的是：①、②项是只交链定子绕组的磁通，实属漏磁通的范畴；而③项的谐波磁通是同时交链定、转子绕组的磁通，因为谐波磁通有时产生的极性与基波磁通的极性相反，具有减弱主磁通的作用，因此将它归类为漏磁通。

5.4　三相异步电动机的等效电路

1. 转子不转时的异步电动机

异步电动机和其他电机一样，也是一种机电能量转换的机械，具体地说，它是把从定子三相电源吸收的电功率转换为轴上输出的机械功率。这种转换是通过它内部的电、磁和机械力三者的相互作用来进行的。异步电动机定子电路和转子电路在电气上并无联系，它们各有自己的电动势平衡关系，符合电路定律。但两个电路又同处于一个共同的磁场之中，通过磁的耦合把定转子电路紧紧地联系在一起，这一点与变压器十分相似。异步电动机转子电流在磁场中受力产生电磁转矩，它拖动电动机旋转，并与负载转矩一起组成了电动机的力学平衡系统。当负载转矩变化时，引起力学平衡系统的变化，也引起电动机的电动势平衡关系和磁动势平衡关系的变化。由于电机是电、磁、机械力多种关系的统一体，使得分析异步电动机工作原理的工作变得较为复杂。为了容易理解，我们先从分析异步电动机的电磁关系入手，然后再去考虑它的转矩、功率等关系。

异步电动机从定子（一次侧）电源吸收电功率，通过电磁耦合把功率传送到转子（二次侧）。这一电磁过程与变压器十分相似，因此，我们采用与变压器对比的方法来分析异步电动机，使问题变得容易理解。异步电动机在正常工作时总是要旋转的，转子电路也总是闭合的，为与变压器对照，我们先分析转子不转时的异步电动机，并从转子开路状态入手。

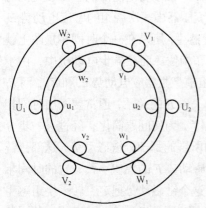

图 5-18　异步电机定、转子绕组分布图

（1）转子开路时的异步电动机

① 电磁状况。

图 5-18 所示为一个绕线转子异步电动机定、转子绕组的分布图，定子绕组 U_1U_2、V_1V_2、W_1W_2，转子绕组 u_1u_2、v_1v_2、w_1w_2 都是三相对称绕组。如果把定子三相绕组接入三相电网，让转子三相绕组开路，这时我们来看一看电动机的电磁状况。

由于外加电压三相对称，在定子三相绕组中将产生三相对称电流。因这时转子绕组开路没有电流，也就没有电功率传到转子绕组上去。这与变压器空载状态十分相似，因此定子电流只是励磁电流 I_0（注意：这时只能说与变压器空载状态相似，而不能说这就是异步电动机的空载状态，因为异步电动机的负载是转轴输出的机械负载，它的空载状态是指转子绕组已经闭合，电动机已经正常旋转，只是它的轴上没带机械负载）。励磁电流在主磁路中产生主磁动势与主磁通，在漏磁路中产生漏磁动势与漏磁通。下面我们分别看一看它们产生的感应电动势。

先看主磁通产生的感应电动势，由于三相励磁电流对称，三相绕组也对称，因此它产生的主磁动势是在电动机主磁路中沿气隙圆周向前旋转的圆形旋转磁动势。由上一节的分析可知，这一旋转磁动势在定、转子三相对称绕组中分别感生三相对称的感应电动势。定子绕组的相电动势为 E_1，转子绕组的相电动势为 E_2，且有

$$E_1 = 4.44 f_1 k_{w1} N_1 \varPhi_m$$
$$E_2 = 4.44 f_1 k_{w2} N_2 \varPhi_m \qquad (5\text{-}17)$$

在这里，各量的下标 1 表示定子（一次侧），2 表示转子（二次侧），而不表示谐波次数，这也与变压器相似。在 E_2 的表达式中，k_{w2} 代表转子绕组的基波绕组系数，式中的频率在转子不转时与定子电动势频率 f_1 相等，因此在 E_2 表达式中频率也是 f_1。我们把 E_1 与 E_2 之比称为异步电动机的电动势比，以 k_e 表示，即

$$k_e = \frac{E_1}{E_2} = \frac{k_{w1} N_1}{k_{w2} N_2} \qquad (5\text{-}18)$$

显然，这一电动势比是定、转子绕组等效匝数之比，在以后的电动势折算中将要用到。

励磁电流在定子漏磁路中产生定子漏磁通，这些漏磁通只交链定子绕组，不通过气隙进入转子，也不交链转子绕组。定子漏磁通包括槽漏磁通、端接漏磁通等。这些漏磁通在定子绕组中感生定子漏抗电动势 $E_{\delta 1}$。与变压器相似，$E_{\delta 1}$ 也可以用电流与漏抗乘积来表示，且有

$$\dot{E}_{\delta 1} = -j\dot{I}_0 x_1$$

在定子绕组中，除外加电压 $\dot{U}_1$，主磁通旋转磁场感生的电动势 E_1 和漏磁通感生的电动势 $\dot{E}_{\delta 1}$ 之外，与变压器一样也有定子电阻压降 $\dot{I}_0 r_1$。

转子开路时，转子绕组中只有主磁通旋转磁场感生的电动势 E_2，因无电流，输出电压 U_{20} 与 $\dot{E}_2$ 相等。

② 空间旋转磁动势 F 与绕组所链磁动势时间相量 $\dot{F}$。

异步电动机正常工作时也是两个电路一个磁路，两个电路通过磁路耦合起来。这一点与变压器相似，但两者又有区别，主要的区别是变压器铁心中的磁动势是随时间正弦变化的时间相量 $\dot{F}$，而异步电动机的磁动势是空间旋转矢量 F。在变压器中一次绕组的感应电动势 $\dot{E}_1$ 和二次绕组的感应电动势都 $\dot{E}_2$ 是由铁心中磁动势时间相量感生，所以在一个时间相量图上就可以清楚地画出 $\dot{E}_1$、$\dot{E}_2$、$\dot{F}_0$ 以及相应的 $\dot{\Phi}_m$、$\dot{I}_0$ 的大小和相位。而在异步电动机中，由于磁动势是空间旋转矢量 F，它在空间旋转，在定、转子绕组中产生感应电动势 $\dot{E}_1$ 和 $\dot{E}_2$，而 $\dot{E}_1$ 和 $\dot{E}_2$ 是时间相量，因此要弄清定、转子电动势和空间旋转矢量 F 的关系，通常要画出时间相量和空间矢量混在一起的相量图，这给学习增加了一定难度。为使问题简化，经过进一步分析我们找出空间旋转磁动势 F 和当它旋转时在一相绕组中所链的那部分链磁动势，这部分链磁动势随时间作正弦变化，是时间相量，它的幅值与旋转磁动势 F 的幅值一致，它的时间相位与旋转磁动势在空间的位置有一一对应关系。我们通过这个链磁动势把定、转子绕组感生的电动势 $\dot{E}_1$ 和 $\dot{E}_2$ 联系起来，这就与变压器完全一致了。所画相量图变为单纯的时间相量图。

③ 等效电路、方程式与相量图。

由于异步电动机三相对称，所以分析它的等效电路方程式和相量图时可抽出一相来分析。由异步电动机转子开路时的电磁状况可知，定子侧一相绕组外加电压 $\dot{U}_1$ 后，绕组中产生励磁电流 $\dot{I}_0$。外加电压 $\dot{U}_1$ 被三部分电压降落所平衡。这三部分压降分别是电阻压降、漏抗压降（漏磁通引起的电动势）和主磁通产生的电动势，从而可以画出定子侧的等效电路，如图 5-19（a）所示。按照用电惯例设定 $\dot{U}_1$、$\dot{I}_0$ 和 $\dot{E}_1$ 正方向，则可写出电动势平衡方程式为

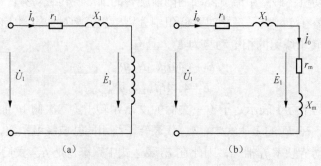

图 5-19　异步电动机定子等效电路

$$\dot{U}_1 = -\dot{E}_1 + \dot{I}_0 r_1 + j\dot{I}_0 x_1 \qquad (5\text{-}19)$$

仿照变压器，反电动势 $-\dot{E}_1$ 也可用励磁阻抗压降来表示。其中电阻 r_m 上所消耗的功率等于铁心中的铁损耗，Z_m 上的压降等于电动势 $-\dot{E}_1$，因此等效电路也可以变为图 5-19（b），电压平衡方程式也可写成

$$\dot{U}_1 = -\dot{E}_1 + \dot{I}_0 r_1 + j\dot{I}_0 x_1 = \dot{I}_0 r_m + j\dot{I}_0 x_m + \dot{I}_0 r_1 + j\dot{I}_0 x_1 = \dot{I}_0 Z_m + \dot{I}_0 Z_1 \qquad （5-20）$$

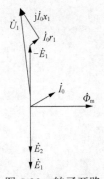

图 5-20 转子开路时的相量图

异步电动机转子开路时的时间相量图如图 5-20 所示。图中以链磁通 $\dot{\Phi}_m$ 为参考相量画在横坐标轴上，它由该相绕组的链磁动势产生，当考虑到铁心的磁滞和饱和时，链磁动势 $\dot{F}_0$ 及对应的 $\dot{I}_0$ 引前于磁通 $\dot{\Phi}_m$ 一个磁滞角 α。主磁通在定、转子绕组中产生的感应电动势 $\dot{E}_1$ 和 $\dot{E}_2$ 在相位上滞后磁通 $\dot{\Phi}_m$ 90°。再根据电压平衡方 $\dot{U}_1 = -\dot{E}_1 + \dot{I}_0 r_1 + j\dot{I}_0 x_1$ 绘出外加电压 $\dot{U}_1$。

以上等效电路、方程式和相量图虽然在形式上与变压器一样，但在定量分析时两者却有一定区别，主要是异步电动机气隙较大，而变压器气隙较小或无气隙。因此，异步电动机的励磁电流较变压器大，可占额定电流的 20%~50%。异步电机的漏磁通也比变压器大，因此，变压器空载时一次侧的漏阻抗压降不超过额定电压的 0.5%，而异步机转子开路时漏阻抗压降可达额定电压的 2%~5%。尽管如此，分析异步电动机时仍可认为 $\dot{U}_1 \approx -\dot{E}_1$、$E_1 \propto \Phi_m$，在外加电压和频率不变时，异步电动机仍可按磁通恒定的恒电压系统来进行分析。

（2）转子堵转时的异步电动机

在弄清异步电动机转子开路的情况之后，我们再来看一看转子短路时的情况。在正常情况下，转子短路电动机就要旋转，为使电动机停转我们需用强制的方法把转子堵住。因此，这种状态也称为异步电动机的堵转状态，它相当于变压器短路。

① 电磁状况。

当定子侧加入电压 $\dot{U}_1$ 之后，定子绕组中流过电流 $\dot{I}_1$，它在定子绕组中产生相应的漏阻抗压降 $\dot{I}_1 r_1$ 和 $j\dot{I}_1 x_1$。此外，定子绕组中还有由旋转磁动势感生的电动势 $-\dot{E}_1$，所以此时定子电流除电流 $\dot{I}_1$ 比转子开路时的定子电流 $\dot{I}_0$ 大之外，与转子开路时没有什么区别。这时的转子电路由于绕组直接短路，所以旋转磁动势在转子绕组中感生的电动势 $\dot{E}_2$ 被绕组内部的漏阻抗压降所平衡，即 $\dot{E}_2$ 被 $\dot{I}_2 r_2$ 和 $j\dot{I}_2 x_2$ 所平衡。

转子短路之后磁路也发生了较大的变化。这是除定子三相对称电流 $\dot{I}_1$ 产生的空间旋转磁动势 F_1 外，还有转子三相对称电流 $\dot{I}_2$ 产生的转子旋转磁动势 F_2。由于此时定、转子电流有相同的频率、相同的相序。定、转子极数又相等，所以 F_1 和 F_2 在电机气隙圆周上同向、同速旋转，两者相对静止，并合成为电机气隙圆周上实际存在的磁动势 F_0。F_0 才是在定、转子绕组中感生电动势 $\dot{E}_1$ 和 $\dot{E}_2$ 的磁动势。

图 5-21 绘出了堵转时的定子侧、转子侧等效电路。定子侧按用电惯例规定正方向，转子侧按发电惯例规定正方向。写出定、转子的电动势平衡方程式，则有

$$\dot{U}_1 = -\dot{E}_1 + \dot{I}_1 r_1 + j\dot{I}_1 x_1$$
$$\dot{E}_2 = \dot{I}_2 r_2 + j\dot{I}_2 x_2 \qquad （5-21）$$

此时的磁动势平衡方程式为

$$F_1 + F_2 = F_0 \qquad （5-22）$$

这是一个空间旋转磁动势的平衡方程式，在以后的分析中，为了简化，在单一的时间相量图中反映各电磁量的相量关系，我们还是应用各旋转磁动势在一相绕组中得链磁动势这一时间相量，即

$$\dot{F}_1 + \dot{F}_2 = \dot{F}_0$$

两种磁动势的相量图在几何图形上是完全一致的。

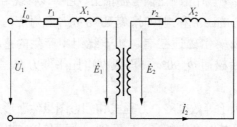

图 5-21 异步电机堵转时定、转子等效电路

② 转子绕组的折算。

与变压器一样，为简化分析和计算，也要把转子绕组折算到定子上去。这就要找到一个假想的新转子，让新转子的相数、绕组串联匝数及绕组系数与定子完全一致，这样新转子的电动势 $\dot{E}_2'$ 与定子电动势 $\dot{E}_1$ 相等，就可以把转子电路接到定子电路上去。把本来是两个电路和一个磁路组成的异步电动机用一个比较简单的等效电路来代替。要想让这个新转子与实际转子完全等效，就要使新转子产生的磁动势与原转子的磁动势完全一致。这样转子对定子的影响才能相同。因此，转子折算的原则应当是折算前后磁动势关系不变，各种功率关系不变。

a. 电动势的折算。根据上面的分析，转子电动势折算之后应当有 $\dot{E}_2 = \dot{E}_1$，因此有

$$\frac{E_2'}{E_2} = \frac{E_1}{E_2} = \frac{4.44 f_1 N_1 k_{w1} \Phi_m}{4.44 f_1 N_2 k_{w2} \Phi_m} = \frac{N_1 k_{w1}}{N_2 k_{w2}} = k_e \tag{5-23}$$

k_e 称为异步电动机定、转子电动势比，它等于定、转子绕组等效匝数比。

b. 电流的折算。转子电流折算前后应当保持转子磁动势不变，因此有

$$m_1 N_1 k_{w1} I_2' = m_2 N_2 k_{w2} I_2 \tag{5-24}$$

可得

$$I_2' = \frac{I_2}{\dfrac{m_1 N_1 k_{w1}}{m_2 N_2 k_{w2}}} = \frac{I_2}{k_i} \tag{5-25}$$

式中 $k_i = \dfrac{m_1 N_1 k_{w1}}{m_2 N_2 k_{w2}}$ 称为异步电机定、转子电流比。

对于绕线转子异步电机，$m_1 = m_2 = 3$，有

$$k_i = k_e = \frac{k_{w1} N_1}{k_{w2} N_2} \tag{5-26}$$

对于笼型电机，$m_1 \neq m_2$，电流比中有相数之比，它的物理意义是，把 m_2 相的笼型转子在磁动势等效的前提下，折算为等效的三相转子，然后才能接到定子上去。

c. 阻抗的折算。根据折算前后功率关系不变的原则可知，转子电阻折算前后铜损耗应当不变。因此有

$$m_1 I_2'^2 r_2' = m_2 I_2^2 r_2 \tag{5-27}$$

$$r_2' = \frac{m_2 I_2^2}{m_1 I_2'^2} r_2 = k_e k_i r_2 \qquad (5-28)$$

电抗的折算关系与电阻折算相同，有

$$x_2' = k_e k_i x_2 \qquad (5-29)$$

电阻 r_2 和电抗 x_2 按相同规律折算，折算前后功率因数不变，保证折算前后有功功率和无功功率均不改变。

有时也把 k_e 和 k_i 的乘积称为阻抗折算比，以 k_z 表示。

③折算后的方程式、等效电路和相量图。

转子堵转时的磁动势平衡方程式为

$$\dot{F}_1 + \dot{F}_2 = \dot{F}_0$$

所以有

$$\dot{I}_1 + \dot{I}_2' = \dot{I}_0$$

或

$$\dot{I}_1 = \dot{I}_0 - \dot{I}_2' \qquad (5-30)$$

再加上定、转子电动势平衡方程式和磁动势平衡方程式，有

$$\dot{U}_1 = -\dot{E}_1 + \dot{I}_1 Z_1$$
$$\dot{E}_2' = \dot{I}_2' Z_2' \qquad (5-31)$$

将上式中的两个方程式联立，并可进行求解。

可以画出转子堵转时的异步电动机等效电路如图 5-22 所示。

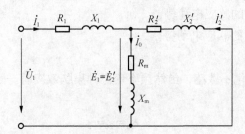

图 5-22　异步电动机堵转时的等效电路

由图 5-22 所示异步电动机堵转状态的等效电路可知，它与变压器短路十分相似。虽然异步电动机的漏抗比变压器稍大，但如果此时外加额定电压，电流仍可达到额定电流的 4~7 倍。电动机直接起动的合闸初瞬就是这个状态，这时如果电动机堵转时间稍长将会烧毁。在测电动机短路参数时做堵转试验，应将外加电压降低，使电流不超过额定电流。

还有一点需要说明一下，上面分析的转子不转时的异步电动机，转子都是停在定、转子相应绕组（例如 $U_1 U_2$ 和 $u_1 u_2$）轴线重合的固定位置上，实际上电动机转子常常并不停在这个位置，定、转子绕组并不正好对准。可以证明，转子停止位置不同并不影响定、转子磁动势之间的相互关系。因此，无论转子停在什么位置，均可按定、转子相应绕组轴线重合来加以分析。

2. 转子转动时的异步电动机

正常工作时，异步电动机转子绕组是闭合的，转子是旋转的，这样转子转轴头能输出

机械功率。转子旋转后，电动机发生了较大变化，首先是转子电路的频率发生了变化，因此转子电动势、阻抗和电流也相应地发生了变化。下面我们先来看一看转子转动后的转子电路。

（1）转子电路

① 转子频率。

异步电动机正常工作时，定子三相绕组流过三相对称电流，产生旋转磁场，它的转速为 $n_1=60f_1/p$，旋转磁场在闭合的转子绕组中感生三相对称电动势，产生三相对称电流，电流在磁场中受力产生的电磁转矩使电机顺旋转磁场方向旋转，当电磁转矩与总的负载转矩平衡时，电动机稳定运行在电动工作状态，这时的电机转速 n 略小于 n_1。旋转磁场切割转子的速度为 n_1-n。

一个旋转磁场以 n_1-n 的速度切割转子，由式（5-2）可知，转子绕组中感生电动势的频率为

$$f_2 = \frac{(n_1-n)p}{60} = \frac{n_1-n}{n_1} \times \frac{pn_1}{60} = sf_1 \tag{5-32}$$

其中 s 为电机的转差率。

当 $n=0$ 时，$s=1$，$f_2=f_1$，电机不转；

$n=n_1$ 时，$s=0$，$f_2=0$，是理想空载状态。

对于电机的各种工作状态（电动、再生制动、反接制动），式（5-32）都是适用的。

② 转子电动势。

由于此时转子绕组感应电动势的频率为 f_2，由式（5-7）可知，这时转子绕组的感应电动势为

$$E_{2s} = 4.44 f_2 N_2 K_{w2} \Phi_m = 4.44 sf_1 N_2 K_{w2} \Phi_m = sE_{20} \tag{5-33}$$

式中：E_{2s}——转子旋转时的感应电动势；

E_{20}——转子不转时的感应电动势。

③ 转子阻抗。

转子电阻对频率的变化不敏感，虽然频率变化时集肤效应有一点影响，但因变化很小可以忽略不计，所以有

$$r_{2s}=r_{20}=r_2$$

转子电抗则与 f_2 成正比，即

$$x_{2s}=2\pi f_2L_2=2\pi sf_1L_2=sx_{20} \tag{5-34}$$

式中 x_{2s} 是转子旋转时的电抗，x_{20} 是转子不转时的电抗。x_{20} 对应频率 f_1，因我国工频为 50Hz，所以有时也把它说成对应 50Hz 时的电抗。

④ 转子电流。

分析了转子转动后的电动势、电阻和电抗之后，就很容易得到转子电流了。图 5-23 所示为转子一相绕组的等效电路，写出它的电动势平衡方程式为 $\dot{E}_{2s} = \dot{I}_{2s}r_2 + j\dot{I}_{2s}x_{2s}$

可得

$$\dot{I}_{2s} = \frac{\dot{E}_{2s}}{r_2 + jx_{2s}} \tag{5-35}$$

（2）定、转子的磁动势平衡关系

根据前面的分析，已经知道异步电动机正常工作时定子旋转磁动势的转速为 n_1，转子的转速为 n，转子感应电动势的频率为 $f_2=sf_1$，由于转子电流也是三相对称电流，它在转子上也产生一个旋转磁动势，我们以 F_2 表示。显然，F_2 在转子上沿转子相序 u→v→w 的方向以 $n_2=60f_2/p$ 的速度向前旋转。从而可知 F_2 对定子的相对转速为

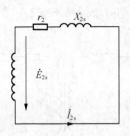

图 5-23　转子等效电路

$$n + n_2 = n + \frac{60 f_2}{p} = n + s n_1 = n + \frac{n_1 - n}{n_1} n_1 = n_1 \qquad （5\text{-}36）$$

可见，无论 n 为何值，转子旋转磁动势 F_2 与定子旋转磁动势 F_1 总是同速同向旋转，两个磁动势相对静止。这一结论十分重要，对于任何正常运行的电机都是适用的。两个磁动势在空间相对静止，最终它们合成一个合成磁动势 F_0，F_0 才是在定、转子绕组中感生电动势的实际磁动势。这一磁动势平衡方程式可写成

$$F_1 + F_2 = F_0$$

或 $\qquad\qquad\qquad\qquad\qquad\qquad F_1 = F_0 - F_2 \qquad\qquad\qquad\qquad\qquad\qquad （5\text{-}37）$

异步电动机磁动势平衡的概念也与变压器相似。假定电机原运行在理想空载状态，电机轴上没加负载，并假定空载转矩非常小，可以忽略。这样，总的阻转矩为零，转子转速可以达到同步转速（即旋转磁场转速 n_1）。由于此时转差率为零，所以转子电动势 E_{2s} 和转子电流 I_{2s} 也都为零，因此磁动势 F_2 也为零，电机只有励磁磁动势，$F_1 = F_0$。如果电机转轴加上一定负载，转子转速就要下降，随之转差率 s 增大，E_{2s} 和 I_{2s} 也增大，产生转子磁动势 F_2。它力图使磁通 Φ_m 减小，这将使感应电动势 E_1 减小。与变压器一样，由于定子漏阻抗很小，无论空载还是负载均可认为 $-\dot{E}_1 \approx \dot{U}_1$，所以只要 $\dot{U}_1$ 不变，$\dot{E}_1$ 就基本不变，这样磁路中的磁通和合成磁动势 F_0 就基本不变。因此，当转子磁动势出现 F_2 时，定子侧就要增加一个 $-F_2$ 与之平衡，以保证合成磁动势 F_0 不变。因此有式 $F_1 = F_0 - F_2$，这就是磁动势平衡的基本概念。为在一个时间相量图上分析定、转子的电磁关系，我们还是用对应一相绕组所链磁动势 $\dot{F}_1 = \dot{F}_0 - \dot{F}_2$，这就与变压器的磁动势平衡更相似了。

（3）折算与等效电路

图 5-24 所示为转子旋转后的异步电动机定、转子电路图，这时转子电路频率为 f_2，定、转子电路也是通过磁路联系在一起。由于转子频率为 f_2，在建立等效电路的过程中转子的折算要比转子不转时复杂，这时因为转子旋转后转子电动势与定子电动势不仅数值上不等，频率也不相同。如要把转子电路折算后接到定子上去，就要进行两步折算，首先进行频率折算，把 f_2 折算到 f_1，然后再把频率为 f_1 的转子电动势、电流、阻抗折算到定子上去。这样，经过两步折算 $\dot{E}_2'$ 才能与 $\dot{E}_1$ 完全相等，转子电路才能接到定子电路上去。

要把频率 f_2 折算成 f_1，实质上就是在磁场不变的情况下用一个不转的假象转子（频率为 f_1）来代替真实转子（频率为 f_2）。或者说，要把转动的转子折算成不动的转子，并要使折算

前后 F_2 的转速、转向、幅值与空间相位都保持不变。

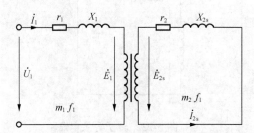

图 5-24　异步电机转子旋转时定、转子等效电路

前面我们已经讲过，转子转与不转，磁动势 F_2 的转速和转向均与 F_1 相同，所以转子转动折算成转子不动时，F_2 的转速和转向不发生变化，因此只要使 F_2 的幅值和空间相位不变就可以了。转子磁动势 F_2 与转子电流 I_2 成正比，F_2 与 F_1 的空间相对位置与转子阻抗角有关。所以如果假象的静止转子只要电流 I_2 的阻抗角 φ_2 与实际转子一样就可以了。

对根据图 5-22 写出的转子电流表达式（式（5-28））做进一步的变换可以得出

$$\dot{I}_{2s} = \frac{\dot{E}_{2s}}{r_2 + jx_{2s}} = \frac{s\dot{E}_{20}}{r_2 + jsx_{20}} = \frac{\dot{E}_{20}}{\dfrac{r_2}{s} + jx_{20}} = \dot{I}_2 \qquad （5\text{-}38）$$

式（5-30）是一个变换后的等式，细看变换前后其物理意义却有所不同，式（5-38）的左半部 $\dot{I}_{2s} = \dot{E}_{2s}/(r_2 + jx_{2s})$ 是转子转动时的转子电流，其频率为 f_2，而式（5-38）的右半部 $\dot{I}_2 = \dot{E}_{20}/(r_2/s + jx_{20})$ 却对应一个不转的转子，频率为 f_1。相应的电路电动势为 $\dot{E}_{20}$，阻抗为 $r_2/s + jx_{20}$，这个电路的电流 I_2 与真实转子电流 I_{2s} 相等，阻抗角 φ_2 也没有变化。所以图 5-24 所表示的转动异步电机定、转子电路可以等效成图 5-25 所示的静止异步电机定、转子电路，两者产生的 F_2 完全一致。图 5-25 就是频率折算后的转子不转时的等效异步电动机电路。

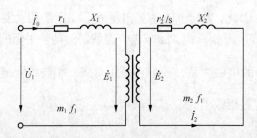

图 5-25　异步电动机频率折算后的定、转子等效电路

在完成频率折算之后，电机已变成一个等效的不转的电机。下面还要进行第二步折算，这就是把转子电路折算到定子电路上去。折算方法与转子不转时异步电机的折算完全相同。折算后的转子电动势方程式为

$$\dot{E}_2' = \dot{I}_2'(r_2'/s + jx_2') \qquad （5\text{-}39）$$

式中 $\dot{E}_2'$、x_2' 是折算后对应 f_1 的电动势与电抗，以后就不再用 $\dot{E}_{20}'$ 和 x_{20}' 表示了。

进行上述两步折算之后，旋转的异步电机的定、转子电动势方程式和磁动势平衡方程式为

$$\dot{U}_1 = -\dot{E}_1 + \dot{I}_1 r_1 + j\dot{I}_1 x_1$$

$$\dot{E}_2' = \dot{I}_2'(\frac{r_2'}{s} + jx_2')$$

$$\dot{I}_1 = \dot{I}_0 - \dot{I}_2' \qquad\qquad (5\text{-}40)$$

与转子不转时相似，将式（5-31）中的两个方程式联立，再考虑到 $\dot{E}_1 = \dot{E}_2'$ 和 $-\dot{E}_1 = \dot{I}_0(r_m + jx_m)$，可以得出图 5-26 所示的异步电动机等效电路。

为与变压器等效电路对应和更清楚地反映电机内部的能量关系。把转子电阻 r_2'/s 分成两部分，即 $r_2'/s = r_2' + r_2'(1-s)/s$。对应的等效电路如图 5-27 所示，绘出对应的时间相量图如图 5-28 所示。

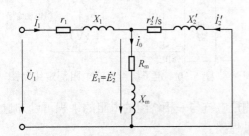

图 5-26 异步电机折算后的等效电路

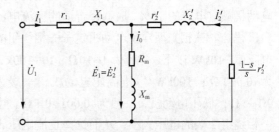

图 5-27 异步电机 T 形等效电路

图 5-27 所示等效电路称为异步电机的 T 形等效电路，它是复数阻抗串、并联电路，计算比较麻烦。为简化计算，在要求精度不是很高的情况下，也常用图 5-29 所示的异步电机简化 Γ 形等效电路。这一电路是把励磁回路前移接到电源电压 $\dot{U}_1$ 上去，并在电路中加入定子侧漏阻抗 Z_1，也就是用 $\dot{U}_1$ 加在 $Z_1 + Z_m$ 上产生的励磁电流替代 T 形等效电路中的励磁电流。替换后的励磁电流略有增加，但误差并不很大。同样用 $-\dot{U}_1$ 加在 $Z_1 + Z_2' + r_2'(1-s)/s$ 上产生的电流代替 $\dot{E}_2'$ 加在 $Z_2' + r_2'(1-s)/s$ 上产生的 $\dot{I}_2'$，替换后 $\dot{I}_2'$ 的也稍有增加，但误差也不是很大。用简化的 Γ 形等效电路对异步电动机进行计算，虽然有些误差，但使计算得到了简化。因此，在工程计算要求精度不是很高的情况下常被应用。

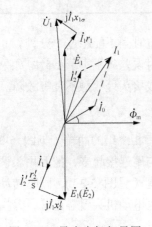

图 5-28 异步电机相量图

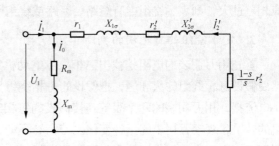

图 5-29 异步电机 Γ 形简化等效电路

5.5　三相异步电动机的参数测定

绕组在实际冷态下的直流电阻是三相异步电动机的主要参数之一，将绕组电阻的测定值与设计值比较，可检查绕组匝数、线径和接线是否正确，焊接是否良好。

定子绕组直流电阻的测定一般采用伏安法，测量线路三相异步电动机参数的实验测定通常有定子绕组直流电阻的测定、定子绕组首尾端的判断、绝缘电阻的测定、空载试验和短路试验。

1. 定子绕组直流电阻的测定

如图 5-30 所示，测量时通过的测量电流约为电动机额定电流的 10%，应选择合适的直流电流表量程挡。三相笼型异步电动机定子一相绕组的电阻值：10kW 以下，一般为 1~10Ω；10~100kW 为 0.5~1Ω；100kW 以上高压电动机，一般为

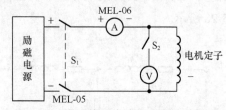

图 5-30　定子绕组直流电阻测定线路图

0.1~5Ω，低压电动机，一般为 0.001~0.1Ω。由测量电流与一相绕组的电阻的乘积可以知道一相绕组二端的电压大小，从而选择直流电压表量程挡。

测量时，将励磁电流源调至 25mA。接通开关 S_1，调节励磁电流源使试验电流不超过电机额定电流的 10%（为了防止因试验电流过大而引起绕组的温度上升），读取电流值，再接通开关 S_2，读取电压值。读完后，先打开开关 S_2，再打开开关 S_1，每一电阻测量 3次，取其平均值，测量定子三相绕组的电阻数据，记录于表 5-6 中。

表 5-6　伏安法定测定子绕组的直流电阻数据表

	绕组 I			绕组 II			绕组 III		
I（A）									
U（V）									
R（Ω）									

注意：在测量时，电动机的转子必须静止不动；测量通电时间不能超过 1 分钟。

电动机每相绕组的直流电阻值与其三相平均值的最大相对误差应不小于 ±5%。如果电阻值相差过大，则表示绕组中有短路、断路或绕组匝数有误差或接头处接触不良等故障。

2. 定子绕组的首尾端的判断

首先用万用表的电阻挡找出三相异步电动机定子绕组的每相绕组的两端（见图 5-31），然后假设每相绕组的头和尾，把假设的每相绕组头与头、尾与尾连接起来，把万用表调至最小电流挡，用万用表的两个表笔连接假设的每相绕组的头与尾（见图 5-32），同时转动电动机的转子，观察万用表的指针变化。若指针不动，说明假设的电动机头尾端正确；若指针来回摆动，说明有一相绕组的头与尾与假设相反。

注意：此方法判断定子绕组的首尾端仅对具有剩磁的三相异步电动机有效。

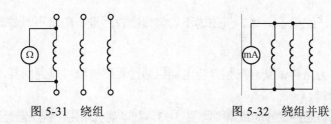

图 5-31 绕组   图 5-32 绕组并联

3. 绝缘电阻的测定

测量三相异步电动机各相绕组之间以及各相绕组对机壳之间的绝缘电阻，是最简便而且是对绝缘无破坏作用的绝缘试验项目，它可判别绕组绝缘是否严重受潮或有严重缺陷。

拆去三相异步电动机所有外部连接线，用兆欧表测量各相绕组相间及对机壳之间的绝缘电阻。对于额定电压为 380V 的电动机，用 500V 的兆欧表测量，绝缘电阻在 0.5MΩ 以上才可使用；新绕制电动机的绝缘电阻通常都在 5MΩ 以上。

4. 空载试验

三相异步电动机的空载试验是在三相定子绕组上加额定电压，让电动机在空载状态下运行。空载试验的目的是为了确定空载电流和空载损耗，从而求出铁损耗和机械损耗。

三相异步电动机空载试验线路如图 5-33 所示。试验时首先把交流调压器退到零位，然后接通电源，逐渐升高电压，使电机起动旋转，观察电机旋转方向，并使电机旋转方向符合要求。

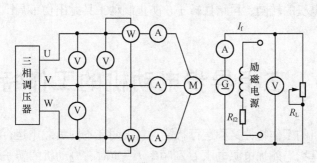

图 5-33 三相异步电动机空载试验线路

注意：调整相序时，必须切断电源。保持电动机在额定电压下空载运行数分钟，使机械损耗达到稳定后再进行试验。调节电压由 1.2 倍额定电压开始逐渐降低，直至电流或功率显著增大为止。在该范围内读取空载电压、空载电流和空载功率，共读取 7~9 组数据，记录于表 5-7 中。

表 5-7 三相交流电机空载试验数据表

序号	U（V）				I（A）				P（W）			$\cos\varphi$
	U_{UV}	U_{VW}	U_{WU}	U_O	I_U	I_V	I_W	I_O	P_I	P_{II}	P_O	$\cos\varphi_o$

按技术条件规定，当三相电源对称时，三相异步电动机在额定电压下的三相空载电流，任何一相与平均值的偏差不得大于平均值的 10%，如超过此值表明被测试电动机有缺陷，造

成的原因有三相定子绕组不对称、气隙的不均匀程度较严重、磁路不对称等。

5. 短路试验

短路试验又称为堵转试验。三相异步电动机通过短路试验可以判断其制造质量，从而保护电动机的正常运转。

三相异步电动机短路试验的线路图同图 5-33，把电动机堵住，调压器退至零，合上交流电源，调节调压器使之逐渐升压至短路电流到 1.2 倍额定电流，再逐渐降压至 0.3 倍额定电流为止。在该范围内读取短路电压、短路电流和短路功率共读取 4~5 组数据，记录于表 5-8 中。

表 5-8　三相交流电机短路试验数据表

序号	U（V）				I（A）				P（W）			$\cos\phi$
	U_{UV}	U_{VW}	U_{WU}	U_K	I_U	I_V	I_W	I_K	P_1	P_{11}	P_K	$\cos\phi K$

注意：先观察电机的转向，再堵住转子，防止制动工具抛出伤害周围人员。

5.6　三相异步电动机的工作特性

三相异步电动机的工作特性又称运行特性，它表明在不同负载下运行时，各项性能指标的变化情况。一般是指当外加电源电压 U 和频率 f 一定时，电动机的转子转速 n_2、输出转矩 T（M）、定子电流 I_1、定子电路的功率因数 $\cos\varphi_1$ 以及电动机的效率 η 与电动机输出机械功率 P_2 之间的关系，如图 5-34 所示。

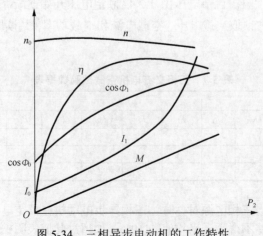

图 5-34　三相异步电动机的工作特性

1. 转速特性

转速特性，即 $n_2=f(P_2)$ 关系曲线，是一条随输出功率 P_2 增大而稍微下倾的曲线。由此可知，当电动机空载（$P_2=0$）时，转子转速接近同步转速；随着负载的增加，转子转速下降。

2. 转矩特性

转矩特性，即 $T(M)=f(P_2)$ 关系曲线，近似认为输出转矩 M 与输出功率 P_2 成正比，是一条上翘的直线。

3. 电流特性

电流特性，即 $I_1=f(P_2)$ 关系曲线，随着输出功率 P_2 的增大，转速下降转子电流增加，则定子电流 I_1 也增加。$I_1=f(P_2)$ 关系曲线是一条以空载电流 I_0 为起点并上翘的曲线。

4. 功率因数特性

功率因数特性，即 $\cos\varphi_1=f(P_2)$ 关系曲线，随着输出功率 P_2 的增大，$\cos\varphi_1$ 开始上升很快，由电工基础我们可以知道，三相异步电动机总的阻抗呈感性，因此其功率因数总是滞后的，它必须从电网吸收滞后的无功功率。空载时，定子的功率因数较低，为 0.1~0.2。随着负载的增加，转子电流增加，定子电流的有功分量也随之增加，使得定子功率因数提高。一般在额定负载的 80%~100%范围内某点达到最大，以后随着 P_2 的增加，而略有下降。

5. 效率特性

三相异步电动机将电能转换成机械能，在转换过程中总有能量损耗，即从电网中吸收的电功率 P_1 总是大于转轴上输出的机械功率 P_2，输出功率与输入功率之比的百分比称为电动机的效率，用符号 η 表示。

$$\eta = \frac{P_2}{P_1} \times 100\% \tag{5-41}$$

效率特性，即 $\eta=f(P_2)$ 关系曲线，随着输出功率 P_2 的增而较快地上升，一般在额定负载的 70%~100%范围内某点达到最大效率，以后随着负载增加而有所下降。

在异步电动机选型时，为了获得较高的运行效率和功率因数，应尽量避免"大马拉小车"的现象，使得异步电动机的容量与负载匹配。对于已出现"大马拉小车"现象的场合，可通过外加变频器的方案来调整电动机的运行状态，确保电动机的实际输出功率与负载匹配，使电动机运行在高效、节能状态。

5.7 三相异步电动机故障判断和处理

异步电动机的常见故障分析与处理如表 5-9 所示。

表 5-9　异步电动机的常见故障分析与处理

故障现象	故障产生原因分析	处理方法
不能起动	定子绕组相间短路、接地、定子和转子绕组短路	查找断路、短路、接地的部位，进行修复
	定子绕组接线错误	查找定子绕组接线，加以纠正
	负载过重	减轻负载
	轴承损坏或有异物卡住	更换轴承或清除异物
起动后无力，转速较低	定子绕组短路	查找短路部位，进行修复
	定子绕组接线错误	查找定子绕组接线，加以纠正
	笼型转子断条或端环断裂	更换铸铝转子或更换、补焊铜条与端环
	绕线型转子绕组一相断路；绕线型集电环或电刷接触不良	清理与修理集电环，调整电刷压力或更换电刷
运转声音不正常	定子绕组局部短路或接地	查找短路或接地部位，进行修复
	定子绕组接线错误	查找定子绕组接线，加以纠正
	定子、转子绕组相摩擦	检查定子、转子绕组相摩擦的原因及铁心是否松动，并进行修复
	轴承损坏或润滑脂干滴	更换轴承或润滑脂
过热或冒烟	电动机过载	应降低负载或换一台容量较大的电动机
	电源电压较电动机的额定电压过高或过低	应调整电源电压，允许波动范围为 5%
	定子铁心部分硅钢片之间绝缘不良或有毛刺	拆开电机检修定子铁心
	由于转子在运转时和定子相摩擦致使定子局部过热	拆开电动机，抽出转子，检查铁心是否变形，轴是否弯曲，端盖是否过松，轴承是否磨损
	电动机的通风不好	应检查风扇旋转方向，风扇是否脱落，通风孔道是否堵塞
	电动机周围环境温度过高	应换以 B 级或 F 级绝缘的电机或采用管道通风
	定子绕组有短路或接地故障	拆开电动机，抽出转子，用电桥测量各相绕组或各线圈组的直流电阻，或用兆欧表测量对机壳的绝缘电阻，局部或全部更换线圈
	重绕线圈后的电动机接线错误，或绕制线圈时匝数出错	按正确接法检查或改正

故障现象	故障产生原因分析	处理方法
过热或冒烟	运转中的电动机一相断路，如电源断一相或电机绕组断一相	分别检查电源和电动机绕组
三相电流不平衡	三相电源电压不平衡	用电压表测量电源电压并调整
	定子绕组有部分线圈短路，同时线圈局部过热	用电流表测量三相电流或用手检查过热的线圈
	重换定子绕组后，部分线圈匝数有错误	可用双臂电桥测量各相绕组的直流电阻
	重换定子绕组后，部分线圈之间接线有错误	应按正确的接线方法改正接线
空载损耗变大	滚动轴承的装配不良，润滑脂的牌号不合适或装得过多	检查滚动轴承的情况
	滑动轴承与转轴之间的摩擦阻力过大	应检查轴颈和轴承的表面粗糙度、间隙及润滑油的情况
	电动机的风扇或通风管道有故障	检查电动机的风扇或通风管道的情况
轴承过热	轴承损坏或内有异物	更换轴承或清除异物
轴承过热	润滑脂过多或过少，型号选用不当或质量差	调整或更换润滑脂
	轴承装配不良	检查轴承或转轴、轴承与端盖的配合状况，进行调整或修复
	转轴弯曲	检查转轴弯曲状况，进行修复或调换
绕线型电动机集电环火花过大	集电环上有污垢杂物	清除污垢杂物，灼痕严重或凹凸不平时应进行表面机械加工
	电刷型号或尺寸不符合要求	更换合适的电刷
	电刷的压力太小、电刷握内卡住或放置不正	调整电刷压力，更换大小适当的电刷或把电刷放正
外壳带电	接地不良	检查故障原因，并采取相应的措施
	绕组绝缘损坏	检查绝缘损坏的部位，进行修复，并进行绝缘处理
	绕组受潮	测量绕组绝缘电阻，如阻值太低，应进行干燥处理或绝缘处理
	接线板损坏或污垢太多	更换或清理接线板

第 5 章 三相异步电动机的基本原理

小　　结

　　本章介绍了三相异步电动机的基本结构、旋转磁场、额定值、工作原理、转差率、等效电路、功率、转矩、工作特性等内容。

　　三相异步电动机的结构较直流电动机简单。其静止部分称为定子，其转动部分称为转子，定子和转子均由铁心和绕组组成。转子有两种结构形式，一种是笼型，另一种是绕线型。笼型转子是旋转电动机的转子结构中最简单的形式。定子绕组是三相异步电动机的主要电路。三相异步电动机从电源输入电功率后，就在定子绕组中以电磁感应的方式传递到转子，再由转子输出机械功率。

　　三相异步电动机的工作原理是：定子上对称三相绕组中通过对称三相交流电时产生旋转磁场。这种旋转磁场以同步转速切割转子绕组，在转子绕组中感应出电动势及电流，转子电流与旋转磁场相互作用产生电磁转矩，使转子旋转。

　　三相异步电动机的转速与旋转磁场的同步转速之间总存在转差，这是异步电动机运行的必要条件。

　　三相异步电动机空载与负载运行时的基本电磁关系是异步电动机原理的核心。

　　从基本电磁关系看，异步电动机与变压器极为相似。异步电动机的定、转子和变压器的一、二次侧的电压、电流都是交流的，两边之间的关系都是感应关系，它们都以磁通势平衡、电动势平衡、电磁感应和全电流定律为理论基础。

　　等效电路也是分析异步电动机的有效工具。可用它来分析三相异步电动机空载运行和负载运行时的磁通关系、电压平衡方程和磁通势平衡方程。

　　在异步电动机的功率与转矩的关系中，要充分理解电磁转矩与电磁功率及总机械功率的关系、三相异步电动的工作特性以及在额定电压和额定功率下的关系曲线。

 习　　题

　　1. 简述三相异步电动机的基本结构和各部分的主要功能。

　　2. 三相绕组中通入三相负序电流时，与通入幅值相同的三相正序电流时相比较，磁通势有何不同？

　　3. 三相异步电动机的旋转磁场是怎样产生的？旋转磁场的转向和转速各由什么因素决定？

　　4. 试述三相异步电动机的转动原理，并解释"异步"的含义。异步电动机为什么又称为感应电动机？

　　5. 一台三相感应电动机，P_N=75kW，U_N=3000V，I_N=18.5A，n_N=975r/min。求：

　　（1）电动机的极数是多少？

（2）额定负载下的转差率 s 是多少？

（3）额定负载下的效率 η 是多少？

6．异步电动机理想空载时，空载电流等于零吗？为什么？

7．一台三角形联结、型号为 Y132M-4 的三相异步电动机，P_N=7.5kW，U_N=380V，$\cos\varphi_N$=0.88，η_N=87%。求其额定电流和对应的相电流。

8．说明异步电动机工作时的能量传递过程。为什么负载增加时，定子电流和输入功率会自动增加？从空载到额定负载，电动机的主磁通有无变化？为什么？

9．感应电动机转速变化时，为什么定子和转子磁势之间没有相对运动？

10．一台三相异步电动机，定子绕组为 Y 形联结。若定子绕组有一相断线，仍接三相对称电源时，绕组内将产生什么性质的磁通势？

11．一台三相异步电动机接于电网工作时，其每相感应电动势 E_1=350V，定子绕组的每相串联匝数 N_1=132 匝，绕组因数 K_{W1}=0.96。求每极磁通 φ_1 为多大？

12．导出三相异步电动机的等效电路时，转子边要进行哪些归算？归算的原则是什么？如何归算？

13．异步电动机等效电路中的 Z_m 反映什么物理量？在额定电压下电动机由空载到满载，Z_m 的大小是否变化？若有变化，是怎样变化的？

14．异步电动机的等效电路有哪几种？试说明"T"形等效电路中各个参数的物理意义。

15．用等效静止的转子来代替实际旋转的转子，为什么不会影响定子边的各种物理量？定子边的电磁过程和功率传递关系会改变吗？

16．已知一台三相四极异步电动机的额定数据为 P_N=10kW，U_N=380V，I_N=11.6A，定子为 Y 形联结，额定运行时，定子铜损耗 P_{Cu1}=560W，转子铜损耗 P_{Cu2}=310W，机械损耗 P_{mec}=70W，附加损耗 P_{ad}=200W。试计算该电动机在额定负载时：（1）额定转速；（2）空载转矩；（3）转轴上的输出转矩；（4）电磁转矩。

第6章　三相异步电动机的电力拖动

三相异步电动机拖动生产机械是电力拖动运用最多的运行方式，随着电力电子技术的发展和交流调速技术的日异成熟，异步电动机的调速性能完全可以与直流电动机媲美。因此，异步电动机是目前电力拖动的主流。三相异步电动机的电力拖动包括异步电动机的起动、制动和速度的调节。学习本章知识有利于更好地掌握生产技能，学会控制三相异步电动机的起动、制动和调速的多种方法，能够更好地降低损耗和提高运行效益。

6.1　三相异步电动机的机械特性

三相异步电动机的机械特性是指在一定条件下，电动机转速与电磁转矩之间的关系。把电磁转矩作为横坐标，把转子转速作为纵坐标，画成曲线如图 6-1 所示，这就是三相异步电动机的机械特性曲线。

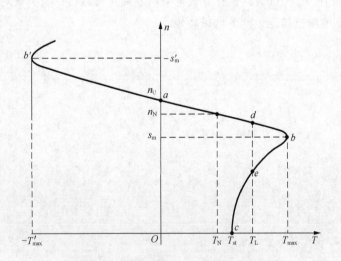

图 6-1　三相异步电动机的机械特性曲线

1．三相异步电动机机械特性方程

（1）物理表达式

三相异步电动机电磁转矩与电磁功率之间的关系为

$$T = \frac{P_{\text{M}}}{\Omega} = \frac{P_{\text{M}}}{\frac{2\pi n}{60}} = \frac{P_{\text{M}}}{(1-s)\frac{2\pi n_0}{60}} = \frac{P_{\text{N}}}{\Omega_0}$$

式中，$\Omega_0 = \frac{2\pi n_0}{60}$ 为同步旋转角速度（rad/s）。

将式 $P_{\text{N}} = m_2 E_2 I_2 \cos\varphi_2$ 带入上式，得

$$T = \frac{m_2 E_2 I_2 \cos\varphi_2}{2\pi n_0 / 60} = \frac{m_2 (4.44 f_1 N_2 K_{\text{W2}} \Phi_1) I_2 \cos\varphi_2}{2\pi n_0 / 60} = C_{\text{M}} \Phi_1 I_2 \cos\varphi_2 \qquad (6\text{-}1)$$

式中，$C_{\text{M}} = \frac{m_2}{\sqrt{2}} p N_2 K_{\text{W2}}$ 为一常数，称为三相异步电动机的转矩系数。

由式（6-1）可以看出，异步电动机的电磁转矩与气隙每极磁通、转子电流和转子功率因数成正比。此式与电动机的物理量电、磁、力有关，故称为电磁转矩的物理表达式，常用来定性分析电动机的特性与物理量之间关系。

（2）参数表达式

从上面的物理表达式可知，若已知气隙每极磁通 Φ_1、转子相电流 I_2 和转子功率因数 $\cos\varphi_2$，就能求出电磁转矩 T，但不能直接反映出电磁转矩与转子转速之间的变化规律。因为每给定一个转速，就必须先求出对应的 Φ_1、I_2 和 $\cos\varphi_2$，然后再计算电磁转矩，这样计算过程十分烦琐。故在研究三相异步电动机的机械特性时，通常使用电磁转矩的参数表达式，以反映电磁转矩与转子转速的关系。

由 $P_{\text{N}} = m_1 I_2'^2 R_2' / s$ 可得

$$T = \frac{P_{\text{N}}}{\Omega_0} = \frac{m_1 I_2'^2 R_2' / s}{\Omega_0} \qquad (6\text{-}2)$$

再利用三相异步电动机的简化等效电路，求得转子电流折合值为

$$I_2' = \frac{U_1}{\sqrt{\left(R_1 + \frac{R_2'}{s}\right)^2 + (X_1 + X_2')^2}} \qquad (6\text{-}3)$$

$$\Omega_0 = \frac{2\pi n_0}{60} = \frac{2\pi}{60} \times \frac{60 f_1}{p} = \frac{2\pi f_1}{p} \qquad (6\text{-}4)$$

将式（6-3）、式（6-4）代入电磁转矩表达式（6-2）中可得

$$T = \frac{m_1 p U_1^2 \dfrac{R_2'}{s}}{2\pi f_1 \left[\left(R_1 + \dfrac{R_2'}{s}\right)^2 + (X_1 + X_2')^2\right]} \qquad (6\text{-}5)$$

式（6-5）就是三相异步电动机电磁转矩的参数表达式（为异步电动机等值电路中的参数）。在实际运行中，电动机定子电压 U_1 和频率 f_1 通常不变，而对制作好的电机来说其参数不变，若给定一个转速 n 或转差率 s，利用式（6-5）就可以求出电磁转矩，进而绘制出电动机的机械特性曲线，如图 6-1 所示。

现就图 6-1 机械特性曲线上的几个特殊点进行分析。

① 同步转速点 n_0。

在该点上，电磁转矩 $T = 0$，$n = n_0 = n_s = 60f_1/p$ 同步转速，又是三相异步电动机的理想空载转速。

② 最大转矩点 T_m。

式（6-5）是二次方程式，故能求出最大转矩。对式（6-5）求导，并令 $dT/ds = 0$，可得

$$T_m = \frac{m_1 p U_1^2}{4\pi f_1[\pm R_1 + \sqrt{R_1^2 + (X_1 + X_2')^2}]} \qquad (6\text{-}6)$$

$$s_m = \pm \frac{R_2'}{\sqrt{R_1^2 + (X_1 + X_2')^2}} \qquad (6\text{-}7)$$

式中："+"——电机处于电动状态；

"－"——电机处于发电状态；

s_m——对应于最大转矩时的转差率，称为临界转差率。

在一般情况下，$R_1 \bullet (X_1 + X_2')$，可以忽略 R_1 影响，式（6-6）和式（6-7）可近似为

$$T_m \approx \pm \frac{m_1 p U_1^2}{4\pi f_1(X_1 + X_2')} \qquad (6\text{-}8)$$

$$s_m \approx \pm \frac{R_2'}{X_1 + X_2'} \qquad (6\text{-}9)$$

从式（6-8）、式（6-9）可以看出：

a. 当电机的参数与电源频率 f_1 不变时，最大转矩 T_m 与定子电压 U_1 的平方成正比；

b. 增大转子回路的电阻 R_2 值，只使 s_m 相应地增大，而最大转矩 T_m 却保持不变；

c. 当电源电压 U_1 和电机参数一定时，最大转矩随频率 f_1 的增加而减少。

最大转矩 T_m 与额定转矩 T_N 之比称为过载倍数，也称为异步电动机的过载能力，用 $\lambda_m = \frac{T_m}{T_N}$ 表示。对于一般三相异步电动机，过载倍数 $\lambda_m = 2 \sim 2.2$；对起重、冶金机械用三相异步电动机，过载倍数 $\lambda_m = 2.2 \sim 2.8$。为什么要有这样大的倍数呢？因为电动机拖动负载运行时，有时由于某些原因负载转矩会突然增大，如果电动机的过载能力较小的话，负载转矩超过电机的最大转矩，电动机的转速有可能大幅度下降，造成生产产品出现次品，甚至带不动负载停转而发生闷车事故。闷车后，电动机的电流马上上升至额定值的 6~7 倍，电动机严重过热，以致发生烧坏的事故。而如果电动机有足够大的过载能力，在负载转矩短时间突然增大时，电动机的转速几乎不受影响。等负载转矩恢复正常后，电动机又处于正常运行状态。但是电动机不能长期过载运行，这是因为在最大转矩下，电动机不能稳定可靠地运行，而且电动机的各部分的温度升高，时间长了极容易烧坏电动机。

b' 点为发电运行时的最大转矩点，分别在 T_m 与 s_m 取负值时的对应点。由式（6-6）和式（6-7）可见：$|s_m'| = |s_m|$，$|T_m'| > |T_m|$ 。

③ 起动转矩点 T_{st}。

起动转矩 T_{st} 是表征异步电动机运行性能的另一重要性能指标。电动机刚接通电源开始起

动时，即 $n=0$（或 $s=1$）时的电磁转矩称为起动转矩。由式（6-5），令 $s=1$ 得

$$T_{st} = \frac{m_1 p U_1^2 R_2'}{2\pi f_1[(R_1 + R_2')^2 + (X_1 + X_2')^2]} \qquad (6\text{-}10)$$

异步电动机的起动转矩与额定转矩之比，叫做起动转矩倍数，即

$$k_{st} = \frac{T_{st}}{T_N} \qquad (6\text{-}11)$$

它是表征异步电动机运行性能的一个重要指标，反映了电动机起动能力的大小。显然，只要当起动转矩大于负载转矩时，电动机才能起动起来。

（3）工程实用公式

异步电动机的参数在电机产品目录中不易获得，必须通过试验求取，但这在现场难以做到，而且在电机拖动系统运行时，往往只需要了解稳定运行范围的机械特性。因此，常希望利用产品样本中给出的技术数据，如过载能力 λ_m、额定转速 n_N 和额定功率 P_N 等来近似求出机械特性。

用式（6-6）去除式（6-5），并只取正号，得

$$\frac{T}{T_m} = \frac{2R_2'[+R_1 + \sqrt{R_1^2 + (X_1 + X_2')^2}]}{s[(R_1 + \frac{R_2'}{s})^2 + (X_1 + X_2')^2]}$$

又由式（6-7）知

$$\sqrt{R_1^2 + (X_1 + X_2')^2} = \frac{R_2'}{s_m}$$

于是

$$\frac{T}{T_m} = \frac{2R_2'(R_1 + \frac{R_2'}{s_m})}{\frac{s(R_2')^2}{s_m^2} + \frac{(R_2')^2}{s} + 2R_1 R_2'}$$

将上式分子分母同乘以 $s_m/(R_2')^2$，并认为 $R_1 = R_2'$，因此可取

$$\frac{T}{T_m} = \frac{2(1 + s_m)}{\frac{s}{s_m} + \frac{s_m}{s} + 2s_m}$$

一般异步电动机的 s_m 值在 0.12～0.20 范围内。若将分子分母相对较小的 $2s_m$ 都忽略不计，则可得到简化的计算公式

$$T = \frac{2T_m}{\frac{s}{s_m} + \frac{s_m}{s}} \qquad (6\text{-}12)$$

实际计算证明，用简化的计算公式进行计算，不会造成很大的误差，完全可以满足一般初步设计的要求，而计算量却大为减少。所以，式（6-12）是人们比较常用的机械特性方程式，称为电磁转矩的工程实用公式。式中的 T_m 和 s_m 可由电动机的产品目录中查得的数据经计算求得。

2. 固有机械特性

固有机械特性即自然机械特性，是指三相异步电动机工作在额定电压、额定频率下，定

子绕组按规定方式接线（接成 Y 接法或△接法），定子及转子电路均不外接电阻、电感或电容时，所获得的机械特性。从图 6-1 可以看出，在第 I 象限中，电机的电动运行区域，最大转矩 T_{max} 将曲线分为 ab 段和 bc 段，ab 段称为稳定运行区，bc 段称为非稳定运行区。

另外，从图 6-1 可以看出，ab 段的电磁转矩 T 随转差率 s 的增加而增大，这是因为这段中 s 很小，R_2'/s 很大，在式（6-5）中，可将 R_1 及 $(x_1 + x_2')$ 忽略，则 $T \propto s$。因此，在工程上可近似地认为这段特性为直线，叫做机械特性的线性段。用判断平衡稳定运转的条件可判断出线性段为稳定区域，所以这段特性也叫工作段。图 6-1 中 bc 段 s 较大，相对 $(x_1 + x_2')^2$ 来讲，可将式（6-5）中分母中的电阻忽略，则 $T \propto 1/s$，即过 b 点后，转差率 s 再增大，电磁转矩 T 反而减小。这段特性叫做非线性段。它对恒转矩负载不能稳定运行，为不稳定运行区。

当电动机工作在稳定区上某一点时，电磁转矩 T 与负载转矩 T_L 相平衡而保持匀速转动。若负载加大，负载转矩大于电磁转矩，会使电动机转速有所下降，但与此同时，电磁转矩随转速的下降而增大，从而与负载转矩达到新的平衡，使电动机以比原来稍低的转速稳定运转；反之若负载减小，同理可以推出电动机将在较高的转速下稳定运行。可见，当电动机运行在 ab 段时，无论负载如何变化，在负载转矩 T_L 不超过最大转矩 T_m 的情况下，电动机轴上输出转矩必定随负载而变化，最后达到平衡，并稳定运行。这说明电动机具有适应负载变化的能力。由于异步电动机的机械特性稳定区比较平坦，即当负载转矩有较大变化时，异步电动机的转速变化不大，这样的机械特性称为硬特性。硬特性适用于金属切削机床等。

当电动机工作在非稳定运行区上某一点时，如果外加负载突然增加，电动机的转速下降，电动机的电磁转矩也随之下降，使电动机的转速继续下降，而恒转矩负载转矩不变，最后迫使电动机停下来；如果外加负载突然减少，电动机的转速上升，电动机的电磁转矩也增加，随之电动机的转速又上升，即当电动机工作在非稳定区时，电磁转矩不能自动适应负载转矩的变化，因而不能稳定运行，故一般负载不能在非稳定运行区工作。但风机型负载在这个不稳定区域内能运行，因为随着转速的下降，风机型负载转矩也急剧地减少，从而使电动机的电磁转矩与风机型负载转矩达到新的平衡。

（1）额定转矩

额定转矩是指电动机在额定负载下稳定运行时的电磁转矩，用字母 T_N 表示。此时电动机的转速称为额定转速见图 6-1。

电动机在运行中若带动负载转动的转矩为 T_2，轴上输出的机械功率为 P_2，转子的转速为 n_2，由力学知识可知：

$$T_2 = 9550 \frac{P_2}{n_2} \qquad (6-13)$$

同理，电动机在额定状态下运行则有

$$T_N = 9550 \frac{P_n}{n_N} \qquad (6-14)$$

式中：T_N ——电动机的额定转矩（N·m）；

P_N ——电动机的额定功率（kW）；

n_N ——电动机的额定转速（r/min）。

（2）最大转矩

最大转矩是转矩的最大值，也叫做临界转矩，用字母 T_m 表示。由图 6-1 可以知道：最大转矩 T_m 是机械特性曲线上稳定区和非稳定区的分界点，故电动机在运行过程中的负载转矩不能超过最大转矩，否则电动机的转速会越来越低，带不动负载直至停转而发生闷车事故。闷车后，电动机的电流马上上升至额定值的 6~7 倍，电动机严重过热，以致烧坏。

电动机最大转矩 T_m 与额定转矩 T_N 的比值称为过载系数，用符号 λ 表示，其表达式为

$$\lambda = \frac{T_m}{T_N} \quad\quad（6-15）$$

过载系数是反映电动机过载性能的重要指标，在电动机技术数据中可以查到，一般三相异步电动机的 $\lambda = 1.6 \sim 2.5$。

（3）起动转矩

电动机的起动转矩是指电动机刚起动瞬间（$n=0$）的转矩，用字母 T_{st} 表示。起动转矩必须大于负载转矩，电动机才能旋转。因此，起动转矩是衡量电动机起动性能好坏的重要指标，通常用起动转矩倍数 λ_{st} 来表示，其表达式为

$$\lambda_{st} = \frac{T_{st}}{T_N} \quad\quad（6-16）$$

起动转矩倍数 λ_{st} 在电动机的技术数据中可以查到，对于一般鼠笼型异步电动机，$\lambda_{st} = 1.0 \sim 2.0$。

（4）转矩与外加电压的关系

由于用电负载的变化，电网电压往往会发生波动，而电动机的电磁转矩 T 对电压很敏感，当电网电压降低时，将引起电磁转矩的大幅降低。可以证明，在电源频率、电动机结构和转速一定时，电磁转矩 T 与电动机定子绕组上所加电压 U 的平方成正比，即

$$T \propto U^2 \quad\quad（6-17）$$

因此，外加电压变化很小时，异步电动机的起动转矩将显著变化。

【例 6-1】 一台绕线型异步电动机的主要技术数据为：$P_N = 75kW$，$n_N = 720r/min$，$I_{1N} = 148A$，$\lambda_m = 2.4$。试用转矩的工程实用公式绘制其固有特性。

解：在转矩的工程实用公式（6-12）中，先求出 T_m 和 s_m。

$$T_m = \lambda_m T_N = \lambda_m \times 9550 \frac{P_N}{n_N} = 2.4 \times 9550 \frac{75}{720} = 2387.5 \text{N·m}$$

将 s_N 和 T_N 代入式（6-12）中，并考虑到 $T_m = \lambda_m T_N$，可得

$$s_m = s_N (\lambda_m + \sqrt{\lambda_m^2 - 1})$$

式中 s_N 为额定转速下的转差率。

$$s_N = \frac{n_0 - n}{n_0} = \frac{750 - 720}{750} = 0.04$$

$$s_m = 0.04(2.4 + \sqrt{2.4^2 - 1}) = 0.183$$

$$T = \frac{2 \times 2387.5}{\dfrac{0.183}{s} + \dfrac{s}{0.183}}$$

现在只有 T 和 s 为未知数，只要给出一系列的 s 值（见表 6-1），逐点描图即可绘出固有的特性曲线 $s = f(T)$。

表 6-1　T 和 s 对应关系计算值

s	0	0.04	0.183	0.4	0.6	0.8	1
T（N·m）	0	996.5	2387.3	1806.5	1332	1038	845.5

3. 人为机械特性

在生产实践中，为了满足生产需要，往往需要与固有特性不同的机械特性。如果人为地改变某些参数，即可得到不同的机械特性，这样的机械特性称为人为机械特性。由式（6-5）参数表达式看出，可以改变的量有定子端电压 U_1、电源频率 f_1、极对数 p、定子回路电阻 R_1 和电抗 X_1、转子回路电阻 R_2 和电抗 X_2。

（1）降低定子端电压的人为特性

由于异步电动机的磁路在额定电压下已近饱和了，故不宜再升高定子电压，所以改变定子电压一般适用于降压的人为机械特性。

由式（6-6）参数表达式和式（6-10）可看出，最大转矩 T_m 和起动转矩 T_{st} 都随 U_1 的降低而与 U_1 的平方成正比地降低。又从式（6-7）看出，临界转差率 s_m 保持不变，而且异步电动机的同步转速 n_0 与 U_1 无关。在不同电源电压时的人为机械特性如图 6-2 所示。

电磁转矩与电源电压的平方成正比，从物理概念上讲，是因为电源电压降低时，电动机的主磁通 Φ_m 减少，在相同的转速下，转子感应电势减小，转子电流 I_2 减小。所以，电磁转矩随 U_1 的下降而成平方地减小。

降低电网电压对异步电动机的运行有何影响呢？假如异步电动机拖动额定负载在 A 点运行（见图 6-2）。电网电压由于某种原因降低了，电机的转速略有降低，s 略有增加，使 $\varphi_2(\varphi_2 = \mathrm{arctg}\dfrac{sX_2}{R_2})$ 角略有增大，$\cos\varphi_2$ 略有减小。在 U_1 降低后，由于 $U_1 \approx E_1 = 4.44 f_1 N_1 k_{w1} \Phi_m$，气隙主磁通 Φ_m 减小。但由于负载转矩不变，电磁转矩也不变，因此转子电流 I_2 要增大，同时定子电流也要增大，要大于额定值。电动机如长期运行，温升将超过允许值，使电机寿命缩短，严重时甚至会烧坏电动机。

（2）定子串电阻或电抗时的人为特性

三相异步电动机定子串入三相对称电阻或电抗时，相当于增大了电动机电阻回路的漏阻抗，这不影响电动机同步转速 n_0 的大小。无论在定子回路中串入三相对称电阻或三相对称电抗，其人为机械特性都要通过 n_0 点。定子外串电阻 R_Ω 增大时，s_m、T_m、T_{st} 都随 R_Ω 增大而减小，n_0 与 R_Ω 无关，所以，可得图 6-3 所示的人为机械特性。可见，随着人为机械特性的线性段斜率的加大，过载能力显著降低。定子串三相对称电抗的人为机械特性与上相同。

笼型异步电动机起动时，有时就采用定子回路串接三相对称电阻或电抗。尽管电源电压大小未变，为额定电压，但是加在定子绕组上的电压却降低了，从而减小了电动机的起动电流。比较而言，用串电抗比用串电阻要省电。

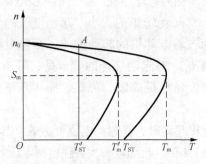

图 6-2 降低定子端电压的人为特性

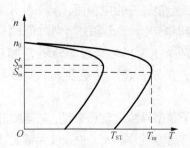

图 6-3 定子串电阻的人为特性

（3）转子串电阻的人为特性

图 6-4 所示为线式异步电动机转子回路串入三相对称电阻的机械特性曲线。由于转子串电阻与同步转速 n_0 无关，对应于串不同电阻时的机械特性曲线都通过同步转速 n_0 点。当外串电阻 R_Ω 增大时，s_m 随 R_Ω 的增大而增大，T_m 不变，T_{st} 随 R_Ω 的增大而增大，一直到 $T_{st} = T_m$。此后再增大 R_Ω，T_{st} 将减小。这是因为转子回路串入电阻后，明显地提高了转子回路的功率因数，转子电流的有功分量增大，因而起动转矩 T_{st} 增大。当转子电阻增大到一定程度后，再增大转子电阻，转子功率因数变化不明显了，而加大转子电阻使转子电流进一步减小，使得起动转矩反而减小了。

（4）改变电源频率的人为特性

改变异步电动机定子供电电源的频率 f_1 时，一般原则上说，只是改变了同步转速 n_0（$n_0 = \dfrac{60 f_1}{p}$），而且频率 f_1 越高，n_0 就越高。机械特性曲线的线性工作段作上下平移，斜率基本保持不变，如图 6-5 所示。

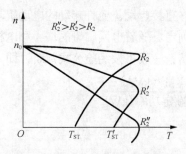

图 6-4 转子串电阻的人为特性

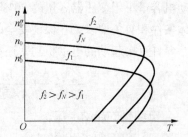

图 6-5 改变电源频率的人为特性

由于电动机的漏抗与频率成正比（$X = 2\pi f L$，而且认为 $L =$ 常数），因此，随着 f_1 的增高，临界转差率 s_m 基本上是成反比例地减少，起动转矩 T_{st} 和最大转矩 T_m 也有所下降。其他的变化情况在后面的变频调速中介绍。

除了上述几种人为机械特性外，还有改变极对数 p 等的人为特性，均在后面的异步电动机的起动和调速中加以介绍。

6.2 三相异步电动机的起动

电动机从静止状态过渡到稳定运行状态的过程称为起动过程。对三相异步电动机来说，当定子绕组接通三相电源后，转子就开始转动，其起动转矩的大小、起动电流的大小以及由静止到稳定运行所需的起动时间的长短，标志着电动机的起动性能。衡量电动机起动性能的两个主要指标是起动转矩 T_{st} 和起动电流 I_{st}。对起动性能的要求是：第一，起动电流要小；第二，起动转矩要大。并且希望起动设备尽量简单、可靠、操作方便、起动时间短。

对于笼型异步电动机来说，在额定电压下直接起动时，其起动电流可达额定电流的 4~7 倍，但起动转矩并不大，一般仅为额定转矩的 1~1.8 倍。起动电流大将使电网电压显著下降，进而影响接在同一电网上的其他用电设备正常工作。另外，经常需要起动的电动机，往往造成其绕组发热，绝缘老化，从而缩短电动机的使用寿命。起动转矩过小，使得电动机带负载起动能力差。所以，异步电动机起动的中心问题是要减小起动电流，增加起动转矩。

为使异步电动机具有良好的起动性能，可根据实际情况选择适当的起动方法。

1. 笼型异步电动机的直接起动

所谓直接起动，就是不需要任何起动设备，利用闸刀开关或接触器将电动机直接投入到具有额定电压的电网。这种起动方法简单，但起动电流大，而起动转矩却不大。这是因为异步电动机正常运行时，其转差率 s 很小，一般为 $0.01 \sim 0.05$，所以 R'_2/s 很大，从而限制了定子和转子的电流。但在起动时，$s=1$，$R'_2/s=R'_2$ 很小，因此电动机的等效阻抗很小，所以起动电流很大。那么为什么起动转矩并不大呢？起动时 $s=1$，$sX_2=X_2$，远远大于正常运行时的 sX_2，而 $\varphi_2 = \mathrm{arctg}\dfrac{sX_2}{R_2}$，起动时转子功率因数角 φ_2 很大，即 $\cos\varphi_2$ 很小。因此，虽然 I_2 很大，但它的有功分量 $I_2\cos\varphi_2$ 并不大。所以即使在很大的起动电流下，起动转矩却不大。

一般规定，额定功率低于 7.5kW 的三相异步电动机允许直接起动；在用电单位有独立变压器且电动机容量小于变压器容量的 20% 时，也允许直接起动。允许起动的电动机功率，应当根据具体条件和有关要求，在保证安全的条件下确定。随着电网容量的增大和电机制造工艺的发展，允许直接起动的电动机功率还将不断提高，一般可按经验公式判断，即

$$\frac{I_{st}}{I_N} \leqslant \frac{3}{4} + \frac{\text{所用变压器容量（kVA）}}{4\times\text{起动电动机额定功率（kW）}} \quad (6\text{-}18)$$

式中：I_{st} ——电动机的起动电流；

I_N ——电动机的额定电流。

满足式（6-18），就可以直接起动。直接起动只适用于小容量电动机的空载或轻载起动，否则就要采取其他措施。

从以上分析看出，三相异步电动机的固有起动特性并不理想，存在着两种矛盾：

① 起动电流大，而供电电网承受成绩电流的能力有限；

② 电动机的起动转矩小，而负载又要求有足够的起动转矩。

可见起动的关键在于限制起动电流，增大起动转矩，从而改善电动机的起动性能。

2. 笼型异步电动机的降压起动

中大容量笼型异步电动机的轻载起动，靠降低定子电压来解决的主要矛盾——降低起动电流。所谓降压起动，是利用起动设备将电压适当减小后，加到电动机定子绕组上进行起动，待电动机起动完毕后，再使电压恢复到额定值。此时降压起动电流随电压降低成正比例减小，但起动转矩随电压降低成平方减小，所以降压起动只适用于空载或轻载下起动的电机。异步电动机降压起动的方法主要有：自耦变压器降压起动、星—三角（Y—△）降压起动和在定子电路中串电阻（或电抗）降压起动。

（1）自耦变压器降压起动

图 6-6 所示为自耦变压器降压起动电路图，电动机起动时，将开关 K_2 放在起动位置，电动机的起动电流就按降压自耦变压器的初、次级变比关系减小；而降压自耦变压器的初级电流又按变比关系减小，所以电源供给的起动电流将按变比的平方成反比减小，达到限制电流起动的目的。待电动机转速稳定后，再将开关 K_2 很快转接到运行位置，电压恢复到电源电压使电动机正常工作。

为了得到不同的起动转矩，自耦变压器二次侧绕组一般备有几个接头，可以根据容许的起动电流和需要的起动转矩选用。

自耦变压器降压起动的优点是自耦变压器的不同抽头可供不同负载起动时选择，适用于 Y 形或△形接法的电动机；缺点是体积大、价格高、质量重。

（2）星—三角（Y—△）降压起动

星—三角（Y—△）降压起动只适用于正常工作时定子绕组接成三角形的电动机，在起动时，把电动机的三相绕组接成星形，当转速接近额定转速时，再把电动机的三相绕组切换成三角形。

图 6-7 所示为星—三角（Y—△）降压起动接线原理图。在起动阶段将 K_2 放在星形连接的起动位置，待起动完毕再将开关 K_2 很快转接到三角形运行位置。这样电动机在星形接法起动时，定子绕组相电压降为电源电压的 $1/\sqrt{3}$，故电动机的起动电流为三角形接法时相电流的 $1/\sqrt{3}$，线电流的 $1/3$，即用星形接法起动时电源供给的起动电流减为三角形接法直接起动的 $1/3$，达到限制起动电流的目的，但起动转矩也同样地减少到 $1/3$，故此方法不适宜重载起动。

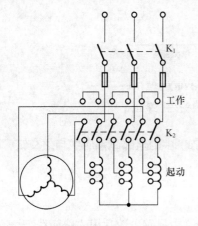

图 6-6　自耦变压器降压起动电路图

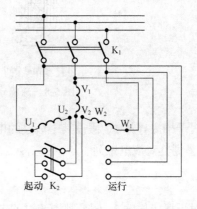

图 6-7　星—三角（Y—△）降压起动接线原理图

星—三角（Y—△）降压起动的优点是设备简单、价格低，一般做成自动切换，应用极为广泛。

（3）定子电路串电阻（或电抗）降压起动

定子电路串入电阻或电抗器限制起动电流，待转速升高、电流下降后，再除去串接的电阻或电抗器，使电动机在额定电压下工作。这种降压起动方法适用于不频繁起动的电动机。

定子电路串入电阻（或电抗）降压起动，由于在串联电阻上有电能的损耗，一般使用电抗器以减少电能的损耗，但电抗器体积、成本都较大，本方法已很少使用。

3. 特殊电动机的起动

对于小容量电动机带重载需要反复起动的工况，可采用高起动转矩的特殊异步电动机。由于电动机容量小，起动电流对电网冲击不大，主要问题是重载起动要求电动机提供较大的起动转矩。对于这种工况，当然也可以选择容量大一挡的电动机，但这样选择不仅设备投资大、起动电源需要也要变大，而且正常运行时能耗也增大了，因此是不经济的。合理的办法就是选用高起动转矩的特殊异步电动机，如深槽笼型异步电动机、双笼型异步电动机和高转差率异步电动机。这几种异步电动机的共同原理是：电动机在起动时由于趋肤效应转子电阻自动增大，而使得起动转矩增大。在正常运行时转子电阻自动减少到正常值，使得其具有较高的效率。

（1）深槽笼型异步电动机

这种电动机转子槽窄而深，槽深与槽宽之比为 10~12（而普通异步电动机只有 5~6），如图 6-8（a）所示。首先研究图中槽底导体 1 与槽口导体 2 交链磁感应线的情况。

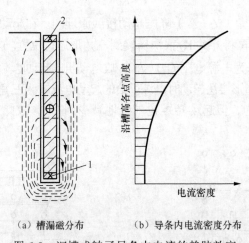

（a）槽漏磁分布　　　（b）导条内电流密度分布

图 6-8　深槽式转子导条中电流的趋肤效应

对于槽底导体 1，假设其中流过的电流 i，图 6-8（a）中的全部磁感应线与之交链，磁链为 Ψ_1，则其对应电感为

$$L_1 = \frac{\Psi_2}{i}$$

对于槽口导体 2，假设其中流过的电流 i，图 6-8（a）中只有少数几根磁感应线与之交链，磁链为 Ψ_2，则其对应电感为

$$L_2 = \frac{\varPsi_2}{i}$$

由于 $\varPsi_1 \gg \varPsi_2$，故 $L_1 \gg L_2$。

在起动时，转子电流频率为 f_1（定子电流频率），故两导体电抗分别为

$$X_1 = 2\pi f_1 L_1$$

$$X_2 = 2\pi f_2 L_2$$

故越靠近槽底，各单元导体漏抗越大，流过的电流越小；越靠近槽口，各单元导体漏抗越小，流过的电流越大。于是造成了图 6-8（b）所示的电流密度分布曲线，这种现象称为趋肤效应。由于趋肤效应，使流过电流的导体有效截面减少了，使转子的电阻变大了。一般深槽笼型异步电动机在堵转时转子电阻可达到额定运行时的 3 倍，好像转子回路串入电阻一样，获得了较大的起动转矩。随着电机转速升高，转子电流频率逐渐降低，转子导体中电流分布渐趋均匀，转子电阻自动减小。当转子达到额定转速时，$f_2 = 0.5 \sim 3\text{Hz}$，趋肤效应基本消失，转子电流均匀分布。

采用深槽笼型，转子漏抗发生了如下变化：在起动时，由于导条中电流被挤到了槽口，与非深槽转子相比，相同的电流产生的槽漏磁通减小了，因此漏抗减小，所以趋肤效应增加了转子电阻而减少了转子漏抗。在正常运行时，转子电流频率很低，转子漏抗比普通笼型转子漏抗要大些，所以深槽式电动机运行时功率因数和最大转矩都比普通笼型电动机低。这就是说，深槽式电动机起动性能的改善是靠降低一些正常运行时的性能换来的。

（2）双笼型异步电动机

根据深槽笼型异步电动机给我们的启示，可以进一步利用趋肤效应来改善起动性能。双笼型异步电动机就是最典型的结构——在转子中嵌放两套鼠笼，即上笼和下笼，如图 6-9（a）所示。上笼为起动笼，截面积小，用电阻系数较大的黄铜或铝青铜制成，故电阻较大；下笼为工作笼，截面积大，用电阻系数较小的紫铜制成，电阻较小。在起动时，$s = 1$，$f_2 = f_1$。无论是上笼或下笼，其漏电抗 X_2 要比电阻 R_2 大得多，故上下笼电流的分配主要决定于漏电抗。由于趋肤效应

$$X_{2\text{下}} \gg X_{2\text{上}}$$

故

$$I_{2\text{下}} \ll I_{2\text{上}}$$

因此，起动时电流主要流过上笼。上笼电阻大，能产生较大的起动转矩，正因为如此，称上笼为起动笼。在正常运行时，转子电流频率很低，$f_2 = sf_1 = （0.5 \sim 3）\text{Hz}$，转子漏抗远小于电阻，故上下笼中电流分配主要决定于上下笼中的电阻。转子电流大部分从电阻小的下笼中流过，产生正常运行时的电磁转矩，所以称下笼为工作笼。

双笼型电动机的机械特性可以看做是起动笼的机械特性 1 和工作笼的机械特性 2 的合成（见图 6-10）。从合成机械特性 3 可见，双笼型异步电动机具有较大的起动转矩，一般可带额定负载起动，同时在额定负载下运行转差率也较小，性能较好。还可以通过改变上下笼的几何尺寸、材料特性、上下笼之间缝隙尺寸灵活地改变上下笼的参数（见图 6-9（b）），从而得到各种不同的机械特性，以满足不同的负载要求。基于深槽笼型异步电动机同样的道理，与普通笼型异步电动机转子相比，双笼型异步电动机功率因数、最大电磁转矩都要小些。

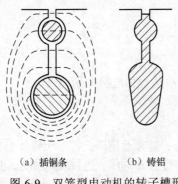

（a）插铜条　　（b）铸铝

图 6-9　双笼型电动机的转子槽形

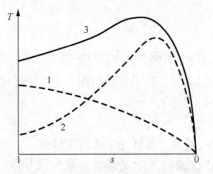

图 6-10　双笼型电动机 $T=f(s)$ 曲线

（3）高转差率笼型异步电动机

高转差率笼型异步电动机的结构和普通笼型异步电动机完全相同，只是转子导条的截面面积小些，并且用电阻率较高的铝合金制成，使转子电阻加大，以限制起动电流，增大起动转矩。正常运行时，其转差率比普通笼型异步电动机要高，因此叫高转差率笼型异步电动机。它的机械特性和三相异步电动机转子串电阻的人为特性相似。

4. 绕线式异步电动机的起动

对于鼠笼式异步电动机，采用降压起动方法来减小起动电流的同时起动转矩也减小了。所以对于既要求起动电流小，又要求起动转矩大的生产机械，如卷扬机、锻压机、起重机等，可以采用起动性能好的绕线式异步电动机。

绕线式异步电动机，都是采用在转子回路加电阻的起动方法，其转子电路如图 6-8 所示。起动时，将起动变阻器置于电阻最大的位置，合上定子线圈电源开关，随着转速的增高，逐渐减少起动变阻器的电阻。当转速接近额定转速时，应将起动变阻器的电阻全部切除，通常是将滑环短路。绕线式异步电动机采用的起动变阻器是可以长期通电运行的，还可用来调节电动机的转速，这是绕线式异步电动机的优点。但因它的结构复杂、价格较贵和维护麻烦，故只在电动机容量较大，又要求有大的起动转矩，而供电变压器容量却不很大的情况下，才采用绕线式异步电动机。

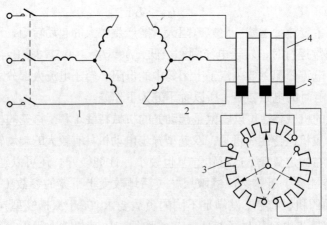

1—定子绕组　2—转子绕组　3—起动变阻器　4—滑环　5—电刷

图 6-11　滑环式电动机的转子电路

异步电动机以上的起动方法均不是最好的解决办法，近年来，由于运用了变频器对异步电动机进行调速，采用变频起动就不需要其他起动设备了。

6.3 三相异步电动机的制动

所谓制动是指使电动机产生的电磁转矩与转子的旋转方向相反。异步电动机拖动生产机械时，经常要求电动机处于制动状态运行。例如，当切断电动机电源时，要求电动机快速停车；起重机下放重物时，为了安全，要控制重物下放速度等。在制动状态下，电机吸收轴上的机械能，将其转变为电能。

三相异步电动机常用的制动方式有3种：反接制动、能耗制动和回馈制动。现分别介绍如下。

1. 反接制动

异步电动机的反接制动也有两种方法，即电源两相反接的反接制动和转速反转的反接制动。

（1）电源两相反接的反接制动

电源两相反接的反接制动的方法是把正在运行中的异步电动机三相供电线的任意两相互换改接。此时由于相序反了，其磁场的转向也反了，但因转子机械惯性，转子此时仍按原转向转动，这时转差率 $S = \dfrac{-n_1 - n}{-n_1} > 1$，因此电磁转矩方向与转子相反，电机工作在电磁制动状态，故反接制动亦称为电磁制动。这时产生的电磁制动转矩使转子转速降下来，在转子停止转动的瞬间，电动机应立即从电源上断开，否则它将会向着反方向重新起动。

由于在反接制动时，旋转磁场与转子的相对转速为 $n_1 + n$，转差率 $s \approx 2$，为了使反接时能够控制制动转矩，对功率较大的电动机进行制动时必须在定子电路（鼠笼式）或转子电路（绕线式）中串入电阻，如图 6-12 所示为三相异步电动机相序反接制动线路。反接制动的优点是停车迅速，设备简易；缺点是对电动机及负载冲击大。一般只用于小型电动机，且不经常停车制动的场合。

图 6-13 所示为三相异步电动机电源两相反接的反接制动机械特性。电机原拖动负载电动运行在 A 点，现任意调换二相电源改变了相序，即改变了旋转磁场的转向，电机保持 A 点的转速不变，从 A 点平移到反向串电阻机械特性的 B 点（可见反向固有特性的制动转矩并不大）。从 B 点到 C 点的区间，便是异步电动机电源两相反接的反接制动的过程。

【例 6-2】 一台绕线式异步电动机，技术数据为 $P_N = 75\mathrm{kW}$，$n_N = 1460\mathrm{r/min}$，$E_{2N} = 399\mathrm{V}$，$I_{2N} = 116\mathrm{A}$，$\lambda_m = 2.8$。原先在固有机械特性上拖动反抗性恒转矩负载运行 $T_L = 0.8T_N$，为使电动机快速反转。采用电源两相反接的反接制动。

① 要求制动开始时电动机的电磁转矩为 $T = 2T_N$，求转子每相应串入的电阻值。

② 电动机反转后的稳定转速是多少？

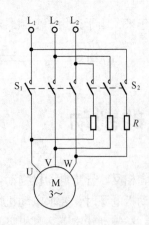
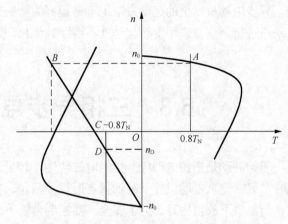

图 6-12 三相异步电动机两相反接制动线路 图 6-13 三相异步电动机两相反接制动机械特性

解： ① 制动电阻的计算。

额定转差率
$$s'_N = \frac{n_0 - n_N}{n_0} = \frac{1500 - 1460}{1500} = 0.0267$$

转子绕组电阻
$$r_2 = \frac{E_{2N}s_N}{\sqrt{3}I_{2N}} = \frac{399 \times 0.0267}{\sqrt{3} \times 116} = 0.053\Omega$$

固有机械特性的临界转差率
$$s_m = s_N(\lambda_m + \sqrt{\lambda_m^2 - 1}) = 0.0267(2.8 + \sqrt{2.8^2 - 1}) = 0.1445$$

在固有机械特性上 $T_L = 0.8T_N$ 时的转差率
$$s_A = s_m\left[\frac{\lambda_m T_N}{T_L} + \sqrt{(\frac{\lambda_m T_N}{T_L})^2 - 1}\right] = 0.1445 \times \left[\frac{2.8}{0.8} + \sqrt{(\frac{2.8}{0.8})^2 - 1}\right] = 0.0211$$

在反接制动机械特性上开始的转差率
$$s_B = 2 - s_A = 2 - 0.0211 = 1.976$$

反接制动机械特性的临界转差率
$$s'_m = s_B\left[\frac{\lambda_m T_N}{T_B} + \sqrt{(\frac{\lambda_m T_N}{T_B})^2 - 1}\right] = 1.976 \times \left[\frac{2.8}{2} + \sqrt{(\frac{2.8}{2})^2 - 1}\right] = 4.71$$

根据比例推算求出转子每相外串电阻
$$R_c = (\frac{s'_m}{s_m} - 1)r_2 = (\frac{4.71}{0.1445} - 1)0.053 = 1.674\Omega$$

② 反转后稳定转速的计算。

反转后稳定转速点的转差率
$$s_D = s'_m\left[\frac{\lambda_m T_N}{T_L} + \sqrt{(\frac{\lambda_m T_N}{T_L})^2 - 1}\right] = 4.71 \times \left[\frac{2.8}{0.8} + \sqrt{(\frac{2.8}{0.8})^2 - 1}\right] = 0.687$$

反转后稳定运行的转速

$$n_D = -n_0(1 - s_D) = -1500(1 - 0.687) = -469 \text{r/min}$$

（2）转速反转的反接制动

三相绕线式异步电动机拖动位能负载在固有机械特性上的 A 点稳定运行，提升重物，如图 6-14 所示。为了下放重物，可在转子回路中串入足够大的电阻 Rc，这时电动机的机械特性变为图 6-14 中的曲线 2，电动机的运行点从固有机械特性上的 A 点过渡到机械特性曲线 2 上的 B 点，并从 B 点向 D 点减速。到 D 点时，$n = 0$，因 $T < T_L$，在位能负载 T_L 作用下将电机拖向反转，进入第Ⅳ象限，直到 C 点 $T = T_L$，电动机以 $-n_c$ 转速稳定运行下放重物。

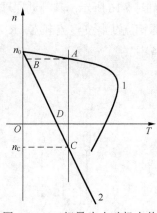

图 6-14　三相异步电动机电势
反接制动机械特性

在第Ⅳ象限，$T > 0$，$n < 0$，是制动状态。此时，电动机的转差率为

$$s = \frac{n_0 - n_c}{n_0} > 1$$

这与定子两相反接的电压反接制动时相同，因此在制动过程中的能量关系也应一样，即 $P_M > 0$，$P_m < 0$，转差功率 $P_s = P_s = P_M + |P_m|$，只是这种制动轴输入的功率是靠重物下放时减少的位能来提供，所以它也属于反接制动。这种反接制动的特点是定子绕组按正相序接线（$n_0 > 0$），转子则被位能负载转矩拖动而反转（$n < 0$），并能在第Ⅳ象限稳定运行。为了与前种反接制动区别，故称为转速反转的反接制动。

【例 6-3】　绕线式异步电动机的数据同例 6-2，该电动机拖动起重机的提升机构。下放重物时，电动机的负载转矩 $T_L = 0.8T_N$，电动机的转速 $n = -300 \text{r/min}$，求转子每相应串入的电阻值。

解：由例 6-2 计算已知 $r_2 = 0.053\Omega$，$s_m = 0.1445$，在固有机械特性上 $T_L = 0.8T_N$ 时的转差率 $s_A = 0.0211$。

① $n = -300 \text{r/min}$ 时的转差率

$$s = \frac{n_0 - n}{n_0} = \frac{1500 - (-300)}{1500} = 1.2$$

② 根据比例推移求出转子外串电阻

$$R_c = (\frac{s}{s_1} - 1)r_2 = (\frac{1.2}{0.0211} - 1)0.053 = 2.96\Omega$$

2. 能耗制动

能耗制动的方法是将正在电动机状态下运行的电动机的定子绕组从电源断开的同时，换接一个直流电源上，如图 6-15 所示。直流电源通入定子绕组，在气隙中建立一个静止不动的磁场，而转子由于惯性继续沿原方向旋转，根据右手定则和左手定则不难断定，这时电磁转矩的方向与电动机转动的方向相反，因而起制动作用。这时转子的动能全部消耗于转子铜耗和铁耗中，故称为能耗制动。

能耗制动的优点是制动力较强，能耗少，制动平稳，对电网及机械设备冲击小；缺点是低速时制动力矩也随之减小，不易制停，需要直流电源。直流电源可以用二极管整流供给，如图 6-16 所示。其制动原理为 KM1 断开后，KM2 闭合，三相异步电动机定子绕组的 V、W 两相流过半波整流电流，R 电阻可调节电流的大小，制动结束，KM2 也断开，常用于机床设备中。

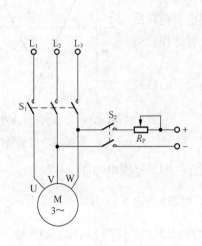

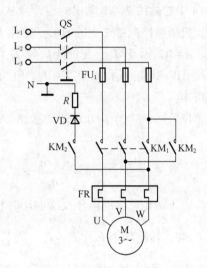

图 6-15　三相异步电动机能耗制动线路　　　图 6-16　三相异步电动机半波整流能耗制动线路

（1）能耗制动时定子励磁电流的等效

能耗制动时切除了定子交流电流 I_1 后，采用直流励磁电流 I_f 建立定子磁场。采用三相分析方法，在三相绕组产生的合成磁势与直流励磁等效的基础上，可以推导出在定子绕组 Y 形接法下，I_1 与 I_f 的关系如下：

$$I_1 = \sqrt{\frac{2}{3}} I_f$$

（2）能耗制动的机械特性

能耗制动时

$$I_2'^2 = \frac{I_1^4 X_m^2}{(\frac{R_2'}{s})^2 + (X_m + X_2')^2} \tag{6-19}$$

类似于式（6-2），可得能耗制动时的机械特性为

$$T = \frac{P_N}{\Omega_0} = \frac{m_1 I_2'^2 R_2'/s}{\Omega_0} = \frac{m_1 I_1'^2 X_m^2 \dfrac{R_2'}{s}}{\Omega_0 [(\dfrac{R_2'}{s})^2 + (X_m + X_2')^2]} \tag{6-20}$$

能耗制动时的机械特性式与电动运行状态时的机械特性方程式是一致的。所不同的是，电动运行状态时，是用电源电压 U_1 来表示的，而能耗制动时，是用等效的定子电流 I_1 来表示的。根据式（6-20）可以画出三相异步电动机能耗制动时的机械特性，如图 6-17 所示。

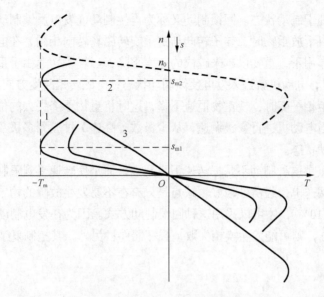

图 6-17 能耗制动时的机械特性

从图 6-17 中可以看出，能耗制动时的机械特性与定子接三相交流电源运行时的机械特性很相似，是一条具有正、负最大值的曲线，电磁转矩 $T = 0$ 时，所对应的转差率 $s = 0$，其相应的转速 $n = 0$。能耗制动时的机械特性是一条过零点的曲线。

对式（6-20）求导，并使 $\dfrac{dT}{ds} = 0$，得到能耗制动运行时的最大转矩 T_m 及相应的转差率 s_m 分别为

$$T_m = \frac{m_1}{\varOmega_0} \cdot \frac{I_1^2 X_m^2}{2(X_m + X_2')} \tag{6-21}$$

$$s_m = \frac{R_2'}{X_m + X_2'} \tag{6-22}$$

根据式（6-23），当转子电阻不变，励磁电流 I_1（对应 I_f）增加时，s_{m1} 不变，最大转矩 T_m 增加，如图 6-17 所示的曲线 1 与曲线 2，前者励磁电流大。若为绕线式异步电动机，则当励磁电流 I_f 不变，增加转子电阻时，最大转矩 T_m 不变，s_m 增加，如图 6-17 所示的曲线 1 与曲线 3，前者转子回路没有串电阻，后者转子回路串入了电阻。从图 6-17 所示的机械特性可以看出，改变直流励磁电流 I_f 的大小，或者改变绕线式异步电动机转子回路每组所串电阻值，都可以调节能耗制动时制动转矩的大小。

（3）能耗制动的应用

带反抗性负载时，采用能耗制动可以准确制动停车；运用在吊车控制系统中，带位能性负载，可以通过改变直流励磁电流的大小，或改变转子回路所串电阻的值，均可调节能耗制动运行时电动机的转速。

3. 回馈制动

所谓回馈制动是指三相异步电动机转子实际转速超过同步转速的一种制动状态。实现回馈制动的条件是在电动机轴上吸收机械能，使其转速大于旋转磁场的转速，这时电磁转矩与

转速相反，电动机处于制动状态。回馈制动又称为再生制动或发电反馈制动。

例如，当起重机下放重物时，转子转向与定子旋转磁场转向相同，在电动机电磁转矩和重物的重力矩双重作用下，重物以越来越快的速度下降，当转子转速由于重力的作用超过同步转速，即 $n > n_0$ 时，电动机就进入发电反馈制动状态，电磁转矩改变方向，变为制动转矩；当电磁转矩与重力矩相平衡时，使重物恒速下降，这时将重物下降失去的位能转换成电能反馈给电网。另外，当电动机进行变极调速，从少极数（高速）过渡到多极数（低速）时，电动机运行于发电制动状态。

回馈制动的优点是这种制动不是把转速下降到零，而是使转速受到限制，不需要任何设备装置，还能向电网送电，经济性较好。缺点是只有在不易发生故障的稳定电网电压下（电网电压波动不大于 10%），才可以采用这种回馈制动方式。因为在发电制动运行时，电网电压故障时间大于 2ms，则可能发生换相失败，损坏器件；另外，其控制复杂，成本较高。

6.4 三相异步电动机的调速

一般来说，三相异步电动机的调整性能比直流电动机差，但异步电动机结构简单，运行可靠，应用极为广泛。

可以知道三相异步电动机转速为

$$n = (1-s)n_0 = (1-s)\frac{60f_1}{p} \qquad （6-23）$$

由式（6-23）可知，三相异步电动机的调速方法大致分为变极调速、改变转差率调速和变频调速 3 种。

1. 变极调速

变极调速是一种通过改变定子绕组极对数来实现转子转速调节的调速方式。在一定的电源频率下，由于同步转速与极对数成反比，因此，改变定子绕组极对数便可以改变转子转速。

原则上，定子可以通过两套独立的绕组实现极对数的改变。但实际应用中，定子绕组极对数的改变大都是通过一套定子绕组、几种不同的接线方式来实现的，如图 6-18 所示。将定子绕组中每相绕组的两组线圈串联，如图 6-18（a）所示，能产生 4 极磁场（$p=2$）；如果改变成并联绕组，如图 6-18（b）所示，可成为 2 极磁场（$p=1$）。于是，这台电动机有两种速度。

这种磁极对数可以改变的电动机，称为多速电动机。常见的有双速电动机（其规格为 4/2、8/4、6/4）、三速电动机（其规格为 8/6/4）等多种形式。当定子绕组变极时，转子绕组也要相应地改接。因此，变极调速只用于笼型异步电动机，因为定子变极时，笼型电动机的转子也能作相应的变极；而绕线式异步电动机的转子绕组极数是固定不变的，所以不能进行变极调速。

变极调速的优点是投资较少，所需设备简单，运行可靠。缺点是电动机绕组引出头多，转速只能成倍变化，为有级调速。本方法适用于不需要无级调速的生产机械，如金属切削机床、升降机、起重设备、风机、水泵等。

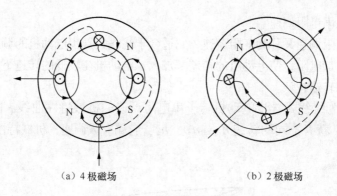

（a）4 极磁场　　　　　　　　　　　　　（b）2 极磁场

图 6-18　变极调速示意图

2. 变转差率调速

三相异步电动机通过改变转差率 s 可以达到调节转子转速的目的，具体调速方法包括改变定子电压调速、转子绕组串电阻调速、电磁滑差离合器调速等。

（1）改变定子电压调速

改变定子电压调速又称为变压调速，它适合于笼型异步电动机的调速。由于电动机的转矩与电压的平方成正比，对于不同的定子电压，可以得到一组不同的机械特性曲线，如图 6-19 所示。对于恒转矩负载，可得到不同的稳定转速 n_1、n_2、n_3，可见恒转矩负载的调速变化很小，实用价值不大。但是风机、泵类负载转矩与转速的平方成正比，随着转速的上升，其负载转矩急剧增大，可得 A、B、C 工作点，调速范围显著。而对于高转子电阻笼型异步电动机，则可得到较宽的调速范围，如图 6-20 所示。但其机械特性太软，低压时的过载能力也较差。为此，常采用带转速负反馈的控制系统来解决速度的稳定问题。

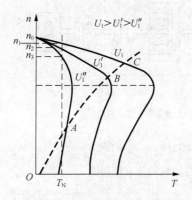

图 6-19　笼型异步电动机改
变定子电压调速的特性曲线

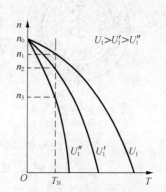

图 6-20　高转子电阻笼型异步电
动机调压调速的特性曲线

变压调速的主要装置是一个能提供电压变化的电源，目前常用的调压方式有串联饱和电抗器、自耦变压器、晶闸管调压等几种。晶闸管调压方式为最佳。变压调速的优点为变压调速线路简单，易实现自动控制；缺点为变压过程中转差功率以发热形式消耗在转子电阻中，效率较低。调压调速一般适用于 100kW 以下的生产机械。

（2）转子绕组串电阻调速

转子绕组串电阻调速又称为变阻调速，它适合于绕线式异步电动机的调速。绕线式异步电动机转子串入附加电阻，使电动机的转差率加大，电动机在较低的转速下运行。串入的电阻越大，电动机的转速越低。

图 6-21 所示为绕线式异步电动机转子串电阻调速的机械特性曲线。由图可知，对应一定的负载转矩，就有不同的转速 n_1、n_2、n_3。它属有级调速，机械特性较软。

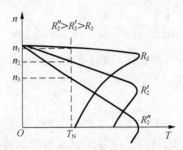

图 6-21　绕线式异步电动机转子串电阻调速的机械特性曲线

变阻调速方式的优点是设备简单、投资少、控制方便；缺点是转差功率以发热的形式消耗在电阻上。该调速方法广泛应用于起重设备中。

（3）电磁滑差离合器调速

滑差离合器电动机又称电磁调速电动机，它是在笼型异步电动机的转子机械轴上装一电磁滑差离合器，通过调节离合器的励磁电流，来调节离合器的输出转速，最终实现调速。滑差离合器电动机的基本结构如图 6-22 所示。

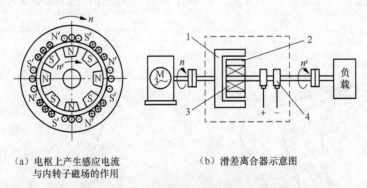

（a）电枢上产生感应电流　　　　　　（b）滑差离合器示意图
与内转子磁场的作用

1—电枢　2—磁极　3—励磁绕组　4—电刷和滑环

图 6-22　滑差离合器电动机的基本结构图

由图 6-22 可见，滑差离合器电动机由笼型异步电动机、电磁滑差离合器和直流励磁电源（控制器）三部分组成。直流励磁电源功率较小，通常由单相半波或全波晶闸管整流器组成，改变晶闸管的导通角，可以改变励磁电流的大小。电磁滑差离合器由电枢和磁极两部分组成。电枢和磁极没有机械联系，都能自由转动。电枢与电动机转子同轴联接称主动部分，由电动机带动；磁极用联轴节与负载轴对接称从动部分。通常，电枢是由整块铸铁车成的钢杯，相当于鼠笼式异步电动机的转子，可以认为是由无数根鼠笼导条并联而成，其内产生涡流；磁极上装有励磁绕组，外加电源通过滑环、电刷可以控制其直流励磁，改变负载转速。

电磁滑差离合器调速的原理是：当电枢与磁极均为静止时，如励磁绕组通以直流电，则沿气隙圆周表面将形成若干对 N、S 极性交替的磁极，其磁通经过电枢。当电枢随拖动电动机旋转时，由于电枢与磁极间相对运动，因而使电枢感应产生涡流，此涡流与磁通相互作用产生转矩，带动有磁极的转子按同一方向旋转，但其转速恒低于电枢的转速 n，这是一种转差调速方式，变动转差离合器的直流励磁电流，便可改变离合器的输出转矩和转速。

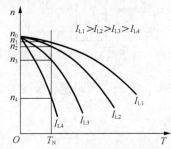

图 6-23 电磁调速电动机的机械特性

电磁调速电动机的机械特性曲线很软，如图 6-23 所示。在一定励磁电流下，负载稍有波动转速变化很大，往往满足不了生产机械的要求，为此通常采用测速发电机进行速度负反馈，来控制速度的稳定。当转速降低时，增加直流励磁电流，以保持转速的相对稳定，所以电磁调速异步电动机一般都装有测速发电机。

电磁调速异步电动机不能长时间低速运行。因为滑差离合器是依靠涡流工作的，而涡流使电枢发热，电动机低速运行时，电枢的涡流发热更大，时间过长将烧毁电动机。

电磁调速电动机的优点为装置结构及控制线路简单、运行可靠、维修方便，调速平滑、无级调速，适用于中、小功率，要求平滑动、短时低速运行的生产机械。

（4）串级调速

① 串级调速的由来。在绕线式异步电动机转子回路串入电阻的调速，最大的缺点是损耗大、不经济。我们知道，电动机经气隙传递到转子的电磁功率为

$$P_M = m_2 I_2^2 \frac{R_2}{s}$$

其中一部分变成转子的铜损耗，即

$$p_{Cu2} = m_2 I_2^2 R_2 = sP_M$$

其余部分转换成机械功率输出，即

$$P_2 = P_M - p_{Cu2} = m_2 I_2^2 R_2 \frac{1-s}{s} = (1-s)P_M \qquad （6-24）$$

在负载转矩不变的条件下，调速前后电动机发出的电磁转矩也应该保持不变，才能达到机械系统的转矩平衡。由于电动机的电磁功率与电磁转矩成正比，所以电磁功率也不变。当速度降低 s 增大时，转子的铜损耗增大。因此，从能量观点来看，转子串电阻调速是将一部分电磁功率消耗在转子电阻上，使实际的输出功率减小，迫使在一定负载转矩下，电动机的运行速度下降。

能不能设法将这一部分消耗在电阻上的电磁功率回送电网，或者由另一台电动机吸收后转换成机械功率去拖动负载呢？这样达到的效果与转子串电阻相同，又可以提高系统的运行效率。串级调速就是根据这一指导思想而设计出来的。

② 串级调速的原理。在负载转矩不变的条件下，异步电动机的电磁功率 $P_M = T\Omega = $ 常数，转子铜损耗 $p_{Cu} = sP_M$ 与转差率成正比，所以转子铜损耗又称转差功率。转子串电阻调速时，转速调得越低，转差功率越大、输出功率越小、效率就越低，所以转子串电阻调速很不经济。

如果在转子回路中不串电阻，而是串接一个与转子感应电动势 $\dot{E}_2$ 同频率的附加电动势 $\dot{E}_f$（见图 6-24），通过改变 $\dot{E}_f$ 的幅值和相位，同样也可实现调速。这样电动机在低速运行时，转子中的转差功率只有小部分被转子绕组本身电阻所消耗，而其余大部分被附加电动势 $\dot{E}_f$ 所吸收，利用产生 $\dot{E}_f$ 的装置可以把这部分转差功率回馈到电网，使电动机在低速运行时仍具有较高的效率。这种在绕线式异步电动机转子回路串接附加电动势的调速方法称为串级调速。

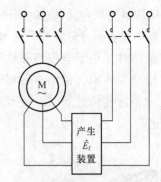

图 6-24 转子串 E_f 的串级调速原理图

串级调速完全克服了转子串电阻调速的缺点，它具有高效率、无级平滑调速、较硬的低速机械特性等优点。

串级调速的基本原理可分析如下：

转子的电流原为

$$I_2 = \frac{sE_2}{\sqrt{R_2^2 + (sX_2)^2}} \tag{6-25}$$

当转子串入的 $\dot{E}_f$ 与 $\dot{E}_{2s} = s\dot{E}_2$ 反相位时，电动机的转速将下降。因为反相位的 $\dot{E}_f$ 串入后，立即引起转子电流的减小，即

$$I_2 = \frac{sE_2 - E_f}{\sqrt{R_2^2 + (sX_2)^2}} \tag{6-26}$$

而电动机产生的电磁转矩 $T = C_M \Phi_2 I_2 \cos\varphi_2$ 也随 I_2 减小而减小，于是电动机开始减速，转差率 s 增大，由式（6-26）可知，随着 s 增大，转子电流 I_2 开始回升，电磁转矩 T 也相应回升，直到转速降至某个值，I_2 回升到使得 T 恢复到与幅值转矩平衡时，减速过程结束，电动机便在此低速下稳定运行，这就是向低于同步转速方向调速的原理。

串入反相位的 $\dot{E}_f$ 幅值越大，电动机的稳定转速就越低。

当转子串入的 $\dot{E}_f$ 与 $\dot{E}_2$ 同相位时，电动机的转速将向高调节。因为同相位的 $\dot{E}_f$ 串入时，立即使转子电流 I_2 增大，即

$$I_2 = \frac{sE_2 + E_f}{\sqrt{R_2^2 + (sX_2)^2}} \tag{6-27}$$

于是，电动机的 T 相应增大、转速将上升、s 减小，随着 s 的减小，I_2 开始减小，T 也相应减小，直到转速上升到某个值，I_2 减小到使得 T 复原到与负载转矩平衡时，升速过程结束，电动机便在高速下稳定运行。

由上面分析可知，当 $\dot{E}_f$ 与 $\dot{E}_2$ 反相位时，可使电动机在同步转速以下调速，称为低同步串级调速，这时提供 $\dot{E}_f$ 的装置从转子电路中吸收电能并回馈到电网；当 $\dot{E}_f$ 与 $\dot{E}_2$ 同相位时，可使电动机朝着同步转速方向加速，$\dot{E}_f$ 幅值越大，电动机的稳定这时越高，当 $\dot{E}_f$ 幅值足够大时，电动机的转速将达到甚至超过同步转速，这称为超同步串级调速，这时提供 $\dot{E}_f$ 的装置向转子电路输入电能，同时电源还要向定子电路输入电能，因此又称为电动机的双馈运行。

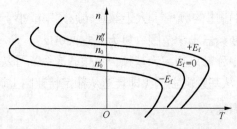

图 6-25　串级调速时的机械特性

串级调速时的机械特性如图 6-25 所示，由图可见，当 $\dot{E}_f$ 与 $\dot{E}_2$ 同相位时，机械特性基本上是向右上方移动；当 $\dot{E}_f$ 与 $\dot{E}_2$ 反相位时，机械特性基本上是向左下方移动。因此,机械特性的硬度基本不变，但低速时的最大转矩和过载能力降低，起动转矩也减小。

串级调速的调速性能比较好，但获得附加电动势 $\dot{E}_f$ 的装置比较复杂，成本较高，且在低速时电动机的过载能力较低，因此串级调速最适用于调速范围不太大（一般为 2～4）的场合，如通风机和提升机等。

3. 变频调速

变频调速是一种通过改变定子绕组供电频率来改变转子转速的调速方式。由于同步转速 $n_1 = \dfrac{60f}{p}$ 与定子频率成正比，改变定子绕组供电频率便可实现转子转速的平滑调节，并且可以获得较宽的调速范围和足够硬的机械特性。因而，在各种方法中，变频调速是一种高性能的调速方案。

现在变频技术已相当成熟，因此推广应用异步电动机的变频调速，就是把电子和控制技术与传统电机相结合，能使电力拖动水平长足提高，意义十分重大。

变频调速具有质量轻、体积小、转差功率不变、效率高、调速范围宽、性能优良等优点，是交流调速系统中广为应用的一种调速方法。

三相异步电动机变频调速具有优良的调速性能，能充分发挥三相笼型异步电动机的优势，实现平滑的无级调速，调速范围宽，效率高，是交流调速系统中广为应用的一种调速方法。

变频调速主要用于笼型异步电动机。变频调速的装置框图如图 6-26 所示，它主要由整流器和逆变器两大部分组成。由整流器将工频 50Hz 的三相交流电变换为直流电，再由逆变器变换为频率 f_1 和电压有效值 U_1 均可调的三相交流电，供给三相鼠笼式交流异步电动机，由此得到比较硬的无级调速特性。在调速过程中，如果可以改变频率的同时调节输出电压的幅值和相位，则称为矢量控制变频调速。这种调速方法的调速性能比仅同时调节 U_1 和 f_1 的调速方法有很大的提高，使异步电动机的调速性能达到接近直流电动机的水平。

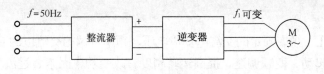

图 6-26　变频调速装置框图

变频调速根据变频器输出的频率 f_1 大于额定转速频率或小于额定转速频率分为恒转矩调速或恒功率调速两种。变频器频率范围一般为 0.5~320Hz。

一般在变频调速过程中称额定频率为基频，变频调速系统可以从基频向下调（即转速从额定转速向下调），也可以从基频向上调（即转速从额定转速向上调）。

（1）基频以下的变频调速

三相异步电动机每相电压有效值为

$$U_1 \approx E_1 = 4.44 k_{w1} f_1 N_1 \phi_m \qquad (6\text{-}28)$$

式中：E_1——气隙磁通在定子绕组每相中感应电动势的有效值（V）；

k_{w1}——与绕组有关的结构常数；

f_1——定子的频率（Hz）；

N_1——定子绕组每相串联匝数；

ϕ_m——每极气隙磁通量（Wb）。

由式（6-28）可知，如果定子绕组每相中感应电动势的有效值 E_1 不变（即电源电压不变），则随着 f_1 的下降，气隙磁通 ϕ_m 就会大于额定气隙磁通 ϕ_{mN}，结果使电动机的铁心产生过饱和，从而导致过大的励磁电流，使电动机功率因数、效率下降，严重时会因绕组过热烧坏电动机，这是不允许的。因此，降低电源频率时，必须同时降低电源电压。

由式（6-28）可知，要保持 ϕ_m 不变，则随着 f_1 的下降，必须降低 E_1，使 E_1/f_1 =常数，即电动势与频率比为恒定值。绕组中的感应电动势不容易直接控制，当电动势的值较高时，可以认为 $U_1 \approx E_1$，即 U_1/f_1 =常数，这就是恒压频比控制方式。

基频以下调速时的机械特性曲线如图 6-27 所示。如果电动机在不同转速下都具有额定电流，则电动机都能在温度升高允许的条件下长期运行，这时转矩基本上随磁通变化。由于在基频以下调速时磁通恒定，所以转矩也恒定。根据电机拖动原理，在基频以下调速属于"恒转矩调速"。

由图 6-27 可知，电动机在低频低速运行时，可能会拖不动负载。因此，在低速时需要采用定子补偿电压，适当提高电压 U_1，以增强带负载能力。

（2）基频以上的变频调速

升高电源电压是不允许的，因此升高频率向上调速时，只能保持 U_{1N} 不变，频率越高，磁通 ϕ_m 越低，是一种降低磁通升速的方法，与他励直流电动机弱磁升速相似。

在基频以上调速时，由于电压 $U_1 = U_{1N}$ 不变，当频率升高时，同步转速随之升高，气隙磁动势减弱，最大转矩减小，输出功率基本不变。所以基频以上的变频调速属于"弱磁恒功率调速"。其机械特性如图 6-28 所示。

（3）变频器

变频器是把电压、频率固定的交流电变成电压、频率可调的交流电的变换器，能实现对交流异步电机的软起动、变频调速，提高运转精度，改变功率因素、过流/过压/过载保护等功能。

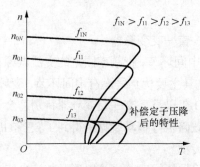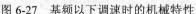

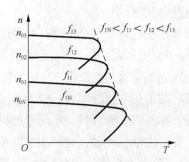

图 6-27　基频以下调速时的机械特性　　　　图 6-28　基频以上调速时的机械特性

采用变频器运转，随着电机的加速相应提高频率和电压，起动电流被限制在 150%额定电流以下（根据机种不同，为 125%~200%）。用工频电源直接起动时，起动电流为额定电流的 6~7 倍，因此，将产生机械电气上的冲击。采用变频器传动可以平滑地起动（起动时间变长）。起动电流为额定电流的 1.2~1.5 倍，起动转矩为 70%~120%额定转矩；对于带有转矩自动增强功能的变频器，起动转矩为 100%以上，可以带全负载起动。

1）变频器的组成

变频器的基本结构如图 6-29 所示，它通常由整流单元、高容量电容、逆变器和控制器 4 个部分组成。整流单元的作用是将工作频率固定的交流电转换为直流电；高容量电容的作用是存储转换后的电能；逆变器由大功率开关晶体管阵列组成电子开关，其作用是将直流电转化成不同频率、宽度、幅度的方波；控制器按设定的程序工作，控制输出方波的幅度与脉宽，使叠加为近似正弦波的交流电，驱动交流电动机。

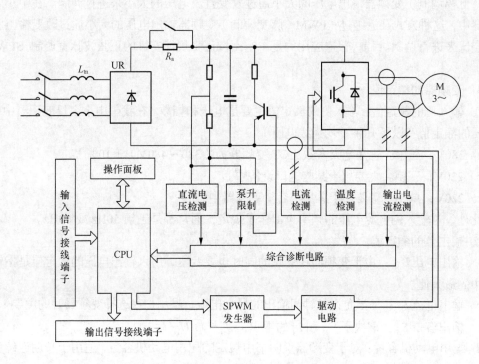

图 6-29　变频器的基本结构

2）变频器的分类

变频器按变换环节可分为交—交变频器和交—直—交变频器。

① 交—交变频器：交—交变频器是指无直流中间环节，把频率固定的交流电源直接变换成频率电压连续可调的交流电，也称为直接变频。其主要优点是没有中间环节，变频效率高，但其连续可调的频率范围窄，一般为额定频率的 1/2 以下。交—交变频器特别适合于大容量低速传动，在轧机、卷扬机、水泥球磨机、矿石破碎机等传动装置中得到了较多的应用。它既可用于异步电动机传动，也可用于同步电动机传动。

② 交—直—交变频器：交—直—交变频器是将恒压恒频的交流电通过整流电路变换成直流电，然后再经过逆变电路将直流电变换成调压调频的交流电。这种变频器虽然多了一个中间直流环节，但是输出交流电的频率是任意的。在此类装置中用不可控整流，则输入功率不变；用 PWM 逆变器，输出电压是一系列脉冲，调节脉冲宽度就可以调节输出电压值。假如脉冲宽度按正弦分布，则输出电压中谐波可以大大减少。谐波减少的程度取决于逆变器功率开关的开关频率。因此，PWM 逆变器中很少采用像晶闸管之类开关频率低的半控型器件作为开关器件，而是采用开关频率高的全控型器件如 GTR、GTO、MOSFET、IGBT 等。同时调频调压都集中在逆变器一侧，控制也简化了。因此，这种结构成为当前中小型交—直—交变频器中普遍采用的一种结构形式。

变频器按照滤波方式可分为电压源型变频器和电流源型变频器。电压源型变频器是将电压源的直流变换为交流的变频器，中间直流环节的滤波是电容；电流源型变频器是将电流源的直流变换为交流的变频器，其中间直流环节的滤波是电感。

变频器按照电压调制方式可分为 PAM（脉幅调制）变频器和 PWM（脉宽调制）变频器。PAM（脉幅调制）变频器输出电压的大小通过改变直流电压的大小来进行调制。在中小容量变频器中，这种方式几近绝迹；PWM（脉宽调制）变频器输出电压的大小通过改变输出脉冲的占空比来进行调制。目前，普遍应用的是占空比按正弦规律安排的正弦波脉宽调制（SPWM）方式。

3）变频器的额定值

① 输入侧的额定值：输入侧的额定值主要是电压和相数。在我国中小容量变频器中，输入电压的额定值有以下几种（均为线电压）。

a. 380V，三相。这是绝大多数（CT 变频器为（380～480V）±10%）。

b. 220V，三相。主要用于某些进口设备中。

c. 220V，单相。主要用于家用小容量变频器中。

此外，对输入侧电源电压的频率也都作了规定，通常都是工频 50Hz 或 60Hz。

② 输出侧的额定值。

a. 输出电压 U_N：由于变频器在变频的同时也要变压，所以输出电压的额定值是指输出电压中的最大值。

b. 输出电流 I_N：是指允许长时间输出的最大电流，是用户在选择变频器时的主要依据。

c. 输出容量 S_N：取决于 U_N 和 I_N 的乘积，$S_N = \sqrt{3}\, U_N I_N$。

d. 配用电动机容量：对于变频器说明书中规定的配用电动机容量，适用于长期连续负载运行。

e. 过载能力：变频器的过载能力是指其输出电流超过额定电流的允许范围和时间。大多数变频器都规定为150%、1min。

4）变频器的频率指标

① 频率范围：即变频器输出的最高频率和最低频率。各种变频器规定的频率范围不尽一致。通常，最低工作频率为0.1~1Hz；最高工作频率为120~650Hz。

② 频率精度：指变频器输出频率的准确精度。由变频器的实际输出频率与给定频率之间的最大误差与最高工作频率之比的百分数来表示。

③ 频率分辨率：指输出频率的最小改变量，即每相邻两档频率之间的最小差值。

小　　结

三相异步电动机主要由定子和转子构成，按转子结构的不同可分为笼型异步电动机和绕线转子异步电动机。笼型异步电动机结构简单、维护方便、价格便宜、应用广泛；绕线转子异步电动机的起动和调速的性能较好。

三相异步电动机的机械特性有3种表达形式，即物理表达式、参数表达式和实用表达式；其转速 n 和转矩 T 的关系曲线 $n=f(T)$ 是三相异步电动机的机械特性曲线。以机械特性为基础，结合典型控制电路的应用，才能更好地掌握三相异步电动机的各种控制方式和采用某种控制方式所应注意的要点。

三相异步电动机的起动可分为直接起动和减压起动。直接起动时起动电流较大，对电网和其他用电设备有一定影响。直接起动一般适合小容量场合，而间接起动适合大、中容量场合。减压起动的方法有电阻或电抗串接降压起动、Y—△起动及自耦变压器起动等。减压起动时，虽然减小了起动电流，但也减小了起动转矩。绕线转子异步电动机可采用在转子电路中串接电阻的起动方法，既可减小起动电流，又能增大起动转矩。

三相异步电动机常用的制动方法有能耗制动、反接制动和回馈制动。能耗制动需要直流电源，制动准确而平稳，耗能小；反接制动设备简单，制动迅速，制动时有冲击，能耗大。

三相异步电动机的调速是当前电动机发展的重要内容，调速性能可从调速范围、平滑性、可靠性等方面来衡量。异步电动机的调速可通过下列方法进行调节：改变电源频率 f；改变旋转磁场的磁极对数 p；改变转差率 s。对于绕线转子异步电动机，通过改变串接在转子电路中的电阻来改变转速。

习　　题

1．三相异步电动机的机械特性，当 $0<s<s_m$ 时，电磁转矩 T 随 s 增加而增大，$s_m<s<1$ 时电磁转矩随增加而减小，这是为什么？

2．什么是异步电动机的固有机械特性？什么是异步电动机的人为机械特性？

3．三相异步电动机最大转矩的大小与定子电阻是什么关系？与转子电阻有关吗？异步电动机可否在最大转矩下长期运行？为什么？

4．绕线转子异步电动机拖动恒转矩负载运行时，若增大转子回路外串电阻，电动机的电磁功率、转子电流、转子回路的铜损耗及其轴输出功率将如何变化？

5．三相异步电动机拖动恒转矩负载运行在额定状态，$T_L=T_N$。如果电压突然降低，那么，电动机的机械特性以及转子电流将如何变化？

6．为什么三相异步电动机定子回路串入三相电阻或电抗时最大转矩和临界转差率都要减小？

7．三相异步电动机的旋转磁场是如何产生的？其转向如何确定？

8．三相异步电动机的转子开路时，电动机能否转动？为什么？

9．什么是三相异步电动机的转差率？其额定值是多少？在起动瞬间其值是多少？

10．为何在三相异步电动机的减压起动的各种方法中，自耦变压器减压起动性能相对较好？

11．有一台三相笼型异步电动机，额定功率为 40kW，额定转速为 1470 r/min 而，求它的同步转速、额定转差率和额定转矩。

12．三相异步电动机的调速有哪几种方法？各有何优缺点？

13．三相异步电动机拖动恒转矩负载进行变极调速时，应采用何种联结方式？

14．容量为几千瓦时，为什么直流电动机不允许直接起动而三相笼型异步电动机却可以直接起动？

15．笼型异步电动机起动电流大而起动转矩却不大，这是为什么？

16．笼型异步电动机能否直接起动主要考虑哪些条件？不能直接起动时为什么可以采用减压起动？减压起动时对起动转矩有什么要求？

17．定子串电阻或电抗减压起动的主要优、缺点是什么？适用于什么场合？

18．三相笼型异步电动机的额定电压为 380V/220V，电网电压为 380V 时能否采用 Y-D 空载起动？

19．采用自耦变压器减压起动时，如果自耦变压器的电压比为 k，电动机的初始起动电流、初始起动转矩以及电网供给的最大起动电流等与直接起动相比较各降低多少？自耦变压器减压起动的主要优、缺点是什么？适用于什么场合？

20．为什么深槽及双笼转子异步电动机的堵转转矩大？

21．绕线转子异步电动机起动时，转子串入适当的电阻使起动电流减小了，而起动转矩反而增大了，这是为什么？如果把电阻串在定子电路中或在定子电路中串入电抗是否也能起到减小起动电流、增大起动转矩的作用？为什么？转子串电阻起动主要用于什么场合？

22．三相绕线转子异步电动机转子串频敏变阻器起动时，其机械特性有什么特点？为什么？频敏变阻器的铁心为什么用厚钢板而不用硅钢片？

23．一台三相异步电动机拖动额定转矩负载运行时，若电源电压下降10%，当电动机稳定运行后，电动机的电磁转矩变化是多少？

24．一台 20kW 的三相异步电动机，起动电流与额定电流之比为 7，变压器容量为 560kV·A，可用直接起动方式吗？

25．为什么变极调速适合于笼型异步电动机而不适合于绕线转子异步电动机？

26．三相异步电动机改变极对数后，若电源的相序不变，电动机的旋转方向会怎样？

27．YY-Y 联结和 YY-D 联结的变极调速都可以实现 2 极变 4 极，为什么前者属于恒转矩调速方式而后者却接近恒功率调速方式?

28．为什么在三相异步电动机变极调速时要同时改变电源时序?

29．试述三相异步电动机转子事电阻调速原理和调速过程，有何优缺点?

30．当三相异步电机运行于电动机状态，在什么范围内?在此时电磁转矩怎样?

31．异步电动机定子降压调速和转子串电阻调速同属消耗转差功率的调速方法，为什么在同一转矩下减压调速时转子电流增大，而转子串电阻调速时转子电流却不变?

32．三相异步电动机在基频以下变频调速时，如果只降低电源频率而电源电压的大小为额定值不变是否可以?为什么?

33．三相异步电动机保持 E_1/f_1=常数，在基频以下变频调速，其不同频率下的机械特性有什么特点?

34．三相异步电动机保持 U_1/f_1=常数，在基频以下变频调速时，为什么在较低的频率下运行时其过载能力下降较多?

35．三相异步电动机 $2p$=4，n_N=1440r/min，在额定负载下，保持 E_1/f_1=常数，将定子频率降至25Hz时，电动机的调速范围和静差率各是多少?

36．三相异步电动机基频以上变频调速，保持 $U_1=U_N$ 不变时，电动机的最大转矩将如何变化?能否拖动恒转矩负载?为什么?

37．为什么三相异步电动机串级调速时效率较高?

38．笼型异步电动机采用反接制动时为什么每小时的制动次数不能太多?

39．三相绕线转子异步电动机拖动恒转矩负载运行，在电动状态下增大转子电阻时电动机的转速降低，而在转速反向的反接制动时增大转子外串电阻会使转速升高，这是为什么?

40．是否可以说"三相异步电动机只要转速超过同步转速就进入回馈制动状态"?为什么?

41．试说明突然降低三相异步电动机定子电源频率时电动机的降速过程。

42．三相异步电动机能耗制动时，保持通入定子绕组的直流电流恒定，在制动过程中气隙磁通是否变化?如何变化?

43．三相异步电动机能耗制动时，制动转矩与通入定子绕组中的直流电流有何关系?转子回路电阻对制动开动时的制动转矩有何影响?

44．假设某三相异步电动机的 P_N=15kW，U_N=380V，n_N=720r/min，电动机轴上的 T_L=100N·m，试求电机以回馈制动下放重物的转速。

45．一台绕线转子电动机，转子电阻每相为 0.2Ω，使用额定负载时，转子电流为转速为1340r/min，效率为85%。若保持负载转矩恒定，并将转速降低至1050r/min，每相应串入的电阻值和电机的电磁功率。

46．一台三相六极笼型异步电动机的数据为 U_N=380V，n_N=957r/min，f_N=50Hz，定子绕组 Y 联结，r_1=2.08Ω，r_2'=1.53Ω，x_1=3.12Ω，x_2'=4.25Ω。试求：

（1）额定转差率;

（2）最大转矩;

（3）过载能力;

（4）最大转矩对应的转差率。

47．一台三相绕线转子异步电动机的数据为 P_N=75kW，n_N=720r/min，I_{1N}=148A，η_N=90.5%，$\cos\Phi_N$=0.85，λ_m=2.4，E_{2N}=213V，I_{2N}=220A。求：

（1）额定转矩；

（2）最大转矩；

（3）最大转矩对应的转差率；

（4）用实用公式绘制电动机的固有机械特性；

（5）计算 r_2。

48．一台三相绕线转子异步电动机，额定数据为 $P_N=16kW$，$U_{1N}=380V$，定子绕组 Y 联结，$E_{2N}=223.5V$，$I_{2N}=47A$，$n_N=717r/min$，$\lambda_m=3.15$。电动机拖动恒转矩负载 $T_L=0.7T_N$，在固有机械特性上稳定运行。当突然在转子电路中串入三相对称电阻 $R=1\Omega$，求：

（1）在串入转子电阻瞬间电动机产生的电磁转矩；

（2）电动机稳定运行后的转速 n、输出功率 P_2、电磁功率 P_M 及外串电阻 R 上消耗的功率；

（3）在转子串入附加电阻前后的两个稳定状态下，电动机转子电流是否变化？

49．一台绕线转子异步电动机的铭牌数据为 $P_N=75kW$，$U_{1N}=380V$，$n_N=1460r/min$，$I_{1N}=144A$，$E_{2N}=399V$，$I_{2N}=116A$，$\lambda_m=2.8$，负载转矩 $T_L=0.8T_N$。如果要求电动机的转速为 500r/min，求转子每相应串入的电阻值。

50．一台三相笼型异步电动机技术数据为 $P_N=320kW$，$U_N=6000V$，$n_N=740r/min$，$I_N=40A$，Y 联结，$\cos\Phi_N=0.83$，堵转电流倍数 $K_I=5.04$，堵转转矩倍数 $K_T=1.93$，过载倍数 $\lambda_m=2.2$。试求：

（1）直接起动时的初始起动电流和初始起动转矩；

（2）把初始起动电流限定在 160A 时，定子回路每相应串入的电抗是多少？初始起动转矩是多大？

51．三相笼型异步电动机，已知 $U_N=380V$，$n_N=1450r/min$，$I_N=20A$，D 联结，$\cos\Phi_N=0.87$，$\eta_N=87.5\%$，$K_I=7$，$K_T=1.4$，最小转矩 $K_{min}=1.1K_N$。试求：

（1）轴输出的额定转矩；

（2）电网电压降低到多少伏以下就不能拖动额定负载起动？

（3）采用 Y-D 起动时初始起动电流为多少？当 $T_L=0.5T_N$ 时能否起动？

（4）采用自耦变压器降压起动，并保证在 $T_L=0.5T_N$ 时能可靠起动，自耦变压器的电压比 k_A 为多少？电网供给的最初起动电流是多少？

52．某生产机械所用三相绕线转子异步电动机技术数据为 $P_N=28kW$，$I_{1N}=96A$，$n_N=965r/min$，$E_{2N}=197V$，$I_{2N}=71A$；定转子绕组均为 Y 联结，$\lambda_m=2.26$。若拖动 $T_L=230N\cdot m$ 的恒转矩负载，采用转子串电阻分级起动，试确定起动级数并计算各级起动电阻的数值。

53．某笼型异步电动机技术数据为 $P_N=11kW$，$U_N=380V$，$n_N=2930r/min$，$I_N=21.8A$，$\lambda_m=2.2$，拖动 $T_L=0.5T_M$ 的恒转矩负载运行。求：

（1）电动机的转速；

（2）若降低电源电压到 $0.8U_N$ 时电动机的转速；

（3）若频率降低到 $0.8f_N=40Hz$，保持 E_1/f_1 不变时电动机的转速。

54．一台绕线转子异步电动机有关数据为 $P_N=75kW$，$U_N=380V$，$n_N=976r/min$，$\lambda_m=2.05$，$E_{2N}=238V$，$I_{2N}=210A$。转子回路每相串入电阻为 0.05Ω、0.1Ω 和 0.2Ω 时，求转子串电阻调速的：

（1）调速范围；

（2）最大静差率；

（3）拖动恒转矩负载 $T_L=T_N$ 时的各级转速。

55．一台笼型三相异步电动机 $P_N=75kW$，$U_N=380V$，$n_N=980r/min$，$\lambda_m=2.15$，采用变频调速，保持 E_1/f_1 恒定，若调速范围与上题相同，试计算：

（1）最大静差率；

（2）频率为 40Hz、30Hz 时电动机的转速。

56．一台绕线转子异步电动机 $P_N=30kW$，$U_{1N}=380V$，$n_N=726r/min$，$\lambda_m=2.8$，$E_{2N}=285V$，$I_{2N}=65A$。该电动机拖动反抗性恒转矩负载，$T_L=0.8T_N$，在固有机械特性上运行，现采用反接制动停车，制动开始时在转子电路中每相串入 2.12Ω 电阻。试求：

（1）制动开始瞬间电动机产生的电磁转矩；

（2）制动到 $n=0$ 时不切断定子电源，也不采用机械制动措施，求电动机的最后稳定转速。

57．电动机的数据与习题 6-56 相同，并已知转子的额定铜损耗为 1500W，风阻摩擦和杂散损耗之和为 1050W，该电动机拖动起重机的提升机构。采用转子反向的反接制动下放重物。已知电动机的负载转矩 $T_L=T_N$；转子回路每相串入电阻 $R=3.1\Omega$。试求：

（1）电动机的转速；

（2）转子外串电阻上的功率损耗；

（3）电动机的轴功率。

58．一台绕线转子异步电动机的技术数据为 $P_N=75kW$，$n_N=720r/min$，$\lambda_m=2.4$，$E_{2N}=213V$，$I_{2N}=220A$，定、转子均为 Y 联结，该电动机拖动反抗性恒转矩负载 $T_L=T_N$。

（1）要求起动转矩 $T_{st}=1.5T_N$ 时，转子每相应串入多大电阻？

（2）如果在固有机械特性上运行时进行反接制动停车，要求制动开始时的转矩 $T=2T_N$，转子每相应串入多大电阻？

59．某绕线转子异步电动机 $P_N=60kW$，$n_N=960r/min$，$\lambda_m=2.5$，$E_{2N}=220V$，$I_{2N}=195A$，该电动机拖动位能性恒转矩负载，提升重物时电动机的负载转矩 $T_L=530N\cdot m$。求：

（1）电动机在固有机械特性上提升重物时的转速为多少？

（2）提升机构传动效率在提升时为 0.87，如果改变电源相序下放该重物，下放转速是多少？

（3）若使下放时电动机的转速为 $n=-280r/min$，不改变电源相序，转子回路中应串入多大电阻？

（4）若在电动机不断电的条件下，欲使重物停在空中，应如何处理？并做定量计算。

第 7 章　同步电动机

同步电机也是交流电机。同步电机可以作发电机用，世界上各发电厂和发电站所发出的三相交流电电能，都是三相同步发电机发出的；也可以作电动机使用，三相同步电动机的特点是：电压高（6kV 以上），容量大（250kW 以上），转速恒定，无启动转矩；在启动过程中转子绕组能产生极高的感应电动势；调节励磁电流可改变电动机的功率因数，从而改善整个电网的功率因数等。因此，三相同步电动机常用于拖动恒速旋转的大型机械，如空气压缩机、球磨机、离心式水泵等。同步电动机的控制与异步电动机相类似，不同之处是同步电动机的转子绕组需要直流励磁，故必须设有励磁电源及其控制电路。三相同步电动机主要用于功率较大的生产机械，如拖动大型水泵、空气压缩机、高炉热风炉、矿井通风机等。

7.1　同步电机的基本结构和工作原理

1. 同步电机的基本结构

同步电机就是转子的转速始终与定子旋转磁场的转速相同的交流电动机。同步电动机有旋转电枢式和旋转磁极式两种。旋转电枢式应用在小容量电动机中，而旋转磁极式用于大容量电动机中。图 7-1 所示为旋转磁极式同步电动机。

同步电机按照其结构形式分类有：同步发电机、同步电动机、同步调相机。它们的基本结构是一样的。与直流电机、异步电机一样，也是由定子和转子两大部分组成。

（1）定子

同步电机定子与异步电机定子结构基本相同，也是由铁心、电枢绕组、机座、端盖等部分组成。铁心也是由硅钢片叠成，大型同步电机由于尺寸太大，硅钢片常制成扇形，然后组成圆形。电枢绕组也是三相对称绕组。大型高压同步电机定子绕组绝缘性能要求较高，常用云母绝缘。机座和端盖的作用也与异步电机相同。

（2）转子

同步电机转子与异步电机转子有所不同，它的转子有固定的磁极，由通过电刷和集电环送入的直流电流励磁，产生固定极性的磁极。同步电机转子的结构有两种类型，即隐极式和凸极式。

隐极式转子如图 7-1（a）所示，转子呈圆柱形，无明显磁极，通常由整块铸钢经大型水压机锻造后，上大型机床车铣制成。在圆周的三分之二部分铣有槽和齿，槽中分布直流励磁绕组，转子圆周没开槽的三分之一部分称为大齿，是磁极的中心区域。隐极式转子制造工艺比较复杂，但它的机械强度较好，适于磁极少、转速高的同步电机。汽轮机本身是高速机械，所以汽轮发电机都是磁极数较少、转速较高的隐极式同步发电机。隐极式电机的气隙均匀，所以磁通无论走哪一路径，不管是在极中心处还是在几何中心处，所遇磁导相同，对应的电抗也无变化。总之，气隙中的磁密是均匀的。

凸极式转子如图 7-1（b）所示，磁极的形状与直流电机磁极相似，铁心常由普通薄钢片冲压后叠成，磁极上装有成形的集中直流励磁绕组，绕组的连接应使 N 极和 S 极在电机圆周上交替排列。凸极式转子结构简单，制造方便，制成多极比较容易，但机械强度较低，所以它适用于低速、多极的同步电机。在发电机中，水轮机属于低速机械，由式 $n_1=60f_1/p$ 可知，当工业电网频率为 50Hz 时（个别国家为 60Hz），低速必然多极，所以水轮发电机都是低速、多极的凸极式同步发电机（三峡的 70 万 kW 水轮发电机就是凸极式转子，它的转速是 75r/min，由上式可算出，它的磁极数达 80 个）。同步电动机大多数也是容量较大，转速较低的凸极式同步电机。

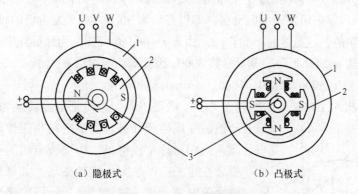

（a）隐极式　　　　　　　　　（b）凸极式

1—定子　2—转子　3—集电环

图 7-1　旋转磁极式同步电动机结构

凸极式转子的特点是气隙不均匀，其气隙磁密也是不均匀的。转子磁极中心附近气隙最小，磁阻也小，磁导最大。而在转子磁极的几何中线处气隙最大，磁阻也大，磁导最小。因此，磁通所走路径不同，所遇磁导不同，对应的电抗参数也不一致，这是凸极电机结构决定的。

此外，同步电机转子磁极表面都装有类似笼型异步电机转子的短路绕组，在发电机中称为阻尼绕组，在正常运行时起稳定作用；在电动机中称为起动绕组，异步起动时它是起动绕组，同步运行时也起稳定作用。

以上介绍的同步电机是磁极旋转式的，在同步电机发展的初期还有一种电枢旋转式的。电枢旋转式同步电机，磁极在定子上，它的定子结构与直流电机相似。转子上装有三相电枢绕组，三相电流通过集电环和电刷引出，转子结构与绕线式异步电机相似。这种结构同步电机在容量较小时工作还可以，但当容量增大时，就遇到了困难，主要是集电环和电刷流过的电流不能太大，所加电压也不能太高，因此，电枢旋转式同步电机已不能适应大容量的要求，逐渐变为现在这样磁极旋转式的。磁极旋转式转子加的是直流励磁电流，它的容量仅为电机容量的百分之几，电压不高，电流也不大，应用电刷和集电环引入没多大困难，因此现代的同步电机多为磁极旋转式，而电枢旋转式同步电机仅在小容量时偶尔遇到。

（3）同步电动机的特点

同步电动机转子的转速 n 与定子电源频率 f_1、极对数 p 之间应满足

$$n = n_1 = \frac{60f_1}{p}$$

上式表明，当定子电源频率 f_1 不变时，同步电动机的转速为常数，与负载大小无关（在不超过其最大拖动能力时），这是同步电动机最大的优点。

另外，同步电动机的功率因数可以调节，当处于过励状态时，还可以改善电网的功率因数，这也是同步电动机第二优点。

2. 同步电机基本工作原理

同步发电机的作用是把机械能转换成电能，它由原动机拖动旋转。当转子直流励磁绕组送入直流励磁电流后，转子磁极呈现固定极性，转子转起来后，磁力线切割定子绕组，三相对称绕组中将感应出三相对称电动势，成为三相交流电源。如果该发电机单独给负载供电，对频率的要求并不十分严格，则对原动机的转速要求也不很严格。但现代的发电机很少单独供电，绝大部分都是向共同的大电网供电，这就对同步发电机的频率要求很严，我国电网频率为 50Hz，所以发电机发出的电动势频率也必须为 50Hz。如果发电机的频率与电网频率不等会造成严重事故，这是绝对不允许的。由式 $f = pn_1/60$ 可知，为保证频率为 50Hz，电机的极对数 p 与转速 n_1 的乘积必须等于常数 3000，因此对应极对数 p 为 1、2、3、…的同步电机，转速 n_1 必须分别为 3000、1500、1000、…r/min 同步转速。

同步电动机的工作原理也很容易理解，电动机的作用是把电能转换为机械能，带动生产机械完成生产任务。同步电动机工作时定子三相绕组通入三相对称交流电流，由交流电机的磁场理论可知，将会在定子中产生圆形旋转磁场。如果转子已经送入直流励磁电流，转子磁极已经显示固定极性，则旋转磁场的磁极对转子异性磁极的磁拉力牵引转子与旋转磁场同速旋转，如图 7-2 所示，这就是同步电动机的简单工作原理。由于转子转速与旋转磁场转速相同，故称同步电动机。同步电动机转的相对位置不断变化，在一段时间内定、转子磁极为 N、S 异性相吸，转子受磁拉力，过 180° 后 N、N 极相排斥，转子受推力，这样交替进行，

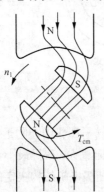

图 7-2　同步电动机牵引磁力示意

转子所受平均力矩为零，电动机不能运转。因此，同步电动机正常工作时转子转速必须与旋转磁场转速相等，这样定、转子磁子转速与旋转磁场的转速必须相等，不能有转速差，因为一旦有转速差，定、转子磁极场不能有稳定的磁拉力，形成固定的电磁转矩，拖动负载同步旋转。

3. 同步电机的额定值及励磁方式

（1）同步电机的额定值

额定值是制造厂对电机正常工作所作的使用规定，也是设计和试验电机的依据。同步电机的额定值如下。

① 额定容量 S_N 或额定功率 P_N。指电机在额定状态下运行时，输出功率的保证值。对同步发电机是指输出的额定视在功率或有功功率，常用 kV·A 或 kW 表示。同步电动机的额定容量一般都用 kW 表示。同步调相机则用 kV·A 或 kvar 表示。

② 额定电压 U_N。指电机在额定运行时的三相定子绕组的线电压，常以 kV 为单位。

③ 额定电流 I_N。指电机在额定运行时三相定子绕组的线电流，单位为 A 或 kA。

④ 额定频率 f_N。我国标准工频为 50Hz。

⑤ 额定功率因数 $\cos\varphi_N$。指电机在额定运行时的功率因数。

除上述额定值外，铭牌上还列出电机的额定效率 η_N、额定转速 n_N、额定励磁电流 I_{fN}、额定励磁电压 U_{fN}、额定温升等。

（2）同步电机的励磁方式

同步电机运行时必须在转子绕组中通以直流励磁电流，以建立主磁场。所谓励磁方式是指同步电机获得直流励磁电流的方式。而整个供给励磁电流的线路和装置称为励磁系统。励磁系统和同步电机有密切的关系，它直接影响同步电机运行的可靠性、经济性以及一些主要特性。常用的励磁方式有直流励磁机励磁、静止半导体励磁、旋转半导体励磁、三次谐波励磁等。

① 直流励磁机励磁。

用直流发电机作为励磁电源向同步发电机提供励磁电流，称为直流发电机励磁系统。在大功率整流器件获得迅速发展以前，这是同步发电机最基本的励磁方式，属于他励式中的一种。通常直流励磁机与主发电机装在同一转轴上，称为同轴励磁机。

当直流励磁机的励磁电流采用他励方式而由同轴的副励磁机供给时，励磁机运行性能稳定，动态响应速度较快。他励直流励磁机励磁系统原理图如图 7-3 所示。

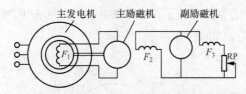

图 7-3　他励直流励磁机励磁系统原理图

② 静止半导体励磁。

随着半导体器件的发展，利用旋转磁极式的交流发电机加整流装置代替直流励磁机的方式得到了很大的发展。现在常用的主励磁机采用频率为 100Hz 的三相同步发电机，发出的三相交流电经过静止的半导体硅整流器整流供给主发电机励磁电流。而副励磁机采用频率为 400Hz 或 500Hz 的感应子发电机，发出的三相交流电经晶闸管整流后对主励磁机励磁。这种励磁方式的优点是不存在直流励磁机的换向问题，运行维护方便，技术性能较好；其主要缺点是整个装置较为复杂，另外起励时副励磁机需另外的直流电源供电。上述励磁方式称为他励式静止半导体励磁。

如果励磁电源直接取自同步发电机本身，取消交流励磁机，便称为自励式静止半导体励磁。这是主发电机的励磁电流由整流变压器取自自身输出端，经过三相晶闸管整流装置转变为直流，其原理如图 7-4 所示。

③ 旋转半导体励磁。

上述各种励磁方式，同步发电机的励磁电流均是通过电刷和滑环引入的，在要求防腐、防爆或励磁电流过大的场合，还是不适宜的。旋转半导体励磁系统则实现了励磁系统的无刷化，其原理如图 7-5 所示。图中主励磁机系一台旋转电枢式交流发电机，电枢与主发电机同轴运转，半导体整流装置也装在主发电机转子上。这样主励磁机的电枢绕组与半导体整流装置和主发电机励磁绕组三者之间就可以采用固定连接，不需要电刷和滑环装置，故此种励磁也称为无刷励磁。

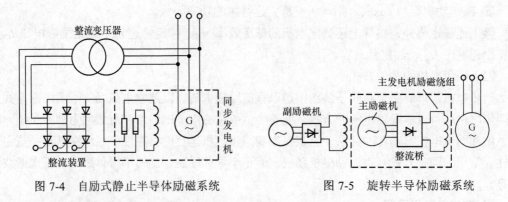

图 7-4 自励式静止半导体励磁系统   图 7-5 旋转半导体励磁系统

④ 三次谐波励磁。

三次谐波励磁，就是利用发电机气隙磁场中得三次及其倍数次谐波进行自励磁。

凸极式同步电机主磁极上的励磁绕组多为集中绕组，由其产生的空载磁通密度在空间的分布为一半顶波，其谐波成分中以三次谐波含量最大。

在发电机的定子槽中专门嵌放一套谐波绕组，其线圈的节距取极距的 1/3，每极下 3 个线圈串连在一起构成一个线圈组。因为谐波绕组各线圈组间相隔 60°，基波磁场在谐波绕组中的电动势之和为零。所以发电机在额定转速下，谐波绕组中将产生 3f 的交流电动势，经整流后供给同步发电机本身的励磁绕组，如图 7-6 所示。

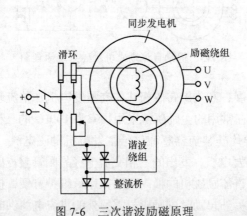

图 7-6 三次谐波励磁原理

7.2 同步电动机的功率因数调节

同步电动机有一个突出的优点就是其功率因数是可调的，即它可以通过调节转子励磁电流来改变电动机的功率因数，从而改善电网的功率因数。同步电动机在输出有功功率不变的条件下，调节励磁电流将引起电枢电流和功率因数的变化，这种变化关系可以用 V 形曲线来描述。

1. 同步电动机的 V 形励磁曲线

同步电动机的 V 形励磁曲线是指在电网恒定和电动机输出功率恒定的情况下，电枢电流和励磁电流之间的关系曲线，即 $I = f(I_f)$，如图 7-7 所示。

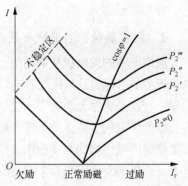

当同步电动机带有不同的负载时，对应有一组 V 形曲线。输出功率越大，在相同励磁电流条件下，定子电流增大，V 形曲线向右上方移。对应每条 V 形曲线定子电流最小值处，即为正常励磁状态（称为临界励磁电流），此时 $\cos\varphi = 1$（呈电阻特性）。左边是欠励区，功率因数是滞后的，电枢电流为感性电流；右边是过励区，功率因数是超前的，电枢电流为容性电流。

图 7-7　同步电动机的 V 形励磁曲线

由于电网上的负载大多为感性负载，如果电动机工作在过励状态下，则可提高功率因数。为改善功率因数和提高电动机的过载能力，作为同步调相机使用的同步电动机的额定功率因数一般可以调到 $\cos\varphi = 1 \sim 0.8$（超前）。

2. 同步电动机的功率因数调节

与同步发电机相似，当同步电动机输出的有功功率恒定而改变其励磁电流时，也可以调节电动机的无功功率。同步电动机的 V 形曲线如图 7-7 所示，图中所示为对应于不同的电磁功率时的 V 形曲线，其中 $P_2=0$ 的一条曲线对应于同步调相机的运行状态。

调节励磁电流可以调节同步电动机的无功电流和功率因数，这是同步电动机最可贵的特点。由于电网上的主要负载是感应电动机和变压器，它们都要从电网中吸收感性的无功功率。如果使同步电动机工作在过励状态，从电网吸收容性无功功率，则可就地向其他感性负载提供感性无功功率，从而提高电网的功率因数。因此，为了改善电网的功率因数和提高电机的过载能力，现代同步电动机的额定功率因数一般均设计为 1~0.8（超前）。

【例 7-1】　某工厂电源电压为 6000V，厂中使用了多台异步电动机，设其总输出功率为 1500kW，平均效率为 70%，功率因数为 0.7（滞后），由于生产需要又增添一台同步电动机。设当该同步电动机的功率因数为 0.8（超前）时，已将全厂的功率因数调整到 1，求此同步电动机承担多少视在功率和有功功率。

解：这些异步电动机总的视在功率 S 为

$$S = \frac{P_2}{\eta\cos\varphi} = \frac{1500}{0.7 \times 0.7} = 3060\text{kVA}$$

由于　　　　　　$\cos\varphi = 0.7$，$\sin\varphi = 0.713$

故这些异步电动机总的无功功率 Q 为

$$Q = S\sin\varphi = 3060 \times 0.713 = 2185\text{kvar}$$

同步电动机运行后，故全厂的感性无功功率全由该同步电动机提供，即有

$$Q' = Q = 2185\text{kvar}$$

因　　　　　　　$\cos\varphi' = 0.8, \sin\varphi' = 0.6$

故同步电动机的视在功率为

$$S' = \frac{Q'}{\sin\varphi'} = \frac{2185}{0.6} = 3640 \text{kVA}$$

有功功率为
$$P' = S'\cos\varphi' = 3640 \times 0.8 = 2910 \text{kW}$$

3. 同步调相机的用途与原理

通常所说的发电机和电动机，仅指有功功率而言，当电机向电网输出有功功率时便为发电机运行，当电机从电网吸收有功功率时便为电动机运行。同步电动机也可以专门供给无功功率，特别是容性无功功率。这种专供无功功率的同步电机称为同步调相机或同步补偿机。

由于电网的主要负载是异步电动机和变压器，这些负载所需的励磁电流都要从电网取得，即要从电网吸取感性无功功率。这将使输电线的总电流增大，功率因数降低，以致线路损耗增大，设备的利用率和效率都将降低。

提高电网的功率因数，既可以提高发电设备的利用率和效率，也能显著提高电力系统的经济性与供电质量，具有重大的实际意义。在电网的受电端接上一些同步调相机，这是提高电网功率因数的重要方法之一。

同步调相机实际上就是一台在空载运行情况下得同步电动机。它从电网吸收的有功功率仅供给电机本身损耗，因此同步调相机总是在电磁功率和功率因数都接近于零的情况下运行。

假如忽略调相机的全部损耗，则电枢电流全是无功分量，其电动势方程式为

$$\dot{U} = \dot{E}_0 + j\dot{I}X_t$$

据此可画出过励和欠励时的相量图，如图 7-8 所示。从图可见，过励时，电流 $\dot{I}$ 超前 $\dot{U}$ 90°（见图 7-8（a）），而欠励时电流 $\dot{I}$ 滞后 $\dot{U}$ 90°（见图 7-8（b））。所以只要调节励磁电流，就能灵活地调节它的无功功率的性质和大小。由于电力系统大多数情况下带感性无功功率，故调相机通常都是在过励状态下运行。

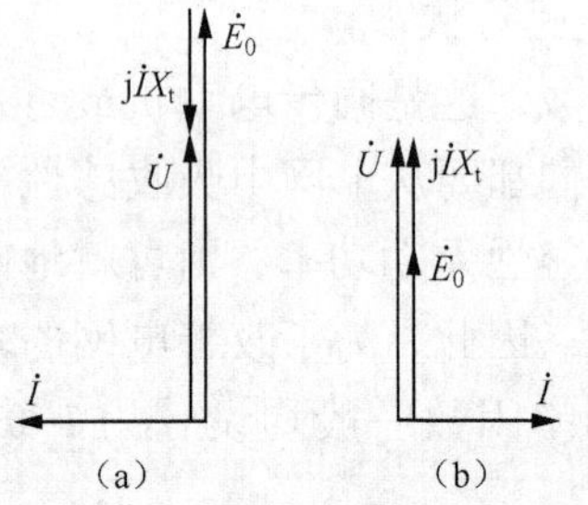

同步调相机的特点如下。

① 同步调相机的额定容量是指它在过励时的视在功率，这时的励磁电流称为额定励磁电流。根据实际运行需要和稳定性，它在欠励运行时的容量只有过励时的 0.5~0.65 倍。

图 7-8　同步调相机的相量图

② 同步调相机一般采用凸极式结构，由于转轴上不带机械负载，故在机械结构上要求较低，转轴较细。静态过载倍数也可以小些，相应地可以减小气隙和励磁绕组的用铜量，故其 X_d 较大。

③ 为了提高材料利用率，大型调相机多采用双水内冷或氢冷。

7.3　同步电动机的电力拖动

与其他电动机相比，同步电动机拖动系统有突出特点：首先是转速与电压的频率保持严格的同步，功率因数可以调节；其次，由于转子有励磁，所以可以在低频情况下运行，在同样条件

下，同步电动机的调速范围比异步电动机更宽，而且有较强的抗感染能力，动态响应时间短。

1. 同步电动机不能自行起动

同步电动机的电磁转矩是由定子旋转磁场和转子励磁磁场相互作用而产生的。只有两者相对静止时，才能得到恒定的电磁转矩。如给同步电动机加励磁并直接投入电网，由于转子在起动时是静止的，故转子磁场静止不动，定子旋转磁场以同步转速 n_1 对转子磁场作相对运动，则一瞬间定子旋转磁场将吸引转子磁场向前，由于转子所具有的转动惯量还来不及转动，另一瞬间定子磁场又推斥转子磁场向后，转子上受到的便是一个方向在交变的电磁转矩，如图 7-9 所示，没有办法牵引转子转动。三相同步电动机本身没有起动转矩，通电后转子不能起动。下面以图 7-9 说明同步电动机不能起动的原因。

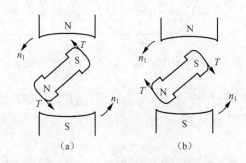

图 7-9　同步电动机的起动

由图 7-9 可看出当静止的三相同步电动机的定、转子接通电流时，定子三相绕组产生旋转磁场，转子绕组产生固定磁场。

假如起动瞬间，定、转子磁极的相对位置如图 7-9（a）所示，旋转磁场产生逆时针方向转矩。由于旋转磁场以同步转速旋转，而转子本身存在惯性，不可能一下子达到同步转速。这样定子的旋转磁场转过 180° 到了图 7-9（b），这时转子上又产生一个顺时针转矩。由此可见，在一个周期内，作用在同步电动机转子上的平均起动转矩为零。所以，同步电动机就不能自行起动。要起动同步电动机，必须借助于其他方法。

2. 三相同步电动机的起动方法

三相同步电动机的起动方法有 3 种：辅助起动法（由其他电动机带动起动）、异步起动法和变频起动法。

（1）辅助电动机起动

这种起动方法必须要有另外一台电动机作为起动的辅助电动机才能工作。辅助电动机一般采用与同步电动机极数相同且功率较小（其容量约为主机的 10%~15%）的异步电动机。在起动时，辅助电动机首先开始运转，将同步电动机的转速拖动到接近同步转速，再给同步电动机加入励磁并投入电网同步运行。由于辅助电动机的功率一般较小，所以这种起动方法只适用于空载起动。

（2）异步起动法

异步起动法是通过在凸极式同步电动机的转子上安装阻尼绕组来获得的起动转矩的。阻尼绕组和异步电动机的笼形绕组相似，只是它装在转子磁极的极靴上，有时就称同步电动机的阻尼绕组为起动绕组。

同步电动机的异步起动方法如下。

① 将同步电动机的励磁绕组通过一个电阻短接，如图 7-10 所示。短路电阻的大小为励磁绕组本身电阻的 10 倍左右。串电阻的作用主要是削弱由转子绕组产生的对起动不利的单轴转矩。而起动时励磁绕组开路是很危险的，因为励磁绕组的匝数很多，定子旋转磁场将在该绕组中感应很高的电压，可能击穿励磁绕组的绝缘。

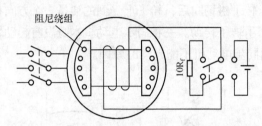

图 7-10　同步电动机异步起动法原理线路图

② 将同步电动机的定子绕组接通三相交流电源。这是定子旋转磁场将在阻尼绕组中感应电动势和电流，此电流与定子旋转磁场相互作用而产生异步电磁转矩，同步电动机便作为异步电动机而起动。

③ 当同步电动机的转速达到同步转速的 95% 左右时，将励磁绕组与直流电源接通，则转子磁极就有了确定的极性。这时转子上增加了一个频率很低的交变转矩，转子磁场与定子磁场之间的吸引力产生的整步转矩，将转子逐渐牵入同步。一般而言，轴上的负载愈轻，电机愈容易牵入同步。凸极同步电动机由于有磁阻转矩，更易牵入同步。

（3）变频起动法

变频起动法是使用变频器来起动同步电动机。变频器能将频率恒定、电压恒定的三相交流电变为频率连续可调、电压连续可调的三相交流电，而且电压与频率成比例地变化。起动时，将变频器的输入端接交流电网电压，输出端接同步电动机定子三相绕组，同时将励磁绕组通入直流励磁，调节变频器，使输出频率由很低的频率开始不断地上升，从而使得定子旋转磁场转速从极低开始上升。这样，在起动瞬间，定、转子磁场转速相差很小，在同步电磁转矩作用下，使转子起动加速，跟上定子磁场转速。然后连续不断地使变频器的输出频率升高，转子的转速就连续不断地上升，直至变频器的输出频率达到电网的额定频率，转子转速达到同步转速，再切换至电网供电，完成起动过程。

现在的变频器具有多种功能，可以按起动时间的要求，或者按起动转矩的要求进行设定，顺利起动同步电动机。

尽管变频器价格较贵，但是当一个工厂或者车间有多台同步电动机时，可以共用一台变频器。在用变频器起动一台同步电动机后，可以将变频器从电路中切除，用于下一台同步电动机的起动。这样，从总体上看，用变频器起动同步电动机还是比较经济的。

3．同步电动机的调速

同步电动机始终以同步转速进行运转，没有转差，也没有转差功率，而且同步电动机转子极对数又是固定的，不能有变极调速，因此只能靠变频调速。在进行变频调速时需要考虑恒磁通的问题，所以同步电动机的变频调速也是电压频率协调控制的变压变频调速。

在同步电机的变压变频调速方法中，从控制的方式来看，可分为他控变压变频调速和自控变压变频调速两类。

（1）他控变压变频调速系统

使用独立的变压变频装置给同步电动机供电的调速系统称为他控变频调速系统。变压变频的装置同感应电动机的变压变频装置相同，分为交—直—交和交—交变频两大类。对于经常在高速运行的电力拖动场合，定子的变压变频方式常用交—直—交电流型变压变频器，其电动机侧变换器（即逆变器）比给感应电动机供电时更简单。对于运行于低速的同步电动机电力拖动系统，定子的变压变频方式常用交—交变压变频器（或称周波变换器），使用这样的调速方式可以省去庞大的机械传动装置。

（2）自控变压变频调速系统

自控变压变频调速是一种闭环调速系统。它利用检测装置，检测出转子磁极位置的信号，并用来控制变压变频装置换相，类似于直流电动机中电刷和换向器的作用，因此也称为无换向器电机调速，或无刷直流电机调速。但它绝不是一台直流电动机。

这样，同步电动机、变频器、转子位置检测器就组成了无换向器电动机变频调速系统。由于无换向器电动机中的变频器，其控制信号来自转子位置检测器，是由转子转速来控制变频器的输出频率，故称之为"自控式变频器"。

对他控变压变频调速方式而言，通过改变三相交流电的频率，定子磁场的转速是可以瞬间改变的，但是转子及整个拖动系统具有机械惯性，转子转速不能瞬间改变，两者之间最终能不能同步，取决于外界条件。若频率变化较慢，且负载较轻，定、转子磁场的转速差较小，电磁转矩的自整步能力能带动转子及负载跟上定子磁场的变化而保持同步，变频调速成功。如果频率上升的速度较快，且负载较重，定、转子磁场的转速差较大，电磁转矩使转子转速的增加跟不上定子磁场转速的增加而出现失步，变频调速失败。

自控变压变频调速方式是基于首先改变转子的转速，在转子转速变化的同时改变电源电压频率。由于变频是通过电子线路来实现的，瞬间就可以完成，因而也就可以迅速改变定子磁场的转速而使两者同步，不会有失步的困扰。所以这种变频调速的方法被广泛地应用到同步电动机的调速系统中。

变频控制的方法由于将同步电动机的起动、调速、励磁等诸多问题放在一起解决，显示了其独特的优越性，已成为当前同步电动机电力拖动的一个主流。

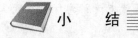

小　结

同步电机是根据电磁感应原理制造的一种旋转电机。同步电机的转子转速与电枢电流的频率之间存在严格不变的关系，即 $n = 60f_1/p$，或者说转子转速恒等于电枢旋转磁场的转速。同步电机是一种可逆电机，既可作为发电机运行，也可作为电动机运行。

同步电机大致可以分为同步电动机、同步发电机和同步调相机3类。

同步电机的结构特点是在定子铁心上嵌放三相对称绕组,转子铁心上装置直流励磁绕组。对高速电机采用隐极式转子,转子为圆柱形,电机气隙均匀,励磁绕组为同心式分布绕组;对低速电机采用凸极式转子,气隙不均匀,励磁绕组为集中绕组。由于转子结构不同,使隐极电机和凸极电机的分析方法和参数存在差异。

同步电动机的电压平衡方程式和相量图是分析同步电动机工作特性的有效方法。同步电动机的最大优点是,调节励磁电流 I_f 可改变功率因数,这是异步电动机所不具备的。在一定有功功率下,改变励磁电流 I_f 可得到同步电动机的 "V" 形曲线。

同步电动机本身没有起动转矩,必须采用一定的起动方法才能起动。起动方法有辅助电动机起动法、变频起动法和异步起动法 3 种。

同步发电机的工作原理是,当转子绕组通入直流电产生恒定磁场时,这个磁场在定子绕组中间高速旋转,定子绕组切割转子产生磁场,根据电磁感应定律,定子绕组中便产生感应电动势,如果接负载,就能对外发电。

同步调相机过励时从电网吸收超前无功功率,欠励时从电网吸收滞后无功功率。因此,在过励状态下运行的同步调相机对改善电网的功率因数是非常有益的。

 习　题

1. 同步电机中 "同步" 的意义是指什么?

2. 三相同步电动机在结构和工作原理上与三相异步电动机有什么异同?

3. 简述同步电动机的基本结构和工作原理。

4. 何谓双反应法?为什么分析凸极同步电动机时要用双反应法,而分析隐极同步电动机不用?

5. 什么是同步电动机的电枢反应?简述同步发电机和电动机的电枢反应的异同。

6. 一台凸极同步电动机,假定它的电枢反应磁动势两个分量 F_{ad} 和 F_{aq},有相同的量值,它们分别产生的磁通 Φ_{ad} 和 Φ_{aq} 大小是否相等?如果不等,哪一个有较大的数值?为什么?

7. 说明 x_σ、x_a、x_c、x_{ad}、x_d、x_{aq}、x_q 分别是什么电抗,各与哪些磁路有关,相互之间有什么关系?

8. 说明功角 θ 的物理意义。

9. 试分析同步电动机负载增加时转矩的自动平衡过程,它与异步电动机和直流电动机有何不同?

10. 同步电动机常用的起动方法有哪些?

11. 同步电动机在异步起动过程中,直流励磁绕组为什么不能送直流电流?为什么不能开路、也不宜直接短路?

12. 什么是同步电动机的 "V" 形曲线?

13. 何谓同步补偿机?它起什么作用?为什么它总是工作在过励磁状态?

14. 简述同步发电机的基本结构和工作原理。

15. 同步发电机的励磁方式有哪几种?

16. 分析同步电动机在异步起动过程中的单轴转矩,它对起动有何不利影响?怎样克服？

17. 一台隐极同步电动机，额定状态时功角 $\theta=30°$ ，（1）求此时电动机的过载能力；（2）负载转矩不变，要想提高它的过载能力使 $\lambda=4$ ，求励磁电流应增加到原值的几倍（假定 $E_0 \propto I_f$ ）。

18. 同步电动机 $P_N=1300\text{kW}$ ，$U_N=6000\text{V}$ ，定子 Y 联结，$I_N=152\text{A}$ ，$n_N=150\text{r/min}$ ，$\eta_N=0.915$ ，同步电抗 $x_d=x_c=22.8\Omega$ 。（额定时 $\dot{I}$ 超前于 $\dot{U}$ ）。

（1）求额定时的功率因数 $\cos\phi_N$ ；

（2）求额定时电动机向电网提供的无功功率；

（3）电动机原工作在额定状态，减小负载使输出有功功率变为 1000kW；I_f、η 均不变，求定子电流 I 及向电网提供的无功功率。

19. 同步电动机 $P_N=6300\text{kW}$ ，$U_N=10000\text{V}$ ，定子 Y 联结，$I_N=417\text{A}$ ，$\cos\phi_N=0.9$（超前），额定励磁电流 $I_f=404\text{A}$ ，假定 $x_d=x_c=14\Omega$ ，$E_0 \propto I_f$ 。

（1）求额定效率 η_N ；

（2）求额定时电动机向电网提供的无功功率；

（3）保持 P_N 不变，减小 I_f ，使 $\cos\phi=1$ ，求此时的定子电流 I 和励磁电流 I_f ，（η 不变）；

（4）电动机原工作在额定状态，保持 I_f 不变，使输出功率降为 4000kW，假定电动机效率不变，求此时的定子电流及电动机向电网提供的无功功率；

（5）保持 P 为 4000 kW，（η 仍不变）调 I_f ，使电流 $I=417\text{A}$ ，求此时的 I_f 及电动机向电网提供的无功功率，假定 $E_0 \propto I_f$ 。

20. 在图 7-11 所示的二极自控式同步电动机中，绘出 SCR 连续换相 3 次的 4 个瞬间，在下列两种情况下定子合成磁动势 F_a 的空间位置图：

（1）定子三相绕组星形联结；

（2）定子三相绕组三角形联结。

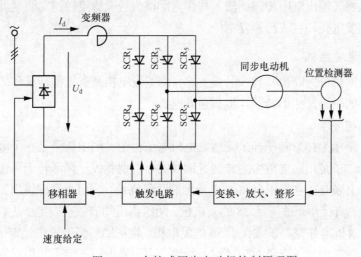

图 7-11　自控式同步电动机控制原理图

第8章 控制电机及其他用途电动机

控制电机及特种电机的种类很多，在本章中将讨论几种常见的，如测速发电机、伺服电动机、步进电动机、交磁电机放大机、电磁调速电动机和电焊机。各种控制电机各有其不同的控制任务，控制电机的是动作灵敏、准确度高、质量轻、体积小、耗电少及运行可靠。

现代工农业生产、办公自动化和家用电器中，还有很多种类的电动机。现代电力电子技术和计算机技术的发展，高、低压变频器的日异成熟和普及，调速控制越来越多地使用同步电动机；家用电器中很多使用单相异步电动机，在新型空气调节器中使用无刷直流电机进行变换脉冲频率的调速……。因此，学习一些其他电动机的有关知识，有利于更好地掌握生产技能，维护和管理好生产设备。

8.1 测速发电机

测速发电机是用来测量转速的电磁装置。测速发电机能够把机械旋转量转变为相应的电压信号，也可以将其输出电压传递到输入端作为反馈信号以稳定转速。测速发电机有两种类型，即交流测速发电机和直流测速发电机。

1. 交流测速发电机

交流测速发电机分为同步和异步两类。异步测速发电机又有笼型转子和杯形转子两种。目前用得最广泛的一种是杯形转子异步测速发电机。

（1）基本结构

图 8-1（a）所示为杯形转子异步测速发电机的结构图。图中转子是一个薄壁非磁性杯形转子。一般杯形转子是用高电阻率的硅锰青铜或锡锌青铜制成。杯形转子可在内、外两定子之间旋转。定子上嵌有在空间相差 90° 电角度的两组绕组，一组为励磁绕组，另一组为输出绕组。对机座外壳直径小于或等于 28 的发电机，两组绕组均嵌放在内定子上，外定子只是一个无槽的铁心。对机座外壳等于或大于 36 的发电机，常把励磁绕组放在外定子上，把输出绕组放在内定子上，在内定子上装有转动调节装置，可调整内、外定子的相对位置，以使剩余电压为最小。

（2）工作原理

图 8-1（b）所示为杯形转子异步测速发电机的原理图。当频率为 f_1 的励磁电压 $\dot{U}_1$ 加在励

磁绕组 N_1 上以后，在气隙中就产生一个频率为 f_1 的脉振磁通 $\dot{\Phi}_{10}$。磁场的轴线与励磁绕组 N_1 的轴线一致。当转子静止时，磁通 $\dot{\Phi}_{10}$ 的轴线与输出绕组 N_2 的轴线相互垂直，N_2 内不产生感应电动势；当转子以转速 n 旋转时，杯形转子就切割磁通 $\dot{\Phi}_{10}$ 而产生电动势和电流。转子电流所产生的磁通 $\dot{\Phi}_2$ 在空间也是脉振的。由于 $\dot{\Phi}_2$ 的轴线与 N_2 的轴线相重合，因此，在 N_2 中感应出频率为 f_2 的输出电压 $\dot{U}_2$。又由于杯形转子中感应电流的大小与速度成正比，因此，$\dot{\Phi}_2$ 和 $\dot{U}_2$ 均与转速 n 成正比。转子反转时，输出电压 $\dot{U}_2$ 的相位也相反，这就是异步测速发电机基本工作原理。反映转速 n 和输出电压 U_2 之间关系的曲线称为输出特性曲线。

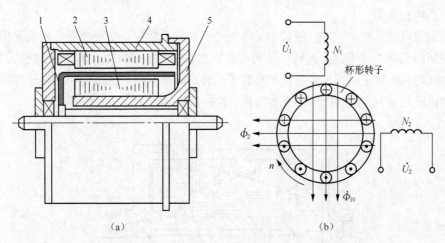

（a） （b）

1—杯形转子 2—外定子 3—内定子 4—机壳 5—端盖

图 8-1 杯形转子异步测速发电机的基本结构

2. 直流测速发电机

（1）基本结构

直流测速发电机在结构上与普通小型直流发电机相同。按励磁方式可分为他励式和永磁式两种，永磁式的定子用永磁钢制成；按电枢结构又可分为有槽式电枢和无槽式电枢等，常用的为有槽式结构。

（2）工作原理

直流测速发电机的工作原理与一般直流发电机相同。图 8-2 所示为他励式测速发电机的工作原理图。在恒定磁场下，旋转区切割磁通，在电刷之间产生直流电动势 E、其大小与转速成正比，即 $E=KE$。当有负载时，便有电流 I 通过，在负载电阻 R_L、电枢电阻及电刷接触电阻上均引起电压降，其输出电压与转速的关系变为

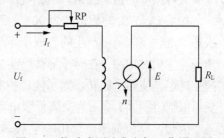

图 8-2 他励式测速发电机工作原理图

$$U=\frac{K_E n}{1+\dfrac{r_a+r_b}{R_L}} \qquad (8\text{-}1)$$

因此，对精度要求较高的直流测速发电机，其负载电阻 R_L 应尽可能大。

8.2 伺服电动机

伺服电动机的作用是将输入电压信号转换为轴上的角位移或角速度输出。在自动控制系统中伺服电动机常作为执行元件使用。伺服电动机有两种类型，即交流伺服电动机和直流伺服电动机。

1. 交流伺服电动机

（1）结构和分类

交流伺服电动机的定子与一般单相异步电动机的定子相似。定子绕组多制成两相，两相绕组在空间相差 90° 电角度。其转子结构有笼型和非磁性杯形两种。笼型转子的结构与一般笼型异步电动机的转子相同；非磁性杯形转子与杯形转子异步测速发电机的转子相似。笼型伺服电动机应用最为广泛，图 8-3 所示为其结构图。

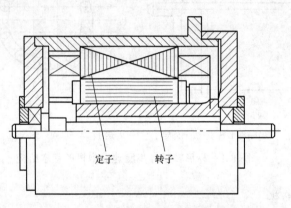

定子　　　转子

图 8-3　笼型交流伺服电动机结构图

（2）工作原理

图 8-4 所示为笼型交流伺服电动机的原理图，它是有固定电压励磁的励磁绕组，是由伺服放大器供电的控制绕组。两相绕组的轴线在空间相差 90° 电角度。

如果 U_f 与 U_k 的相位差为 90°，而且两相绕组的磁动势幅值又相等。这种状态称为对称状态。这时在气隙中产生的合成磁场为一圆形旋转磁场，其转速称为同步转速，旋转磁场与转子导体相对切割，在转子导体产生感应电动势和感应电流。转子电流与旋转磁场相互作用产生转矩，使转子旋转。为了便于控制转速，把转子电阻设计得很高，使电动机的机械特性变得很软。图 8-5 所示为交流伺服电动机机械特性曲线图。

因此，交流伺服电动机的空载转速比普通异步电动机要低得多，约为其同步转速的 5/6。如果改变加在控制绕组上的电压的大小，或改变两相绕组上电压的相位差，就破坏了对称状态，使电动机的转速迅速下降。当除去控制绕组上的信号电压以后，电动机立即停止转动。

实际上，交流伺服电动机大部分时间是在不对称状态下并且接近零转速运行的，是靠不同程度的不对称运行来达到控制目标的。为了控制灵活，转子的惯性必须很小，故转子尽量做得细长。

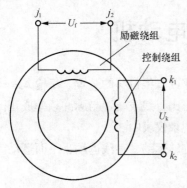

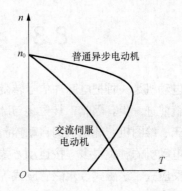

图 8-4　笼型交流伺服电动机原理图　　　图 8-5　交流伺服电动机机械特性曲线图

2. 直流伺服电动机

（1）结构和分类

在直流伺服系统中常用的是电磁式（他励式）和永磁式直流伺服电动机。其结构与普通他励式和永磁式直流电动机没有根本区别。所不同的是，伺服电动机电枢电流很小，换向并不困难，因此，都不装换向极，并且转子做得细长，气隙较小。图 8-6 所示为电磁式直流伺服电动机的结构图。

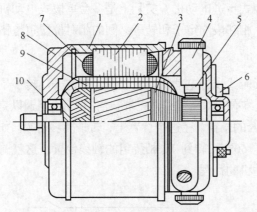

1—机壳　2—定子铁心　3—电枢　4—电刷座　5—电刷
6—换向器　7—励磁绕组　8—端盖　9—空气隙　10—轴承

图 8-6　电磁式直流伺服电动机的结构图

（2）工作原理

图 8-7 所示为电磁式伺服电动机的工作原理图。在直流电动机单元中曾提到，直流电动机的转速可通过改变电压 U 或改变磁通进行调节，这也是直流伺服电动机的工作原理。前者称为电枢控制，后者称为磁场控制。一般直流伺服电动机多采用电枢控制，磁场控制只用于功率很小的伺服电动机。

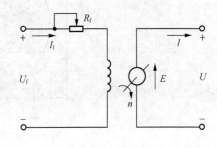

图 8-7　电磁式伺服电动机的工作原理图

8.3　步进电动机

步进电动机是一种把电脉冲信号转变成角位移或直线位移的装置。每输入一个脉冲，步进电动机就前进一步。因此，其位移与脉冲数成正比，线或转速与脉冲频率成正比。它们用于数控机床、绘图机、轧钢机的自动控制及自动记录仪表中。

步进电动机的种类很多。按运动方式可分为旋转运动、直线运动、平面运动等；按工作原理可分反应式、永磁式、永磁感应式等。

1. 基本结构

反应式步进电动机分为单段式和多段式两种。多段式又分为轴向磁路和径向磁路两种。

（1）单段式

单段式步进电动机沿轴向只有一段铁心。

（2）多段式

电动机沿轴向为（相数）段。

多段式轴向磁路反应式步进电动机，每段铁心上有一相环形控制绕组，定子圆周和转子圆周都有数量相同的齿，相邻段定子和转子的相对位置错开 1/齿距。

多段式径向磁路反应式步进电动机，实际上是多台单段式电动机的组合，但不同的是每段上只有一相控制绕组。相邻段的定子和转子之间的相对位置也是错开 1/个齿距。

2. 工作原理

图 8-8 所示为三相反应式步进电动机的原理图。其定子、转子是用硅钢片或其他软磁材料制成。定子的每对极上绕有一对绕组组成一相。当 U_1 绕组通以直流电时，转子被磁场拉至与 U_1 相绕组轴线相重合的位置。在这个位置上，转子能够自锁。如果改为 V_1 相绕组通电，转子就沿顺时针方向转过 60°，转到 V_1 相绕组的轴线位置，这就前进了一步。该角度叫做步距角，以表示步进电动机的行程。

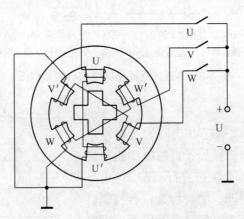

图 8-8　三相反应式步进电动机的原理图

从一相通电换接到另一相通电，叫做一拍。这种三相依次通电的运行方式中心叫做三相单三拍运行方式。如果 U_1 V_1 两相同时通电，转子轴线便转至 U_1 和 V_1 两相之间的轴线上，这种按

U_1V_1，V_1W_1，W_1U_1顺序两相同时通电的运行方式叫做三相双三拍运行方式，如图 8-9 所示。

如果两者相结合按 U_1，U_1V_1，V_1，V_1U_1，W_1，W_1U_1 的方式通电，其步距角就变成原来的一半，这叫做三相六拍运行方式。

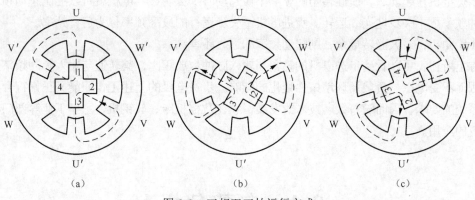

(a)　　　　　　　　　(b)　　　　　　　　　(c)

图 8-9　三相双三拍运行方式

上述这种结构的步进电动机的步距角太大，不能适应一般的要求。为了减少步进角，采用如图 8-10 所示的磁路结构。

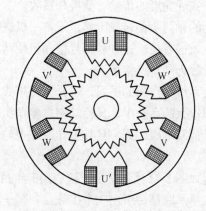

图 8-10　三相反应式步进电动机

图 8-10 所示为一种三相反应式步进电动机。在定子磁极和转子上都开有齿分度相同的小齿。采用适当的齿数配合，使得：当 U_1 相磁极的小齿与转子小齿一一对正时，V_1 相磁极的小齿与转子齿相互错开 1/3 个齿距（3 为相数）；W_1 相错开 2/3 个齿距。转子每一拍转过的角度为

$$\theta_b = \frac{360°}{NZ_R} \tag{8-2}$$

式中：Z_R——转子齿数；

　　N ——转过一个齿距所运行的拍数。

步进电动机的转速则为

$$n = \frac{60f}{Z_R N} \tag{8-3}$$

式中 f 为脉冲频率。

步进电机在起动时，起动转矩不仅要克服负载转矩，而且还要克服惯性转矩。如果脉冲频率过高，转子跟不上，电机就会失步，甚至不能起动，步进电机不失步的最高频率称为起动频率。

步进电机在起动后，惯性转矩的影响不像起动时那么明显，电机就可以在比起动频率高的脉冲频率下不失步地连续运转。步进电机不失步运行的最高频率称为运行频率。

步距角小，最大静转矩大，则起动频率和运行频率高。

综上所述，可以看到步进电机的转角与输入脉冲数成正比，其转速与输入脉冲频率成正比，因而不受电压、负载及环境条件变化的影响。步进电机的上述工作职能又正好符合数字控制系统的要求，因而随着数字技术的发展，它在数控机床、轧钢机、军事工业等部门得到了广泛的应用。

8.4　自整角机

自整角机（selsyn）的功能是将转角变换成电压信号，或将电压信号变换成转角，通过两台或两台以上的组合使用，实现角度的传输、变换和接收。

例如，要使两根相距很远的轴同步偏转或旋转，很难用机械联结的方式来实现。若是利用自整角机来完成这一任务，就很方便。这种利用自整角机使两根或两根以上无机械联系的轴保持同步偏转或旋转的系统称为同步连接系统。

自整角机按其在同步连接系统中作用的不同，可分为力矩式自整角机和三相自整角机两种。三相自整角机多用于功率较大的系统中，又称功率自整角机，其结构形式与三相绕线型异步电动机相同，一般不属于控制电机之列，且其工作原理也与单相自整角机基本相同，所以本节只讨论单相自整角机。

单相自整角机的基本结构如图 8-11 所示。定子铁心用硅钢片叠成，内圆开槽，槽内嵌有对称的三相绕组；三相绕组按星形联结后引出 3 个接线端；转子铁心按不同类型做成凸极式或隐极式，其上装有单相绕组；转子绕组通过滑环和电刷引出。

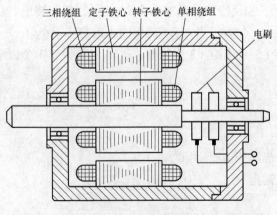

图 8-11　单相自整角机的基本结构

1. 力矩式自整角机

利用力矩式自整角机组成的同步连接系统的电路如图 8-12 所示。其中自整角机 a 放在需要发送转角的地方，称为自整角发送机；自整角机 b 放在接收转角的地方，称为自整角接收机。它们的定子绕组又称同步绕组，用导线对接起来；转子绕组又称励磁绕组，接在同一交流电源上。

当发送机和接收机的定、转子绕组的相对位置相同时，即处在如图 8-12 所示位置时，就称发送机和接收机是处于协调位置。这时，它们的转子电流通过转子绕组形成脉振磁通势，产生脉振磁通，从而分别在两者的定子绕组中产生电动势。而且 $E_{Ua}=E_{Ub}$，$E_{Va}=E_{Wa}=E_{Wb}$。定子电路内不会有电流，发送机和接收机中都不会产生电磁转矩，转子不会自行转动。

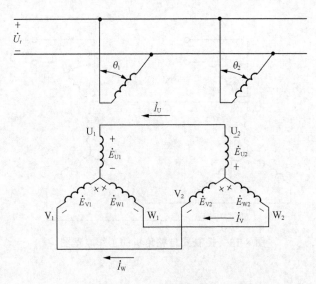

图 8-12 力矩式自整角机的工作原理

倘若发送机转子在外施转矩的作用下，顺时针偏转 θ 角，则发送机和接收机之间不处于协调位置，于是 $E_{Ua} \neq E_{Ub}$，$E_{Va} \neq E_{Vb}$，$E_{Wa} \neq E_{Wb}$。定子电路中就会有电流 I_U、I_V 和 I_W，发送机和接收机中都会产生电磁转矩。由于两者定子电流的方向相反（一个为输出、一个为输入），因而两者的电磁转矩方向相反。这时，发送机相当于一台发电机，其电磁转矩的方向与其转子的偏转方向相反，它力图使发送机转子回到原来的协调位置。但因发送机转子受外力控制，不可能往回转动。接收机则相当于一台电动机，其电磁转矩的方向使转子也向 θ 角的方向转动，直至重新转到新的协调位置，即与发送机一样也偏转了 θ 角为止。于是，接收机转子便准确地指示出了发送机转子的转角，如果发送机转子在外施转矩的作用下不停地旋转，接收机转子就会以同一转速随之旋转。

2. 控制式自整角机

控制式自整角机电路如图 8-13 所示。它与力矩式自整角机系统不同之处是：控制式自整角机中的接收机并不直接带负载转动，转子绕组不是接在交流电源上，而是用来输出电压，故又称输出绕组。由于该接收机是从定子绕组输入电压，从转子绕组输出电压，它工作在变压器状态，故称自整角变压器。当自整角发送机与自整角变压器的定、转子绕组处于图 8-14

所示位置，即它们的转子绕线互相垂直时，它们所处的位置称为控制式自整角肌的协调位置。
这时，由于只有自整角发送机的转子绕组接在交流电源上，它的脉振磁通势所产生的脉振磁
场将在发送机定子三相绕组中分别产生感应电动势，进而在定子电路中产生 3 个相位相同而
大小不同的电流 I_U、I_V、I_W。与自整角发送机的转子处在垂直位置时，如图 8-14（a）所示，
转子脉振磁场在定子三相绕组中产生的感应电动势和电流的参考方向，根据右手螺旋定则的
判断，左半部为流出导体，右半部为流入导体。定子电流通过三相绕组所产生的合成磁通势
仍为脉振磁通势，而且其方位也在垂直，即与转子绕组的轴线一致的 I_U、I_V、I_W。通过自整
角变压器的定子绕组也会产生与自整角发送机中一样的处于垂直方位上的脉振磁通势和
脉振磁场。由于它与输出绕组垂直，不会在输出绕组中产生感应电动势。输出绕组的输出
电压为零。

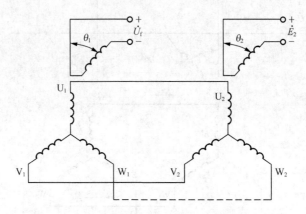

图 8-13　控制式自整角机的工作原理图

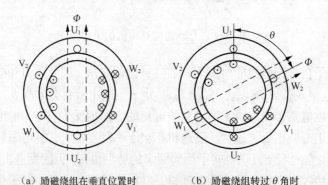

（a）励磁绕组在垂直位置时　　　　　（b）励磁绕组转过 θ 角时

图 8-14　自整角机中的脉振磁通势

倘若在外施转矩的作用下，自整角发送机的励磁绕组（转子绕组）顺时针偏转了 θ 角，
则如图 8-14（b）所示。定子电流产生的脉振磁通势的方位也随转子一起偏转了 θ 角，仍然
与励磁绕组的轴线一致。因此，与之方位相同的自整角变压器中，定子脉振磁场便与输出绕
组不再垂直，两者的夹角为（90° $-\theta$），将在输出绕组中产生一个正比于 $\cos((90° -\theta)=\sin\theta$
的感应电动势和输出电压。可见，控制式自整角机可将远处的转角信号变换成近处的电压信
号。若想利用控制式自整角机来实现同步连接系统，可将其输出电压经放大器放大后，输入
交流伺服电动机的控制绕组，伺服电动机便带动负载和自整角变压器的转子转动，直到重新

达到协调位置为止，自整角变压器的输出电压为零，伺服电动机也不再转动。

力矩式自整角机系统不需要其他辅助元件，系统结构简单，价格低廉，但负载能力低，只能带动指针、刻度盘之类轻负载，而且只能组成开环的自整角系统。系统的精确度低，一般适用于对精确度要求不高的小负载指示系统。

控制式自整角机系统的负载能力取决于系统中的放大器和伺服电动机的功率，负载能力远比力矩式自整角机大。由于是闭环系统、精确度也比力矩式自整角机高得多，但是需要增加放大器、伺服电动机和减速机构，系统结构复杂，价格较贵，一般用于精确度要求较高或负载较大的系统中。

8.5　旋转变压器

旋转变压器（rotary transformer）的功能是将转子转角变换成与之有函数关系的电压信号。

旋转变压器从原理上说，相当于一台二次绕组可以转动的变压器。从结构上说，相当于一台两相绕线型异步电动机。旋转变压器的定、转子铁心由优质硅钢片或高镍合金片叠成。定、转子铁心槽内分别装有两个结构完全相同而互相垂直的绕组。转子绕组可由滑环和电刷引出或由软导线直接引出。当然，后者的转子转角会受到一定的限制。

旋转变压器按其在控制系统中的不同用途可分为计算用旋转变压器和数据传输用旋转变压器两类。前者按其输出电压与转子转角之间的函数关系，又可分为正余弦旋转变压器、线性旋转变压器、比例式旋转变压器等。

1. 正余弦旋转变压器

这种旋转变压器的特点是：输出电压是转子转角的正弦和余弦函数。

电路如图 8-15 所示，D_1D_2 和 D_3D_4 是定子绕组，它们的有效匝数为 $k_{w1}N_1$。Z_1Z_2 和 Z_3Z_4 是转子绕组，它们的有效匝数为 $k_{w2}N_2$。定子绕组 D_1D_2 称为励磁绕组，工作时，加上大小和频率一定的交流励磁电压 U_f 以产生工作时所需要的磁场。定子绕组 D_3D_4 称为补偿绕组，其作用稍后再讨论。转子绕组 Z_1Z_2 为余弦输出绕组，Z_3Z_4 为正弦输出绕组。当定子绕组 D_1D_2 与转子绕组 Z_1Z_2 轴线一致时，称为旋转变压器的基准位置。下面逐步来分析正余弦旋转变压器的工作原理。

（1）空载运行

在励磁电压 U_f 的作用下，定子励磁绕组 D_1D_2 中通过电流 I_{D12}，形成在 D_1D_2 绕组轴线方向的纵向磁通势 F_{Dd}，产生纵向脉振磁通 Φ_d。

当转子处于基准位置时，如图 8-15（a）所示，纵向脉振磁通 Φ_d 将全部通过 Z_1Z_2 绕组，于是与普通静止变压器一样，Z_1Z_2 将在 D_1D_2 和 Z_1Z_2 绕组中分别产生电动势 E_D 和 E_Z，其有效值为

$$E_D=4.44k_{w1}N_1f\Phi_{dm} \tag{8-4}$$

$$E_Z=4.44k_{w2}N_2f\Phi_{dm} \tag{8-5}$$

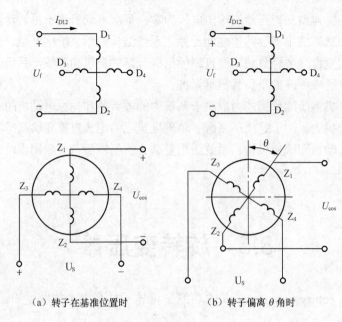

（a）转子在基准位置时   （b）转子偏离 θ 角时

图 8-15　旋转变压器的空载运行

式中 $\varPhi_{dm}$ 是纵向脉振磁通 $\varPhi_d$ 的最大值，而

$$k = \frac{E_Z}{E_D} = \frac{k_{w2}N_2}{k_{w1}N_1} \tag{8-6}$$

称为旋转变压器的电压比。忽略定子励磁绕组的漏阻抗，则

$$E_f = E_D \tag{8-7}$$

而余弦输出绕组 Z_1Z_2 输出电压

$$U_{\cos} = E_Z = kE_D = kU_f$$

由于 $\varPhi_d$ 的方向与正弦输出绕组 Z_3Z_4 垂直，不会在该绕组中产生感应电动势，故正弦输出绕组的输出电压

$$U_{\sin} = 0$$

当转子偏离基准位置 θ 角时，如图 8-15（b）所示。纵向脉振磁通 $\varPhi_d$ 通过转子两绕组的磁通分别为

$$\varPhi_{Z12} = \varPhi_d\cos\theta$$

$$\varPhi_{Z34} = \varPhi_d\sin\theta$$

它们在转子两绕组中产生的感应电动势分别为

$$E_{Z12} = E_Z\cos\theta = kE_D\cos\theta = kU_f\cos\theta \tag{8-8}$$

$$E_{Z34} = E_Z\sin\theta = kE_D\sin\theta = kU_f\sin\theta \tag{8-9}$$

因而空载输出电压为

$$U\cos = kU_f\cos\theta \tag{8-10}$$

$$U\sin = kU_f\sin\theta \tag{8-11}$$

可见，只要励磁电压 U_f 不变，转子绕组的输出电压就与转角保持正弦和余弦函数关系。

（2）负载运行

设转子绕组 Z_1Z_2 接有负载 Z_L，如图 8-16 所示。于是有电流通过该绕组，并产生方向与

Z_1Z_2 绕组轴线一致的脉振磁通势 F_{Z12}，该磁通势可分为两个分量，一个是方向与绕组 D_1D_2 轴线一致的纵向分量 F_{Zd}，另一个是方向与绕组 D_1D_2 轴线垂直的横向分量 F_{Zq}，它们的大小分别为

$$F_{Zd}=F_{Z12}\cos\theta \qquad (8-12)$$

$$F_{Zq}=F_{Z12}\sin\theta \qquad (8-13)$$

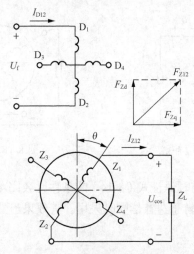

图 8-16　旋转变压器的负载运行

　　其中纵向分量 F_{Zd} 与定子磁通势 F_{Dd} 共同作用产生纵向磁通 Φ_d。根据磁通势平衡原理，只要 U_f 的大小和频率不变，它们共同作用所产生的磁通 Φ_d 与空载时的 Φ_d 基本相同。F_{Zd} 的出现，只不过使 D_1D_2 绕组中的电流增加而已。可是横向磁通势 F_{Zq} 却没有相应的磁通势与之平衡，它将产生横向磁通中 Φ_q，并在 Z_1Z_2 和 Z_3Z_4 绕组中分别产生感应电动势. 从而破坏了输出电压与转角的正弦和余弦成正比的关系。这种现象称为输出电压的畸变。负载电流越大，它所产生的磁通势越大，输出电压的畸变越厉害。要解决旋转变压器负载运行时输出电压的畸变问题，就必须设法消除横向磁通 Φ_q，消除的方法称为补偿，基本的补偿方法有以下几种。

　　① 定子边补偿。电路如图 8-17 所示，将定子绕组 D_3D_4 短路作补偿用。由于 D_3D_4 绕组的轴线与横向磁通 Φ_q 的轴线一致，横向磁通将在该绕组中产生感应电动势，并在绕组短路后形成的闭合电路内产生电流 I_{D34}，根据楞次定津，这一电流所产生的磁通一定反对原来磁通的变比，即起着抵消转子横向磁通的作用。也就是说，电机内的横向磁通 Φ_q 由 I_{D34} 形成的横向磁通势 F_{Dq} 与子横向磁通势 F_{Zq} 共同作用产生。D_3D_4 绕组短路时，该绕组内由 Φ_q 产生感应电动势在数值上等于其漏阻抗压降。由于漏阻抗很小，感应电动势便很小，这说明 Φ_q 也很小，接近于零。所以这种补偿方式能起到较好的补偿作用，而且方法简单，容易实现。

　　② 转子边补偿。电路如图 8-18 所示。两个转子绕组，一个作输出绕组用，接负载 Z_L，另一个作补偿绕组用，接阻抗 Z_C。于是，转子两绕组中的电动势将分别在各自的回路内产生电流 I_{Z12} 和 I_{Z34}。由于它们所产生的磁通势的横向分量方向相反，互相抵消，只要 Z_C 选择得合适，就可以使它们的横向磁通势分量大小相等、方向相反，完全抵消，从而实现"全补偿"。不难证明，全补偿的条件是

$$Z_C=Z_L \qquad (8-14)$$

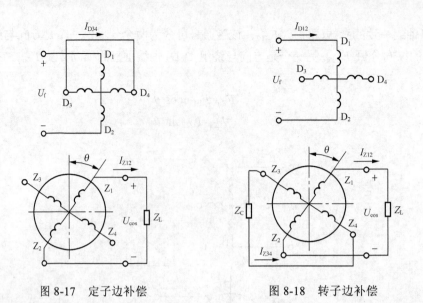

图 8-17　定子边补偿　　　　　　　图 8-18　转子边补偿

③ 双边补偿。实际上要随时保证式（8-14）的条件比较困难，所以一般不单独采用转子边补偿，而是将定子边补偿和转子边补偿同时采用。其效果当然比采用其中任何一种单独补偿都好。

2. 线性旋转变压器

这种旋转变压器的特点是在一定的转角范围内，输出电压与转子转角成正比。

由于 θ 很小，且用弧度为单位时，$\theta \approx \sin\theta$。因此，一般的正余弦旋转变压器在转子转角很小时即为线性旋转变压器。但是当 $\theta = 14° = 0.244\,35$ rad 时，sin14° =0.241 92，误差已达 1%。因此，若要求在更大的转角范围内得到与转角成线性关系的输出电压时，简单地直接使用正余弦旋转变压器就不能满足要求了。为此，线性旋转变压器采用了图 8-19 所示的接线方式。定子 D_1D_2 绕组与转子 Z_1Z_2 绕组串联后加上交流励磁电压 U_f。转子正弦输出绕组 Z_3Z_4 接负载 Z_L，作输出绕组。定子 D_3D_4 绕组短路作补偿绕组。

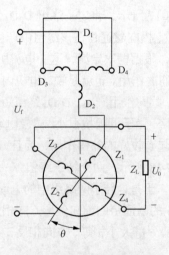

图 8-19　线性旋转变压器

由于采用了定子边补偿措施，可认为横向磁通不存在，只有纵向磁通 Φ_d 分别在定子 D_1D_2 绕组和转子 Z_1Z_2 及 Z_3Z_4 绕组中产生电动势 E_D、E_{Z12} 和 E_{Z34}。它们的相位相同，大小则符合式（8-12）和式（8-13）。如果忽略定、转子绕组的漏阻抗，则有

$$U_f = E_D + E_{Z12} = E_D + k_E D \cos\theta$$

$$U_o = E_{Z34} = k_E D \sin\theta$$

因此，输出电压 U_o 与励磁电压 U_f 的有效值之比为

$$\frac{U_o}{U_f} = \frac{k\sin\theta}{1 + k\cos\theta} U_f \qquad （8\text{-}15）$$

或

$$U_o = \frac{k\sin\theta}{1 + k\cos\theta} U_1 \qquad （8\text{-}16）$$

当电压比 K=0.52 时，在 $\theta = \pm60°$ 的范围内，U_o 与 θ 近似为线性关系．而且误差不会超过 0.1％。不过上述结果是在忽略定、转子漏阻抗的情况下得到的。为了得到最佳的 U_o 与 θ 之间的线性关系，实际的线性旋转变压器一般取 k=0.56～0.57。

3. 比例式旋转变压器

从原理上说，比例式旋转变压器与正余弦旋转变压器一样，不同之处是比例式旋转变压器的转轴上装有调整齿轮和调整后可以固定转子的机构，使用时，可将转子转到需要的角度后加以固定。

比例式旋转变压器可以用来求解三角函数、调节电压和实现阻抗匹配等。例如，采用图8-20 所示的接法时，将转子固定在某一转角下，则这台旋转变压器便与一台静止的普通变压器相同。只不过两个输出绕组的输出电压分别为

$$U_{\cos} = kU_f\cos\theta \qquad （'8\text{-}17）$$

$$U_{\sin} = kU_f\sin\theta \qquad （8\text{-}18）$$

在励磁电压一定的情况下，只要调节转角 θ，便可以求解正弦和余弦函数，也可以实现调压的目的，而且还可以将比例式旋转变压器像普通静止变压器一样作阻抗匹配之用。

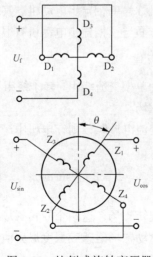

图 8-20　比例式旋转变压器

4. 数据传输用旋转变压器

数据传输用旋转变压器的工作原理和用途与控制式自整角机相同，但精确度要比控制式自整角机高，其电路如图 8-21 所示。左边的旋转变压器称为旋变发送机，右边的旋转变压器称为旋变变压器。它们的定子绕组对应相接，旋变发送机的转子绕组 Z_1Z_2 加上交流励磁电压 U_f，Z_3Z_4 绕组短路作补偿用。旋变变压器的转子绕组 Z_3Z_4 作输出绕组，Z_1Z_2 绕组短路作补偿用。与控制式自整角机一样，当旋变发送机的励磁绕组 Z_1Z_2 与旋变变压器的输出绕组 Z_3Z_4 处于垂直的协调位置时，输出绕组没有输出电压。当旋变发送机的转子转过一个 θ 角时，旋变变压器的输出绕组便有电压输出。

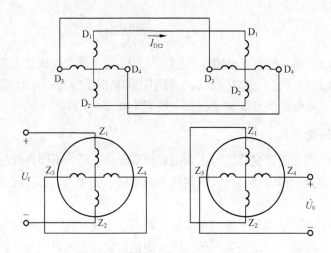

图 8-21　数据传输用旋转变压器

8.6　单相异步电动机

由单相电源供电的异步电动机称为单相异步电动机。其基本原理是建立在三相异步电动机的基础上，但在结构、特性等方面与三相异步电动机有很大的差别。

1. 单相异步电动机的工作原理

单相异步电动机的定子绕组为单相交流绕组，转子绕组为笼型式绕组。图 8-22 所示为最简单的单相异步电动机的结构与磁场。

当定子绕组中通入单相正弦交流电流时，则在电机中产生一个随时间按正弦规律变化的脉动磁场，磁感应强度可表示为

$$B = B_m = \sin \omega t \tag{8-19}$$

这个脉动磁场可分解为两个旋转磁场，这两个旋转磁场转速相等、方向相反，且每个旋转磁场的磁感应强度的最大值为脉动磁场磁感应强度最大值的一半，即

$$B_{1m} = B_{2m} = \frac{1}{2} B_m \tag{8-20}$$

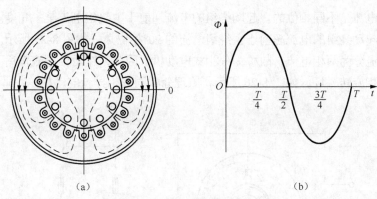

(a)   (b)

图 8-22　单相电动机的结构和磁场

在任何瞬间，这两个旋转磁场的合成磁感应强度，始终等于脉动磁场的瞬时值。转子不动时，上述两个旋转磁场将分别在转子中产生大小相等、方向相反的电磁转矩，转子上的合成转矩为零，电动机无起动转矩，不能起动。但是，如果用某种方法使电动机的转子向某方向转动一下，那么电动机就会沿着某方向持续转动下去。这就说明此时两个反向旋转磁场产生的合成转矩不为零。其原因如下：若外力作用使转子顺正向旋转磁场方向（假定为顺时针）转动，此时转子和正向旋转磁场的相对速度变小，其转差率 $s+$ 变小（<1）；而和反向旋转磁场（假定为逆时针）的相对速度变大，转差率 $s-$ 大于 1，即

$$s^+ = \frac{n_1 - n}{n_1} < 1 \tag{8-21}$$

$$s^- = \frac{-n_1 - n}{-n_1} = \frac{n_1 + n}{n_1} = \frac{n_1 + n_1(1 - s^+)}{n_1} = 2 - s^+ > 1 \tag{8-22}$$

同三相异步电动机一样，正向旋转磁场产生正向转矩，反向旋转磁场产生反向转矩，其转矩特性曲线如图 8-23 所示。图中 $T=f(s)$ 是合成转矩的特性曲线。同理，若推动转子逆时针转动，电动机就沿着逆时针方向持续旋转。

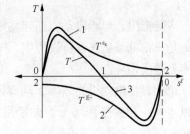

图 8-23　单相电动机的转矩特性曲线

2. 单相异步电动机的起动方法

从上述可知，单相异步电动机的转动原理和三相异步电动机类似，但单相异步电动机无起动转矩，所以首先必须解决它的起动问题。单相异步电动机的起动方法通常有分相起动和罩极起动两种。这里主要介绍电容分相式电动机。

（1）电容分相式电动机的基本结构

在单相异步电动机的定子槽中，除嵌有一套主绕组外，还增加了一套起动绕组。图 8-24 所示为一台最简单的带有起动绕组的单相异步电动机结构，在起动绕组中串联的电容器称分相电容。

（2）电容分相式电动机的工作原理

由于起动绕组中串接了电容器，所以在同一单相交流电源中，起动绕组中通过的电流与

主绕组通过的电流是不同相位的。起动绕组的电流超前于主绕组电流某一角度。若电容器的容量合适，则起动绕组的电流超前于主绕组电流约90°相位角，如图 8-25 所示。因为这种电动机将单相电流分为两相电流，故称为分相式电动机。因此，在两相电流作用下，这种电动机便可产生两相旋转磁场，如图 8-26 所示，原理分析同三相异步电动机。

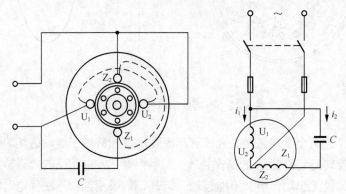

图 8-24　电容分相式单相电动机

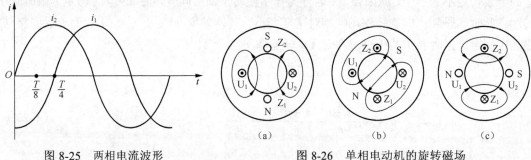

图 8-25　两相电流波形　　　　　　图 8-26　单相电动机的旋转磁场

应当指出，单相电动机在起动以后，若将起动绕组断开，电动机仍能维持旋转。与此类似的是三相电动机在运行过程中，如一相断开，电动机成为单相运行，电机虽仍能旋转，但很容易造成损坏。

单相异步电动机的效率、功率因数、过载能力都较低，但因为它能在单相电路中运行，所以也有一定的应用场合，如家用电器、医疗器械及许多电动工具中，常采用单相异步电动机。

8.7　无刷直流电动机

无刷直流电动机克服了普通直流电动机设置换向器的缺点，在现代的空调器普遍采用，达到降低电能损耗的目的。

1. 无刷直流电动机的结构原理

无刷直流电动机是由电动机本体、转子位置传感器和电子开关线路 3 部分组成，其原理框图如图 8-27 所示。图中，直流电源通过开关电路向电动机定子绕组供电，位置传感器随时检测转子所处的位置，并根据转子的位置信号来控制开关管的导通和截止，从而自动地控制哪些绕组通电，哪些绕组断电，实现了电子换向。

图 8-27 无刷直流电动机的原理框图

无刷直流电动机的基本结构如图 8-28 所示。无刷直流电动机的转子是由永磁材料制成的，是具有一定磁极对数的永磁体。

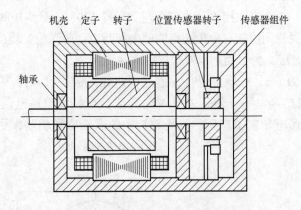

图 8-28 无刷直流电动机结构示意图

转子的结构分为两种：第一种是将瓦片状的永磁体贴在转子表面上，如图 8-29（a）所示，称为凸极式；另一种是将永磁体内嵌到转子铁心中，如图 8-29（b）所示，称为内嵌式。定子上有电枢。无刷直流电动机的定子上开有齿槽，齿槽数与转子极数、相数有关，应是它们的整数倍。绕组的相数有二相、三相、四相、五相，但应用最多的是三相和四相。各相绕组分别与电子开关电路相连，开关电路中的开关管受位置传感器的信号控制。位置传感器是无刷直流电动机的关键部分，常用的位置传感器有电磁式位置传感器、光电式位置传感器和霍尔式位置传感器 3 种。

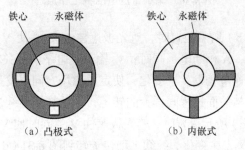

图 8-29 永磁转子结构类型

2. 无刷直流电动机的工作原理

普通直流电动机的电枢在转子上，而定子产生固定不动的磁场。为了使直流电动机旋转，需要通过换向器和电刷不断改变电枢绕组中电流的方向，使两个磁场的方向始终保持相互垂直，从而产生恒定的转矩驱动电动机不断旋转。

无刷直流电动机为了去掉电刷，将电枢放在定子上，而转子制成永磁体，这样的结构正好与普通直流电动机相反；然而，即使这样的改变还不够，因为定子上的电枢通过直流电后，只能产生不变的磁场，电动机依然转动不起来。为了使电动机转动起来，必须使定子电枢各相绕组不断地换相通电，这样才能使定子磁场随着转子的位置不断地变化，使定子磁场与转子永磁磁场始终保持 90° 左右的空间角，产生转矩推动转子旋转。

为了详细说明无刷直流电动机的工作原理，下面以三相无刷直流电动机为例，来分析其转动过程。图 8-30 所示为三相无刷直流电动机的工作原理图。采用光电式位置传感器，电动机的定子绕组分布是 A 相、B 相、C 相。因此，光电式位置传感器上也有 3 个光敏接收元件 V_1、V_2、V_3 与之对应。3 个光敏接收元件在空间上间隔 120°，分别控制 3 个开关管 VT_a、VT_b、VT_c，这 3 个开关管则控制对应相绕组的通电和断电。避光板安装在转子上，安装的位置与图中转子位置相对应。为了简化，转子自由一对磁极。

当转子处于图 8-31（a）所示位置时，遮光板遮住光敏接收元件 V_2、V_3，只有 V_1 可以透光。因此，V_1 输出高电平，使开关管 VT_a 导通，A 相绕组通电，而 B、C 两相处于断电状态。A 相绕组通电使定子产生的磁场与转子的永磁磁场相互作用，产生的转矩推动转子逆时针转动。

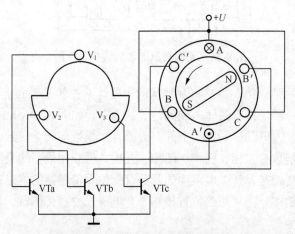

图 8-30　无刷直流电动机工作原理

当转子转到图 8-31（b）所示位置时，遮光板遮住 V_1，并使 V_2 透光。因此，V_1 输出低电平，使开关管 VT_a 截止，A 相断电。同时，V_2 输出高电平使开关管 VT_b 导通，B 相通电，C 相状态不变。这样由于通电相发生了变化，使定子磁场方向也发生了变化，与转子永磁磁场相互作用，仍然会产生与前面过程同样大的转矩，推动转子继续逆时针转动。

当转子转到图 8-31（c）所示位置时，遮光板遮住 V_2，同时使 V_3 透光。因此，B 相断电，C 相通电，定子磁场方向又发生变化，继续推动转子转到图 8-31（d）所示位置，使转子转到一周又回到原来的位置。如此循环下去，电动机就转动起来了。

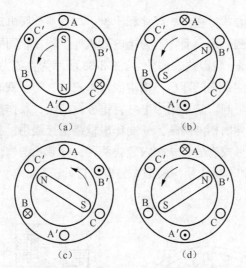

图 8-31　通电绕组与转子位置关系

图 8-32 所示为各相导通时电压的波形。上述过程可以看成按一定顺序换相通电的过程，或者说磁场旋转的过程。在换相的过程中，定子各相绕组在工作气隙中所形成的旋转磁场是跳跃式运动的。这种旋转磁场在一周期内有 3 个状态，每种状态持续 120°。定子磁场跟踪转子，并与转子的磁场相互作用，能够产生推动转子继续转动的转矩。

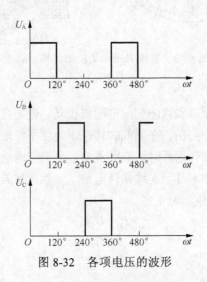

图 8-32　各项电压的波形

8.8　直流力矩电动机

力矩电动机（torgue motor）是一种特殊类型的伺服电动机，也分为直流和交流两种。目前应用最广泛的是直流力矩电动机。

（1）基本结构

直流力矩电动机是一种能够长期处于堵转状态下工作的低转速、大转矩的电动机，目前主要采用永磁式电枢控制方式。在结构尺寸和比例上与直流伺服电动机不同，后者为了减小转动惯量，大多做成细长圆筒形，而直流力矩电动机为了能在相同的体积和电枢电压下产生较大的转矩和较低的转速，一般都做成扁平形。图 8-33 所示为直流力矩电动机的结构示意图。定子是用软磁性材料做成的带槽的圆盘，槽中嵌入永磁铁，转子铁心和绕组与直流伺服电动机相同，换向器结构有所不同。它采用导电材料铜板做槽楔，兼作换向片，与绕组一起用环氧树脂浇铸成整体。槽楔伸出槽外两端，一端作电枢绕组接线用，另一端加工成换向器。直流力矩电动机的总体结构形式有分装式和内装式两种，分装式结构包括未组装的定子、转子和电刷架三大部分，机壳和转轴由用户根据安装方式自行选配。内装式则与一般电动机相同，出厂时已装配好。

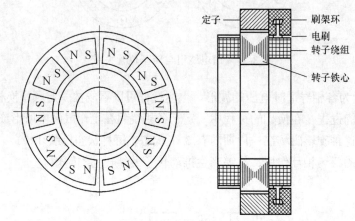

图 8-33　直流力矩电动机的结构示意图

（2）工作原理

直流力矩电动机的工作原理和直流伺服电动机相同，但能在堵转和低速下运行。堵转情况下能产生足够大的转矩而不损伤，在很低的转速下也能平稳地运行。

直流力矩电动机在长期堵转运行时，温度不超过允许值的最大电枢电流以及与之对应的堵转转矩、电枢电压和输入功率称为连续堵转电流 I_b、连续堵转转矩 T_b、连续堵转电压 U_b 和连续堵转功率 P_b。它们之间的关系为

$$P_b = U_b I_b \qquad\qquad (8-23)$$

$$I_b = \frac{U_b}{R_b} \qquad\qquad (8-24)$$

式中 R_b 为电枢电路的电阻。

连续堵转数据是力矩电动机在长期堵转运行时所能利用的指标。

直流力矩电动机的电枢电流对定子上的永磁铁有去磁作用，电枢电流过大. 会使永磁铁产生不可逆去磁。力矩电动机受定子永磁铁去磁条件限制的允许最大电枢电流以及与它对应的堵转转矩、电枢电压和输入功率称为峰值堵转电流 I_p、峰值堵转转矩 T_p、峰值堵转电压 U_p 和峰值堵转功率 P_p，它们之间的关系为

$$P_p = U_p I_p \qquad\qquad (8-25)$$

$$I_p = \frac{U_p}{R_p} \qquad\qquad (8-26)$$

峰值堵转数据是力矩电动机在短期内所能利用的极限指标。

直流力矩电动机的特性曲线具有很高的线性度，转矩与电枢电流之间成正比关系，两者的比值称为转矩灵敏度 k_T。它与 T_b、I_b、T_p 和 I_p 之间的关系为

$$k_{\mathrm{T}} = \frac{T_{\mathrm{b}}}{I_{\mathrm{b}}} = \frac{T_{\mathrm{p}}}{I_{\mathrm{p}}} \tag{8-27}$$

8.9 直线电动机

直线电动机就是把电能直接转换成直线运动的机械能的电动机。当然，旋转电动机也可以通过转换装置，将旋转运动转变为直线运动，带动负载作直线运动。但由于有中间转换装置，使得这种拖动系统效率低、体积大、成本高。而直线电动机不需要转换装置，自身能产生直线作用力，直接带动负载作直线运动，因而使系统结构简单，运行效率和传动精度均较高。

与旋转电动机对应，直线电动机也分为直线异步电动机、直线同步电动机和直线直流电动机。在直线电动机中，直线异步电动机应用最广泛。现在就以直线异步电动机为例，介绍直线电动机的结构形式和工作原理。

（1）直线异步电动机的结构形式

直线异步电动机主要有平板型、圆筒型和圆盘型 3 种型式。

① 平板型直线异步电动机。平板型直线异步电动机可以看成是从旋转电动机演变而来的。可以设想，有一台极数很多的三相异步电动机，其定子半径相当大，定子表面的某一段可以认为是直线，则这一段便是直线电动机。也可以认为把旋转电动机的定子和转子沿径剖开，并展开成平面，就得到了最简单的平板型直线异步电动机，如图 8-34 所示。

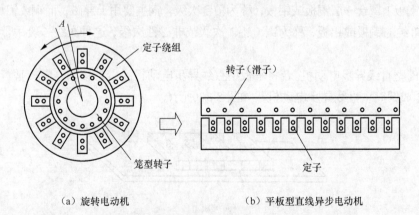

（a）旋转电动机　　　　　（b）平板型直线异步电动机

图 8-34　直线异步电动机的形成

旋转电动机的定子和转子，在直线电动机中又称为初级和次级（滑子）。直线电动机的运动方式可以是固定初级，让次级运动，此种称为动次级；相反，也可以固定次级，让初级运动，则称为动初级。为了在运动过程中始终保持初级和次级耦合，初级和次级的长度不应相

同，可以使初级长于次级，称为短次级（短滑子）；也可以使次级长于初级，称为短初级，如图 8-35 所示。由于短初级结构比较简单，制造和运行成本较低，故一般常用短初级。

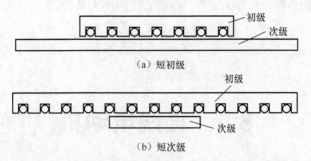

图 8-35　平板型直线异步电动机（单边型）结构

图 8-36 所示的平板型直线异步电动机仅在次级的一边安装有初级，这种结构形式称为单边型。单边型直线异步电动机除了产生切向力外，还会在初、次级间产生较大的法向力，这在某些应用中是不希望的。为了更充分地利用次级和消除法向力，次级的两侧都装有初级，这种结构称为双边型，如图 8-36 所示。

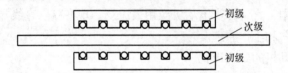

图 8-36　平板型直线异步电动机（双边型）结构

平板型直线异步电动机的初级铁心由硅钢片叠装而成，表面开有齿槽，槽中安放着三相绕组。最常用的次级结构有以下 3 种形式。

a. 用整块钢板制成，称为钢次级或磁性次级，这时钢既起导磁作用，又起导电作用。

b. 为钢板上覆合一层铜板或铝板，称为覆合次级，钢主要用于导磁，而铜或铝用于导电。

c. 是单纯的铜板或铝板，称为铜（铝）次级或非磁性次级，这种次级一般用于双边型电动机中。

② 圆筒型直线异步电动机。若将平板型直线异步电动机沿着与移动方向相垂直的方向卷成圆筒，即成圆筒型直线异步电动机，如图 8-37 所示。

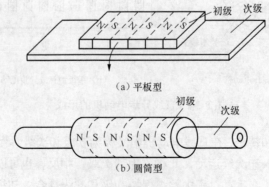

（a）平板型

（b）圆筒型

图 8-37　圆筒型直线异步电动机

③ 圆盘型直线异步电动机。若将平板型直线异步电动机的次级制成圆盘型结构,并能绕经过圆心的轴自由转动,使初级放在圆盘的两侧,使圆盘在电磁力作用下自由转动,便成为圆盘型直线异步电动机,如图 8-38 所示。

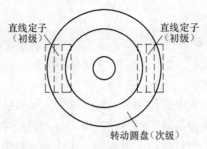

图 8-38　圆盘型直线异步电动机

（2）直线异步电动机的工作原理

直线异步电动机的定子绕组与笼型异步电动机的定子绕组一样,都是三相绕组,只不过笼型异步电动机的定子三相绕组对称地分布在定子圆周上,而直线异步电动机的定子三相绕组排列成一条直线,它们分别如图 8-39（a）和（b）所示。

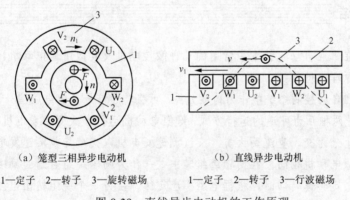

（a）笼型三相异步电动机　　　　（b）直线异步电动机

1—定子　2—转子　3—旋转磁场　　　1—定子　2—转子　3—行波磁场

图 8-39　直线异步电动机的工作原理

对于图 8-39（a）所示的笼型三相异步电动机而言,在定子的三相对称绕组 U、V、W 中通入对称的三相交流电流时,所产生的气隙磁场是在空间成正弦分布、且沿 U－V－W 方向旋转的旋转磁场,其同步转速为 n_1。旋转磁场切割转子导体会产生切割电动势,从而产生转子电流。旋转磁场对转子及负载以转速 n 旋转。

对于图 8-39（b）所示的直线异步电动机而言,在定子的三相绕组 U、V、W 中通入对称的三相交流电流时,同样会产生空间成正弦分布、沿 U－V－W 方向运动的气隙磁场,只是由于定子绕组不是按圆周排列而是按直线作有序排列,因而产生的磁场不是旋转磁场,而是沿直线方向移动的磁场,称为行波磁场。行波磁场在空间呈正弦分布,如图 8-39（b）所示,其移动速度即同步速度 n_1 为

$$n_1 = 2 p \tau \frac{n_1}{60} \tag{8-28}$$

式中 τ 为极距。

直线运动磁场切割转子导体会产生感应电动势和感应电流，该感应电流与行波磁场相互作用，产生电磁力 T，使转子（次级）跟随行波磁场移动。如果定子是固定不动的，则电磁力 T 会带动转子及负载作直线运动，其运行速度用 n 表示。直线异步电动机的转差率为

$$S = \frac{n_1 - n}{n_1} \qquad (8\text{-}29)$$

将式（8-29）代入式（8-28），得

$$n = 2\tau f_1(1 - S) \qquad (8\text{-}30)$$

式中 f_1 为电流频率。

由上式可知，改变极距 τ 和电源频率 f_1，均可改变次级的移动速度。

直线异步电动机主要应用在各种直线运动的电力拖动系统中，如磁悬浮高速列车、自动搬运装置、传送带、带锯、直线打桩机、电磁锤、矿山用直线电动机推车机等，也用于自动控制系统中，如液态金属电磁泵、门阀、开关自动关闭装置、自动生产机械手和计算机磁盘定位机构等。

 小　结

本章介绍了在工业自动化技术中常用的几种微控电机及其他用途电动机，说明了它们的结构特点、工作原理、性能等。

测速发电机在自动控制系统中作为检测元件，可将转速信号变为电压信号，因此测速发电机和伺服电动机是两种互为可逆的运行方式，好像电动机运行方式变为发电机运行方式一样。

测速发电机也分为交、直流两大类。交流测速发电机以交流异步测速发电机应用较广，其结构与交流伺服电动机相同。在两相绕组其中之一作为励磁绕组且通过励磁电流后，产生磁通，当转子以一定转速转动时，根据电磁感应定律，由另一个绕组输出电压，其大小与转速成正比，但其频率与转速无关。直流测速发电机工作原理与直流发电机相同，根据电磁感应定律可知，发电机的空载输出电压与转速成正比。直流测速发电机中亦存在线性误差。造成线性误差的原因为电枢反应、温度影响以及电刷与换向器的接触电阻的非线性等。

伺服电动机在自动控制系统中作为执行元件，是一种将控制信号转变为角位移或转速的电动机，转速的大小及方向都受控制电压信号的控制。伺服电动机分为直流、交流两大类。

直流伺服电动机在电枢控制时具有良好的机械特性和调节特性。其缺点是由于有电刷和换向器，所以造成摩擦阻转矩较大。有两种控制方式，即磁场控制和电枢控制。电枢控制磁极绕组作励磁用，电枢绕组作控制信号用。磁场控制两绕组用途互换。不同的控制方式表现出不同的特性。

交流伺服电动机相当于一台双绕组的单相异步电动机。其中，一相绕组为励磁绕组，另一相与励磁绕组在空间上相互垂直的绕组作为控制绕组。与一般单相异步电动机不同的是，交流伺服电动机的转子电阻比较大，当控制信号消失后，电机的电磁转矩为制动性转矩，使伺服电动机可以立刻停转，确保了控制信号消失后无"自转"现象。交流伺服电动机常用的

电机原理与电力拖动

控制方式有幅值控制、相位控制和幅值相位控制。

步进电动机是一种将脉冲信号转换成角位移或直线位移的同步电动机，说得通俗一些，就是给一个脉冲信号前进一步的电动机。因此，它能按照控制脉冲的要求，起动、停止、反转、无级调速，在不丢步的情况下，角位移的误差不会长期积累。步进电动机需用一个专用电源来驱动。

自整角机是一种对角位移偏差具有自动调整能力的电机，一般成对使用，一台作为发送机，一台作为接收机。当发送机转轴上产生偏转角时，与发送机电路连接的接收机在转轴上产生转矩，使接收机转动，确保接收机的转角与发送机的转角时刻保持相等，实现了转角的长距离传输。

旋转变压器是一种电磁耦合情况随转角变化，输出电压与转子转角成某种函数关系的电磁元件。在自动控制系统中，旋转变压器用于测量角度，有输出电压是转子转角的正、余弦函数的遮余弦旋转变压器、有输确压与转角成线性函数的线性旋转变压器。

单相异步电动机是使用较多的电动机，按照起动方式不同，分电容分相式电动机和罩极起动两种。电容分相式电动机是在起动绕组中串接了电容器，起动绕组中通过的电流与主绕组通过的电流相差 $90°$ 相位角，便可产生两相旋转磁场。

无刷直流电动机克服了普通直流电动机设置换向器的缺点，在现代的空调器普遍采用，达到降低电能损耗的目的。无刷直流电动机为了去掉电刷，将电枢放在定子上，而转子制成永磁体，这样的结构正好与普通直流电动机相反。为了使电动机转动起来，必须使定子电枢各相绕组不断地换相通电，这样才能产生转矩推动转子旋转。

力矩电动机是一种特殊类型的伺服电动机，也分为直流和交流两种。目前应用最广泛的是直流力矩电动机。直流力矩电动机是一种能够长期处于堵转状态下工作的低转速、大转矩的电动机。目前主要采用永磁式电枢控制方式。

直线电动机就是把电能直接转换成直线运动的机械能的电动机。当然旋转电动机也可以通过转换装置，将旋转运动转变为直线运动，带动负载作直线运动。平板型直线异步电动机可以看成是从旋转电动机演变而来的。圆筒型直线异步电动机是将平板型直线异步电动机沿着与移动方向相垂直的方向卷成圆筒，圆盘型直线异步电动机是将平板型直线异步电动机的次级制成圆盘型结构，并能绕经过圆心的轴自由转动。

 习　题

1. 简述控制电机的种类与主要作用。
2. 什么是自转现象？消除的方法有哪些？
3. 简述交流伺服电动机有哪些控制方式。
4. 什么叫步进电动机的三相单三拍控制、三相双三拍控制、三相六拍控制方式？
5. 怎样改变步进电动机的旋转方向？
6. 自整角机的发送机和接收机都有什么特点？
7. 按供电电源相数的不同，自整角机可分为哪些类型？
8. 简述正、余弦旋转变压器的空载运行原理。
9. 什么是直线电动机？简述直线电动机的结构组成。
10. 微型同步电动机定子的结构特点是什么？

11. 为什么直流测速发电机有最高转速和最小负载电阻的限制？

12. 有哪些因素能引起直流测速发电机的误差，怎样消除？

13. 说明交流测速发电机的工作原理。

14. 在分析交流测速发电机工作原理时，变压器电动势与速率（切割）电动势交织在一起，说明哪些是变压器电动势，哪些是速率电动势？

15. 什么是直流伺服电动机的调节特性？绘出用标幺值表示的调节特性曲线组。

16. 说明交流伺服电动机，如果两相绕组对称，外加两相电压不对称，将产生椭圆形旋转磁场。

17. 什么是交流伺服电动机的自转现象？应如何消除？

18. 说明正、余弦旋转变压器的工作原理。

19. 说明正、余弦旋转变压器转子边补偿和定子边补偿的工作原理。

20. 简要说明力矩式自整角机的自整步原理。

21. 说明控制式自整角机发送机和接收机（自整角变压器）初始位置是如何规定的，与力矩式自整角机有何不同。

22. 说明反应式步进电动机的静态稳定区和动态稳定区。

23. 单相异步电动机有两个绕组，分别是什么绕组？

24. 单相异步电动机正常运行时转速为 n，转差率为 s。证明这时对负序电动机而言（同步转速为 $-n_1$），转差率 $s_-=2-s$。

25. 怎样改变分相式单相异步电动机的旋转方向？

26. 无刷直流电动机和有刷直流电动机的差别是什么？

27. 直线电动机有哪些特点？

28. 直线异步电动机与旋转异步电动机的主要差别是什么？

29. 一台五相十拍的步进电机，转子齿数 $Z_r = 48$，在 A 相绕组中测得电流频率为 600Hz。
试求：（1）步距角；

        （2）转速。

30. 一台三相反应式步进电动机，采用双拍运行方式，已知其转速 $n = 1200$r/min，转子齿数 $Z_r = 24$，试计算脉冲信号源的频率 f 和步距角 θ_b。

31. 以恒速旋转的永磁式直流测速发电机，内阻为 $R_n = 940\Omega$，若外接负载电阻为 $R_L = 2000\Omega$，输出电压为 50V。若负载电阻变为 $R_L = 4000\Omega$，端电压为多少伏？

32. 电源频率为 50Hz 时，四极同步电动机、六极和八极同步电动机旋转磁场的转速分别是多少？

33. 有一台 QFS－300－2 的汽轮发电机，$U_N = 18$kV，$\cos\varphi_N = 0.85$，$f_N = 50$Hz。试求：

（1）发电机的额定电流；

（2）发电机在额定运行时能发出多少有功功率和无功功率？

34. 有一台 YS854－210－40 的水轮发电机，$P_N = 100$MW，$U_N = 13.8$kV，$\cos\varphi_N = 0.9$，$f_N = 50$Hz。试求：

（1）发电机的额定电流；

（2）发电机在额定运行时能发出多少有功功率和无功功率？

（3）转速是多少？

第9章　电力拖动系统中电动机的选择

为电力拖动系统选配合适的电动机，才能保证系统可靠和经济地运行。本章首先介绍电动机选择的一般内容，然后重点讨论电动机功率选择的相关问题，如电动机的发热和冷却规律，电动机有哪几种工作制，电动机的额定功率是如何确定的，以及如何用计算法选择电动机的额定功率等。

9.1　电动机的发热与工作方式

电动机的发热与冷却直接关系到电动机的温升，决定了电动机是否能按设计的额定功率运行。在专门介绍电动机的发热和冷却内容之前，先介绍电力拖动系统中电动机选择的基本内容。

1. 电动机选择的基本内容

一般来说，电动机的选择主要包含以下内容。

（1）类型的选择

选择哪种类型的电动机，一方面要根据生产机械对电动机的机械特性、起动性能、调速性能、制动方法、过载能力等方面的要求，对各种类型的电动机极性分析比较；另一方面在满足上述要求的前提下，还要从节省初期投资，减少运行费用等经济方面进行综合分析，最后将电动机的类型确定下来。在对起动、调速等性能没有特殊要求的情况下，优先选用三相笼型异步电动机。

（2）功率的选择

正确地选择电动机的额定功率非常重要，额定功率选择得过大，电动机长期在欠载状态下运行，不仅增加了设备投资，对异步电动机而言还会降低其效率和功率因数等指标，增加了运行费用；额定功率选择得太小，电动机长期在过载状态下运行，会使电动机过热而降低使用寿命，甚至拖动不了生产机械。因此，应使所选电动机的额定功率等于或大于生产机械所需要的功率。具体方法有以下几种。

① 类比法。通过调研，参照同类生产机械来决定电动机的额定功率。

② 统计法。经统计分析从中找出电动机的额定功率与生产机械主要参数之间的计算公式，按此公式计算出电动机的额定功率。

③ 实验法。用一台同类型或相近类型的生产机械进行实验，测出所需功率的大小。

上述了 3 种方法也可以结合进行。

④ 计算法。根据电动机的负载情况，从电动机的发热、过载能力和起动能力等方面考虑，通过计算得出所需要的额定功率。具体的计算方法及与之有关的问题，留待下面几节讨论。

（3）电压的选择

根据电动机的额定功率和供电电压的情况选择电动机的额定电压。例如，三相异步电动机的额定电压主要有 380V、3000V、6000V、10000V 等几种。由于高压电器设备的初期投资和维护费用比低压电器设备贵得多，一般当电动机额定功率 $P_N \leqslant 200\text{kW}$ 时，往往选用 380V 电动机。$P_N > 200\text{kW}$ 的电动机一般都是高压电动机，由于 3kV 电网的损失较大，而 10kV 电动机的价格又较昂贵，除特大型电机外，一般大中型电动机都选用 6kV 电压。三相同步电动机的额定电压基本与三相异步电动机相同。中小型直流电动机的额定电压目前主要有 110V、220V、160V、440V 等几种，后两种分别适用于由 220V 单相桥式整流器供电和 380V 三相全控桥式整流器供电的场合，额定励磁电压为 180V。

（4）转速的选择

根据生产机械的转速和传动方式，通过经济技术比较后确定电动机的额定转速。

额定功率相同的电动机额定转速高，电动机的重量轻、体积小、价格低，效率和功率因数（对三相异步电动机而言）也较高。若生产机械的转速比较低，电动机的额定转速比较高，则传动机构复杂、传动效率降低，增加了传动机构的成本和维修费用。因此，应综合分析电动机和生产机械两方面的各种因素，最后确定电动机的额定转速。

（5）外形结构的选择

根据电动机的使用环境选择电动机的外形结构。电动机的外形结构有以下几种。

① 开启式。电动机的定子两侧和端盖上开有很大的通风口，散热好、价格低，但容易进灰尘、水滴、铁屑等杂物，只能在清洁、干燥的环境中使用。

② 防护式。电动机的机座和端盖下方有通风口，散热好，能防止水滴、铁屑等杂物从上方落入电动机内，但潮气和灰尘仍可进入。一般用在比较干燥、清洁的环境中。

③ 封闭式。电动机的机座和端盖上均无通风孔，完全是封闭的，外部的潮气和灰尘不易进入电动机，多用于灰尘多、潮湿、有腐蚀性气体、易引起火灾等恶劣环境中。

④ 密封式。电动机的密封程度高，外部的气体和液体都不能进入电动机内部，可以浸在液体中使用，如潜水泵电动机。

⑤ 防爆式。电动机不但有严密的封闭结构，外壳又有足够的机械强度。一旦少量爆炸性气体侵入电动机内部发生爆炸时，电动机外壳能承受爆炸时的压力，火花不会窜到外面以致引起外界气体再爆炸。适用于有易燃、易爆气体的场所，如矿井、油库、煤气站等。

（6）安装形式的选择

根据电动机在生产机械中的安装方式选择电动机的安装形式。我国目前生产的电动机的安装形式主要有表 9-1 所列的几种。每种又分单轴伸（一端有转轴伸出）和双轴伸（两端都有转轴伸出）两种。

（7）工作制的选择

根据电动机的工作方式选择电动机的工作制。国家标准 GB 755—87《旋转电机基本技术要求》中对国产电动机按发热与冷却情况的不同，分为 9 种工作制，如连续工作制、短时工作制、断续周期工作制等。选择工作制与实际工作方式相当的电动机比较经济。

电机原理与电力拖动

表 9-1　电动机的安装形式

形式代号	安装结构形式	说　明
B₃	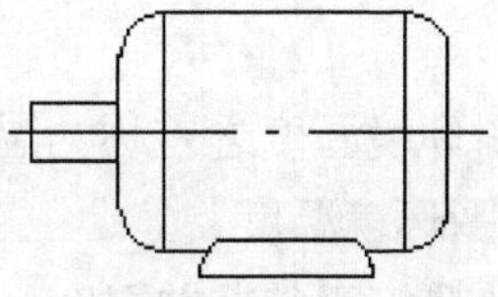	卧式，机座带底脚，端盖上无凸缘
B₅	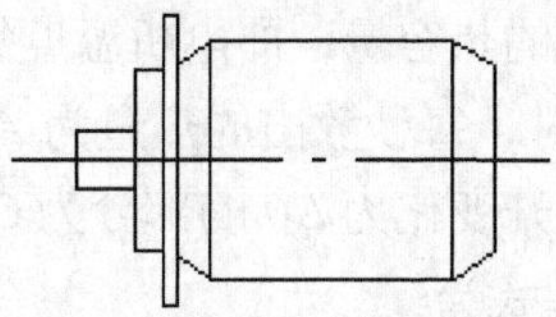	卧式，机座不带底脚，端盖上有凸缘
B₃₅	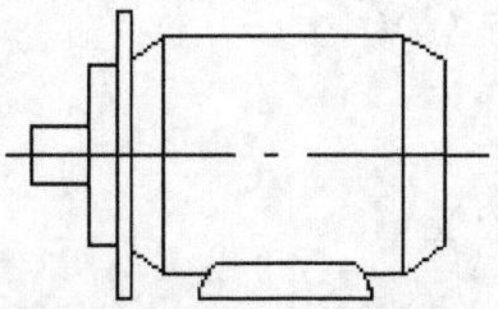	卧式，机座带底脚，端盖上有凸缘
V₁	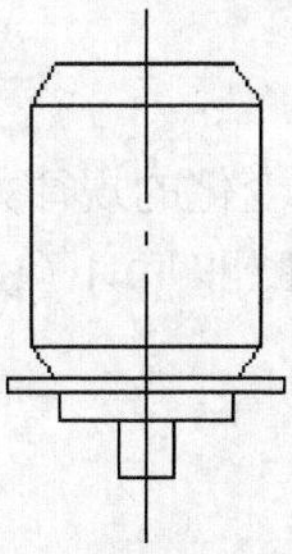	立式，机座不带底脚，端盖上有凸缘

（8）型号的选择

根据前述各项的选择结果选择电动机的型号。

国产电动机为了满足生产机械不同需要，做成许多在结构形式、应用范围、性能水平等各异，功率按一定比例递增并成批生产的系列产品，并冠以规定的产品型号。它们的特点和数据可以从电动机产品目录中查到。例如，Y 系列电动机是我国 20 世纪 80 年代设计的封闭型笼型三相异步电动机，YR 系列为绕线型三相异步电动机，YD 系列为三相多速异步电动机，YB 系列为防爆型三相异步电动机，T 系列为三相同步电动机，Z 系列为直流电动机等。型号选定后，便可按所选型号进行定货和采购。定货时，对安装形式等在型号中未反映的内容应附加说明。

2. 电机的发热和冷却

电动机在能量转换过程中，内部各处均要产生功率损耗。功率损耗的存在不仅降低了电动机的效率，影响了电动机的经济运行，而且各种能耗最终转换为热能，使电动机内部的温度升高,这将影响到所用绝缘材料的使用寿命(电动机中耐热能力最差的是绕组的绝缘材料)，严重时甚至会烧毁电动机。

如前所述，发热是选择电动机额定功率时主要考虑的问题之一。因此，了解电机的发热和冷却规律是十分必要的。为简化分析，假设电机是一个均匀发热体，负载和周围环境的温度保持不变。

损耗的存在使得电机发热，电机的温度与周围环境温度之差称为温升，用θ表示，即

$$\theta = 电机温度 - 周围环境温度$$

温升的存在又会使得电机散热。当电机的发热量等于其散热量时，温升达到稳定值。

设电机在单位时间内产生的热量为Q；电机的热容量，即电机温度每提高 1K 所需要的热量为C；电机的散热系数，即电机温升为 1K 时，每秒散出的热量为A，则电机在Δt时间内产生的热量为$Q\Delta t$。其中被电机吸收，使其温升变化为$\Delta\theta$的部分为$C\Delta\theta$；散发至周围环境中去的部分为$A\theta\Delta t$。由此得到电机热平衡方程式为

$$C\Delta\theta + A\theta\Delta t = Q\Delta t$$

求得电机的温升随时间变化的规律为

$$\theta = \theta_s + (\theta_i - \theta_s)\mathrm{e}^{-\frac{t}{\tau}} \tag{9-1}$$

式中：θ_i——电机的初始温升；

$\theta_s = \dfrac{Q}{A}$——电机的稳定升温，其值取决于负载的大小；

$\tau = \dfrac{C}{A}$——电机的发热和冷却时间常数。

当$\theta_s > \theta_i$时，电机处于发热过程，温升θ随时间t变化的规律如图 9-1（a）所示。当$\theta_s < \theta_i$时，电机处于冷却过程，温升θ随时间t变化的规律如图 9-1（b）所示。

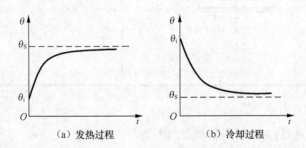

（a）发热过程　　　（b）冷却过程

图 9-1　电机的发热和冷却规律

可见，电机无论是发热还是冷却，温升θ随时间按指数规律变化。发热和冷却的快慢与电机的时间常数τ有关，τ越大，发热或冷却得慢；τ越小，发热或冷却得快。从理论上讲，需经过无穷大时间温升才能稳定。但工程上只要$\tau \geq 3\tau$时，即可认为温升已经稳定。

3．电机的工作制

电机的发热和冷却情况既与负载的大小有关，也与负载持续时间的长短有关。按照电机发热和冷却情况的不同，我国国家相关标准规定了电机有 9 种工作制。其中前 3 种是基本的工作制，后 6 种是特殊的工作制。本节将重点介绍前 3 种。

（1）连续工作制（S_1工作制）

连续工作制（continuous runningduty - type）的代号为S_1。这种电动机在恒定负载下运行

的时间很长,足以使其温升达到稳定温升。其负载曲线和温升曲线如图9-2所示。图中P_L表示负载功率,θ_s表示连续运行时的稳定温升。通风机、水泵、纺织机、造纸机等生产机械中电动机的工作方式与这种工作制基本相同,一般都选用这种工作制的电动机。

(2)短时工作制(S₂工作制)

短时工作制(short-time duty-type)的代号为S₂。这种电动机在恒定负载下按给定的时间运行,该时间不足以使电动机达到稳定温升。随之断电停转足够的时间,使电动机再度冷却到温升降至2K以下。其负载曲线及温升曲线如图9-3所示。图中θ_M是电动机在负载运行时达到的最高温升,它小于该负载下的稳定温升θ_s。

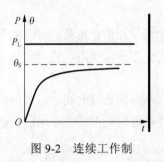

图9-2　连续工作制

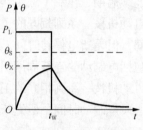

图9-3　短时工作制

短时工作制电动机给定的标准运行时间有15min、30min、60min和90min 4种。水闸启闭机、冶金和起重机械中的电动机的工作方式基本上属于这种工作制,通常都选用这种工作制的电动机。

(3)断续周期工作制(S₃工作制)

断续周期工作制(intermittent periodic duty-type)的代号为S₃。这种电动机按一系列相同的工作周期运行。每一周期包括一段恒定温升,停转时,温升又未降到2K以内。经过长期运行后,最后温升在某一范围内上下波动。其负载曲线和温升曲线如图9-4所示。图中θ_H为每个周期内的上限温升,它小于该负载下的稳定温升θ_S;θ_L为每个周期内的下限温升,它大于2K。

在断续周期工作制中,电动机的负载运行时间t_w与整个工作周期t_w+t_s的百分比称为负载持续率(cyclic duration factor)。

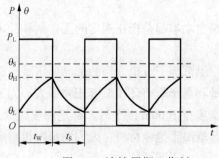

图9-4　连续周期工作制

国家相关标准规定的标准负载持续率有15%、25%、40%和60% 4种。而且一个周期不得超过10min,$t_w+t_s \leqslant 10min$。起重机、电梯和轧钢辅助机械中电动机的工作方式属于这种工作制,故常选用这种工作制的电动机。

（4）包括起动的断续周期工作制（S_4工作制）

这种电动机按一系列相同的工作周期运行，每周期包括一段对温升有显著影响的启动时间，一段恒定负载运行时间和一段断电停转时间，每周期持续的时间都很短，不足以使电动机达到热稳定。

（5）包括电制动的断续周期工作制（S_5工作制）

这种电动机按一系列相同的工作周期运行，每周期包括一段启动时间，一段恒定负载运行时间，一段快速电制动时间和一段断能停转时间。每周期持续的时间很短，不足以使电动机达到热稳定。

（6）连续周期工作制（S_6工作制）

这种电动机按一系列相同的工作周期运行，每周期包括一段恒定负载运行时间和一段空载运行时间，但无断电停转时间。每周期持续的时间很短，不足以使电动机达到热稳定。

（7）包括电制动的连续周期工作制（S_7工作制）

这种电动机按一系列相同的工作周期运行，每周期包括一段启动时间，一段恒定负载运行时间和一段电制动时间，但无断电停转时间。每周期持续的时间很短，不足以使电动机达到热稳定。

（8）包括变速变负载的连续周期工作制（S_8工作制）

这种电动机按一系列相同的工作周期运行，每周期包括一段在预订转速下恒定负载运行时间和一段或几段在不同转速下以其他恒定负载的运行时间（例如变极多速异步电动机），但无断电停转时间。每周期持续的时间很短，不足以使电动机达到热稳定。

（9）负载和转速非周期变化工作制（S_9工作制）

这种工作制是负载和转速在允许的范围内变化的非周期工作制。这种工作制包括经常过载，其值可远远超过满载。

9.2　电动机容量选择的基本知识

1. 电机额定功率的确定

各种电机铭牌上标示的额定功率都是指在规定的工作制和额定状态下运行时，温升达到额定温升时的输出功率。

额定温升的定义是：额定温升等于电机允许的最高温度减去额定的环境温度。

我国幅员辽阔，全国各地和各个季节环境温度相差很大，为制造出能在全国各地适用的电机，国家标准规定，海拔高度在 1000m 以下时，额定环境温度为 40℃。

电机允许的最高温度主要取决于绝缘材料，因为它是电机中耐热能力最差的。电机中所用的绝缘材料按允许的最高温度的不同可分为如表 9-2 所示的 6 个等级。

表 9-2　电机绝缘等级

绝缘等级	A	E	B	F	H	C
允许最高温度 ℃	105	120	130	155	180	>180

额定功率、额定电压和额定转速相同的电机采用的绝缘材料等级越高，即允许的最高温度越高，额定温升就越大，电机的体积和重量就越小。因而，目前的发展趋势是采用 F 级和 H 级绝缘材料。

由此可见，对于一台给定的电动机，其额定功率就是在规定的工作制、规定的额定环境温度和海拔高度下所允许输出的功率，这时电机的温升为额定温升。

2. 工作制的影响

连续工作制（S_1 工作制）电动机的额定功率是指在额定状态下运行时，其稳定温升 θ_S 等于额定温升 θ_N 时的输出功率。

短时工作制（S_2 工作制）电动机的额定功率是指在额定状态下运行时，其最高温升 θ_M 等于额定温升 θ_N 时的输出功率。

断续周期工作制（S_3 工作制）电动机的额定功率是指在额定状态下运行时，其上限温升 θ_H 等于额定温升 θ_N 时的输出功率。

同一台电动机工作制不同，它所允许输出的功率也不同。例如，按连续工作制设计的电动机用作短时运行或断续周期运行，若仍保持输出功率不变，则该电机的最高温升或上限温升将小于稳定温升，即小于该电机的额定温升。该电机未能充分发挥作用，因而它允许输出的功率可以增加，一直增加到短时运行时的最高温升等于额定温升或断续周期运行时的上限温升等于额定温升为止。反之，按短时工作制或断续周期工作制设计的电动机改作连续运行，则其允许输出的功率将减小。

3. 环境温度的影响

如前所述，电机的额定功率是对应于额定环境温度 40℃时的允许输出功率，因此，当环境温度低于或高于 40℃ 时，电机允许输出的功率可适当增加或减小。增减后的允许输出功率 P_2 可用下式计算

$$P_2 = P_M \sqrt{1 + (1+\alpha)\frac{40° - \theta}{\theta_N}} \tag{9-2}$$

式中：θ——实际环境温度；

$\quad\quad \alpha$——满载时的铁损耗和铜损耗之比，即

$$\alpha = \frac{P_{Fe}}{P_{Cu}} \tag{9-3}$$

一般 $\alpha = 0.4 \sim 1.1$。在工程上，亦可按表 9-3 对 P_2 进行粗略估算。

表 9-3　电机允许输出功率

实际环境温度	30	35	40	45	50	55
电机允许输出功率增减的百分数	+8%	+5%	0	-5%	-12.5%	-25%

同时国家有关标准规定：当实际环境温度低于 40℃时，其允许输出的功率可以不予修正。

4. 海拔高度的影响

按海拔高度不超过 1000m 设计的电动机，在海拔高度超过 1000m 的地区使用时，允许

输出的功率应适当降低。因为海拔越高，空气越稀薄，散热越困难。所以，国家有关标准规定：工作地点在海拔 4000m 以下，以 1000m 为基准，每超过 100m，θ_N 降低 1%。粗略估计，P_2 约降低 0.5%。超过 4000m 以上时，θ_N 和 P_2 值由用户与制造厂协商确定。

5. 恒定负载电动机额定功率的选择

下面将要讨论选择电动机额定功率的计算法。先讨论电动机所拖动的负载为恒定负载时的情况。

（1）连续运行的电动机

这种情况下选择电动机额定功率的步骤如下。

① 选择工作制为 S_1 的电动机。

② 求出电动机的负载功率 P_L

$$P_L = \frac{P_m}{\eta_m \eta_t} \tag{9-4}$$

式中：P_m——生产机械的输出功率；

η_m——生产机械的效率；

η_t——电动机与生产机械之间的传动机构的效率。

③ 选择额定功率 P_N 等于或稍大于 P_L 的电动机。

④ 检验起动能力。

采用三相笼型异步电动机和三相同步电动机拖动，且对起动转矩有一定要求时，应进行起动能力的校验。

【例 9-1】 有一台由电动机直接拖动的离心式水泵，流量 $Q=0.04\text{m}^3/\text{s}$，扬程 $h=8\text{m}$，效率 $\eta_m=0.58$，转速 $n=1440\text{r/min}$。试选择电动机的额定功率。

解： ① 该电机属恒定负载连续运行工作方式，故选择工作制为 S_1 的电动机。

② 由水泵设计手册查到泵类负载的输出功率的计算公式为

$$P_m = \frac{Qrh}{102}$$

式中，水的比重 $r=1000\text{kg/m}^3$，由此求得

$$P_m = \frac{0.04 \times 1000 \times 8}{102} = 3.14\text{kW}$$

由于直接拖动的传动效率 $\eta_t = 1$，故

$$P_L = \frac{P_m}{\eta_m \eta_t} = \frac{3.14}{0.58 \times 1} = 5.41\text{kW}$$

③ 选择 $P_N \geqslant P_L = 5.41\text{kW}$ 的电动机，如选择 $P_n = 5.5\text{kW}$，$n_N = 1440\text{r/min}$ 的 Y 系列三相笼型异步电动机。

④ 水泵为通风机负载特性类的生产机械，起动能力不会有问题。

（2）短时运行的电动机

这种情况下应优先选择工作制为 S_2 的电动机。若有困难亦可考虑选用工作制为 S_3 或 S_1 的电动机。下面分为以上 3 种情况来讨论其额定功率的选择。

a. 选用工作制为 S_2 的电动机

步骤如下。

① 选择标准运行时间与实际运行时间相同或相近的 S_2 工作制电动机。

② 求出电动机的负载功率 P_L。

③ 将负载功率 P_L 换算成标准运行时间的负载功率。换算公式为

$$P_{LN} = \frac{P_L}{\sqrt{\frac{t_{WN}}{t_W} - \alpha(\frac{t_{WN}}{t_W} - 1)}} \tag{9-5}$$

式中：t_{WN}——标准运行时间；

t_W——实际运行实际；

α——满载时铁损耗与铜损耗之比。

当 t_{WN} 与 t_W 相差不大时，上式可简化成

$$P_{LN} = P_L \sqrt{\frac{t_W}{t_{WN}}} \tag{9-6}$$

④ 选择额定功率 $P_N \geqslant P_{LN}$ 的电动机。

⑤ 校验起动能力（对三相笼型异步电动机而言）。

b. 选用工作制为 S_3 的电动机

首先将 S_3 工作制电动机的标准持续率 FC_N 换算成对应的 S_2 工作制电动机的标准运行时间 t_{WN}。它们之间的对应关系为

$$FC_N = 15\% - t_{WN} = 30\text{min}$$
$$FC_N = 25\% - t_{WN} = 60\text{min}$$
$$FC_N = 40\% - t_{WN} = 90\text{min}$$

然后按（1）中步骤进行计算。

c. 选用工作制为 S_1 的电动机

步骤如下。

① 求出电动机的负载功率 P_L。

② 将负载功率 P_L 换算成 S_1 工作制时的负载功率 P_{LN}，换算公式为

$$P_{LN} = P_L \sqrt{\frac{1 - e^{-\frac{t_W}{\tau}}}{1 + \alpha e^{-\frac{t_W}{\tau}}}} \tag{9-7}$$

式中：τ——电机的发热时间常数；

t_W——短时运行时间；

α——满载时的铁损耗与铜损耗之比。

③ 选择 $P_N \geqslant P_{LN}$ 的电动机。

④ 校验起动能力。

⑤ 校验过载能力。

倘若 $t_W < （0.3\sim0.4）\tau$ 时，按式（9-7）求得的 P_{LN} 将远小于 P_L。发热问题不大。这时决定电动机额定功率的主要因素是电动机的过载能力和起动能力（对笼型异步电动机而言），因此可以直接由过载能力和起动能力选择电动机的额定功率 P_n。

【例 9-2】 某生产机械为短时运行，每次工作时间 12min，休息的时间足够长，输出功率 $P_m = 20\text{kW}$，效率 $\eta_m = 0.833$，传动机构效率 $\eta_t = 0.8$，采用 S_2 工作制的直流电动机拖动。试

问电动机的额定功率应为多少？

解： ① 电动机的负载功率为

$$P_L = \frac{P_m}{\eta_m \eta_t} = \frac{20}{0.833 \times 0.8} = 30\text{kW}$$

② 选择标准运行时间为 15min 的 S_2 工作制电动机，其等效负载功率为

$$P_{LN} = P_L \sqrt{\frac{t_W}{t_{WN}}} = 30\sqrt{\frac{12}{15}} = 26.83\text{kW}$$

③ 电动机的额定功率 $P_N > 26.83\text{kW}$。

（3）断续周期运行的电动机

步骤如下。

① 选择标准负载持续率 FC_N 与实际负载持续率 FC 相同或相近的 S_3 工作制电动机。

② 求出电动机的负载功率 P_L。

③ 将负载功率 P_L 换算成标准负载持续率时的负载功率 P_{LN}，换算公式如下：

$$P_{LN} = \frac{P_L}{\sqrt{\dfrac{FC_N}{FC} + \alpha\left(\dfrac{FC_N}{FC} - 1\right)}} \tag{9-8}$$

当 FC_N 与 FC 非常接近时，上式可简化为

$$P_{LN} = P_L \sqrt{\frac{FC}{FC_N}} \tag{9-9}$$

④ 选择额定功率 $P_N \geqslant P_{LN}$ 的电动机。

⑤ 校验起动能力（对三相笼型异步电动机而言）。

若实际负载持续率 $FC > 10\%$，可按短时运行选择电动机；若实际负载持续率 $FC > 70\%$，可按连续运行选择电动机。

【例 9-3】 有一断续周期工作的生产机械，运行时间 $t_W = 90\text{s}$，停机时间 $t_S = 240\text{s}$，需要转速 $n = 700\text{r/min}$ 左右的三相绕线型异步电动机拖动，电动机的负载转矩 $T_L = 275\text{N} \cdot \text{m}$，试选择电动机的额定功率。

解： ① 求出电动机的实际负载持续率。

$$FC = \frac{t_W}{t_W + t_S} \times 100\% = \frac{90}{90 + 240} \times 100\% = 27.27\%$$

② 选择标准持续率 $FC_N = 25\%$ 的 S_3 工作制绕线型异步电动机。

③ 求出电动机的负载功率。

$$P_L = \frac{2\pi}{60} T_L n = \frac{2 \times 3.14}{60} \times 275 \times 700 = 20.15\text{kW}$$

换算到标准负载持续率时的负载功率

$$P_{LN} = P_L \sqrt{\frac{FC}{FC_N}} = 20.15\sqrt{\frac{0.2727}{0.25}} = 21\text{kW}$$

④ 选择额定功率 $P_N \geqslant 21\text{kW}$ 的电动机。

9.3 选择电动机容量的基本效验方法

1. 周期性变动负载的电动机

电动机的负载变动时通常都有周期性，或者可以通过统计分析的方法将其大体看成是周期性变化的。对于拖动这类负载的电动机，选择额定功率的步骤如下。

（1）求出各段时间电动机的负载功率

负载变化时的负载曲线如图 9-5 所示。

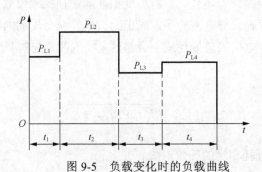

图 9-5　负载变化时的负载曲线

（2）求出平均负载功率

$$P_{\mathrm{L}} = \frac{P_{\mathrm{L1}}t_1 + P_{\mathrm{L2}}t_2 + \cdots}{t_{\mathrm{L}} + t_2 + \cdots} \qquad (9\text{-}10)$$

（3）预选电动机的额定功率

$$P_{\mathrm{N}} = (1.1 \sim 1.6)P_{\mathrm{L}} \qquad (9\text{-}11)$$

式中，系数（1.1～1.6）是考虑在负载变动引起的暂态过程中，电流对发热的影响。因为电机的铜消耗与电流的平方成正比，其影响应予考虑。负载变动大，该系数要选大些。

（4）进行发热校验

预选的电动机是否合适，还需从发热、过载能力和起动能力三方面进行校验。首先是进行发热校验，检查电动机的温升是否会超过其额定温升。由于电动机已选好，其额定值可以查到。只要实际运行电动机的这些数据不超过其额定值，电动机的温升就不会超过额定温升。下面介绍校验的方法。

① 平均损耗法。损耗是引起发热的原因，只要每个周期内的平均功率损耗 P_{alL} 不超过所选电动机的额定功率损耗 P_{alN}，电动机的温升就不会超过允许值。

电动机的平均功率消耗为

$$P_{\mathrm{alL}} = \frac{P_{\mathrm{alL1}}t_1 + P_{\mathrm{alL2}}t_2 + \cdots}{t_2 + t_2 + \cdots} \qquad (9\text{-}12)$$

式中 P_{alL1}，P_{alL2}，$\cdots$ 是每段实际的功率损耗，只要知道该电机的效率曲线 $\eta = f(P_2)$，便可求得各段的功率损耗为

$$P_{\mathrm{alLi}} = \frac{P_{\mathrm{Li}}}{\eta_{\mathrm{i}}} - P_{\mathrm{Li}}$$

电动机的额定功率损耗为

$$P_{\text{alN}} = \frac{P_{\text{N}}}{\eta_{\text{N}}} - P_{\text{N}}$$

如果 $P_{\text{alL}} \leqslant P_{\text{alL}}$，发热校验合格；如果 $P_{\text{alN}} > P_{\text{alN}}$，发热校验不合格，这时需重选额定功率较大的电动机，再进行上述的发热校验，直到合格为止。

平均损耗法是通过比较损耗的大小来校验发热的，结果比较准确。各种电动机在大多数工作情况下都用平均损耗法进行发热校验。但是这种方法比较烦琐，在特殊条件下，还可以采用下面几种较为简便的等效法。

② 等效电流法。这种方法适用于电动机的空载损耗 P_0 和电阻不变的情况。

由于铁损耗是不变损耗，P_0 不变，只有可变损耗即铜损耗随负载的变动而变化。如果电机的电阻也不变，则铜损耗只与电流的平方成正比，只要一个周期内的平均铜损耗不超过所选电动机的额定铜损耗，电机的总损耗便不会超过电机的额定总损耗，电机的温升也就不会超过额定温升。

电动机的平均铜损耗为

$$P_{\text{CuL}} = \sqrt{\frac{RI_{\text{L}1}^2 t_1 + RI_{\text{L}2}^2 t_2 + \cdots}{t_1 + t_2 + \cdots}}$$

式中 I_{L} 是产生该平均铜损耗相当的等效电流。

电动机是额定铜损耗为

$$P_{\text{CuN}} = RI_{\text{N}}^2$$

比较上述两式可以看到，只要等效电流 I_{L} 不超过所选电动机的额定电流 I_{N}，发热校验合格。由前式可得等效电流 I_{L} 的计算公式为

$$I_{\text{L}} = \sqrt{\frac{I_{\text{L}1}^2 t_1 + I_{\text{L}2}^2 t_2 + \cdots}{t_1 + t_2 + \cdots}} \tag{9-13}$$

当 $I_{\text{L}} \leqslant I_{\text{N}}$ 时，发热校验合格；当 $I_{\text{L}} > I_{\text{N}}$ 时，发热校验不合格，需选择额定功率再大一些的电动机重新进行上述发热校验。

③ 等效转矩法。这种方法适用于 P_0 和 R 不变，且转矩与电流成正比的情况。

与等效电流对应的等效负载转矩为

$$T_{\text{L}} = \sqrt{\frac{T_{\text{L}1}^2 t_1 + T_{\text{L}2}^2 t_2 + \cdots}{t_1 + t_2 + \cdots}} \tag{9-14}$$

显然，在这种情况下，只要 $T_{\text{L}} \leqslant T_{\text{N}}$，发热校验合格；$T_{\text{L}} > T_{\text{N}}$，发热校验不合格。

④ 等效转矩法。这种方法适用于 P_0 和 R 不变，$T \propto I$，而且转速 n 基本不变的情况。

由于 n 不变，负载功率与负载转矩成正比，这时的等效负载功率为

$$P_{\text{L}} = \sqrt{\frac{P_{\text{L}1}^2 t_1 + P_{\text{L}2}^2 t_2 + \cdots}{t_1 + t_2 + \cdots}} \tag{9-15}$$

显然，只要将 P_{L} 与所选电动机的额定功率 P_{N} 作比较，$P_{\text{L}} \leqslant P_{\text{N}}$ 时，发热校验合格；$P_{\text{L}} > P_{\text{N}}$ 时，发热校验不合格。

（5）校验过载能力

由于负载在变化，校验过载能力就是保证在最大负载时，交流电动机的复制转矩必须小

于交流电动机的最大转矩 $T_M = \alpha_{MT} T_N$，直流电动机的电枢电流必须小于直流电动机的最大允许电流 $I_{amax} = （1.5 \sim 2.0）I_{aN}$。

（6）校验起动能力

校验起动能力就是要求所选电动机的起动转矩 T_{st} 大于起动时负载转矩的（1.1~1.2）倍，即 $T_{st} \geqslant （1.1 \sim 1.2）T_l$，而且还要考虑起动电流 I_{st} 是否会超过要求。

【例 9-4】 某生产机械拟用一台转速为 1000r/min 左右的笼型三相异步电动机拖动。负载曲线如图 9-5 所示。其中 $P_{L1} = 18kW$，$t_1 = 40s$，$P_{L2} = 24kW$，$t_2 = 80s$，$P_{L3} = 14kW$，$t_3 = 60s$，$P_{L4} = 16kW$，$t_4 = 70s$。起动时的负载转矩 $T_{Lst} = 300N \cdot m$，采用直接起动，起动电流的影响可不考虑。试选择电动机的额定功率。

解: ① 求出平均负载功率。

$$P_L = \frac{P_{L1}t_1 + P_{L2}t_2 + P_{L3}t_3 + P_{L4}t_4}{t_1 + t_2 + t_3 + t_4} = \frac{18 \times 40 \times 24 \times 80 + 14 \times 60 + 60 \times 70}{40 + 80 + 60 + 70} = 18.4kW$$

② 预选 Y200L2-6 型三相异步电动机，该电机的 $P_N = 22kW$，$n_N = 970r/min$，$\alpha_{st} = 1.8$，$\alpha_{MT} = 2.0$。

③ 进行发热校验。

考虑到该电机的电阻不变，P_0 可认为不变。电机的电压不变、磁通不变、负载功率与额定功率相差不大，在其上下变动，可近似功率因数不变，因而转矩与电流近似成正比。由于电动机的机械特性为硬特性，转速近似不变，因此决定用等效功率法进行发热校验。求得等效负载功率为

$$P_L = \sqrt{\frac{P_{L1}^2 t_1 + P_{L2}^2 t_2 + P_{L3}^2 t_3 + P_L^2 t_4}{t_1 + t_2 + t_3 + t_4}} = \sqrt{\frac{18^2 \times 40 \times 24^2 \times 80 + 14^2 \times 60 + 60^2 \times 70}{40 + 80 + 60 + 70}} = 18.4kW$$

由于 $P_L < P_N$，发热校验合格。

④ 校验过载能力。

由于转速可近似认为不变，转矩便与功率成正比，故可直接由功率校验过载能力，即比较 $\alpha_{MT} P_N$ 与 P_{L2} 的大小即可。由于

$$\alpha_{MT} P_N = 2.0 \times 22 = 44kW$$

大于最大负载功率 $P_{L2} = 24kW$，即 $T_M > T_{L2}$，过载能力校验合格。

⑤ 校验起动能力。

$$T_N = \frac{60 P_N}{2\pi n_N} = \frac{60 \times 22 \times 10^3}{2 \times 3.14 \times 970} = 216.69N \cdot m$$

起动转矩

$$T_{st} = \alpha_{st} T_N = 1.8 \times 216.69 = 390N \cdot m$$

由于 $T_{st} > （1.1 \sim 1.2）T_{Lst} = （1.1 \sim 1.2）\times 300 = 330 \sim 360N \cdot m$，所以起动能力校验合格。

2. 需考虑起动、制动和停机过程时发热公式的修正

如果一个工作周期内的负载变化包括起动、制动、停机等过程，这实际已属断续周期工作制。只要其负载持续率大于 70%，可将其看成周期性变化负载选用 S_1 工作制的电动机。在这种情况下进行发热校验时，应考虑到起动、制动和停机时转速低或停转，使得散热条件变

差，实际温升提高的影响。尤其是靠自身转子上的风扇散热的电动机中这一问题更加明显。在工程上处理这一问题的方法是将前述几种发热校验公式中的平均损耗、等效电流、等效转矩和等效功率的数值适当增加一些。具体方法是将这 4 项的计算公式，即式（9-12）~式（9-15）分母中对应于启动时间和制动时间乘以系数 β，对应于停机时间乘以系数 γ。β 和 γ 都是小于 1 的系数，它们的大小因电机而异，一般取：

交流电动机：$\beta=0.5$，$\gamma=0.25$；

直流电动机：$\beta=0.75$，$\gamma=0.5$。

下面以图 9-6 所示的负载曲线为例。图中虚线为电动机的转速曲线，其中 t_1 是启动阶段，P_{L1} 是起动阶段的平均功率，t_2 是运行阶段，t_3 是制动阶段，P_{L3} 是制动阶段的平均功率，t_4 是停机时间，以后重复上述过程。对于这样的负载曲线在进行发热校验时，其平均损耗、等效电流、等效转矩和等效功率应为

$$P_{\text{alL}} = \frac{P_{\text{al1}}t_1 + P_{\text{al2}}t_2 + P_{\text{al3}}t_3}{\beta t_1 + t_2 + \beta t_3 + \gamma t_4}$$

$$I_{\text{L}} = \sqrt{\frac{I_{\text{L1}}^2 t_1 + I_{\text{L2}}^2 t_2 + I_{\text{L3}}^3 t_3}{\beta t_1 + t_2 + \beta t_3 + \gamma t_4}}$$

$$T_{\text{L}} = \sqrt{\frac{T_{\text{L1}}^2 t_1 + T_{\text{L2}}^2 t_2 + T_{\text{L3}}^2 t_3}{\beta t_1 + t_2 + \beta t_3 + \gamma t_4}}$$

$$P_{\text{L}} = \sqrt{\frac{P_{\text{L1}}^2 t_1 + P_{\text{L2}}^2 t_2 + P_{\text{L3}}^2 t_3}{\beta t_1 + t_2 + \beta t_3 + \gamma t_4}}$$

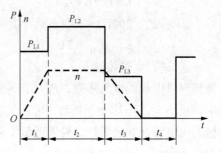

图 9-6　考虑起动、制动、停机的负载曲线

【例 9-5】　一生产机械拟采用他励直流电动机拖动。用转矩表示的负载曲线如图 9-7 所示。图中 $T_{\text{L1}} = 60\text{N} \cdot \text{m}$，$t_1 = 5\text{s}$，$T_{12} = 40\text{N} \cdot \text{m}$，$t_2 = 40\text{s}$，$T_{13} = -30\text{N} \cdot \text{m}$，$t_3 = 2\text{s}$，$t_4 = 10\text{s}$。现初步选择电动机的 $P_{\text{N}} = 7.5\text{kW}$，$n_{\text{N}} = 1500\text{r/min}$，试对该电动机进行发热校验。

解：① 求出等效转矩。

$$T_{\text{L}} = \sqrt{\frac{T_{\text{L1}}^2 t_1 + T_{\text{L2}}^2 t_2 + T_{\text{L3}}^2 t_3}{\beta t_1 + t_2 + \beta t_3 + \gamma t_4}} = \sqrt{\frac{60^2 \times 5 + 40^2 \times 40 + 30^2 \times 2}{0.75 \times 5 + 40 + 0.75 \times 2 + 0.5 \times 10}} = 40.8\text{N} \cdot \text{m}$$

② 求出额定转矩。

$$T_{\text{N}} = \frac{60P_{\text{N}}}{2\pi n_{\text{N}}} = \frac{60 \times 7.5 \times 10^3}{2 \times 3.14 \times 1500} = 47.77\text{N} \cdot \text{m}$$

③ 由于 $T_{\text{L}} < T_{\text{N}}$，发热校验合格。

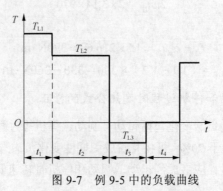

图 9-7　例 9-5 中的负载曲线

小　结

电力拖动系统电动机的选择即对电动机类型、结构形式、额定电压、额定转速和容量的选择，其中最重要的是容量的选择。前 4 项主要是根据生产机械情况及对电动机的要求确定，电动机的容量则由电动机的允许发热、过载能力和起动能力确定。

电动机在工作过程中必然会产生损耗，这些损耗将转换成热量，一部分散发到周围介质中，一部分使电动机温度升高。从热平衡方程式可导出电动机工作过程中发热和冷却的温升曲线，它们都是按指数规律变化的。构成电动机材料中耐热最差的是绝缘材料。电动机的额定功率由绝缘材料的最高允许温度来决定，即在标准的环境温度（40℃）及规定工作方式下其温升不超过绝缘材料最高允许温升时的最大输出功率，我国按绝缘材料的耐热程度将绝缘材料分为 7 个等级。

电动机按工作方式分为连续工作制、短时工作制和断续周期工作制。这 3 种工作制的电动机对电动机容量有着不同的选择方法。

连续工作的负载必须选择连续工作制电动机，对于恒定负载，只需满足电动机的额定功率 $P_N \geqslant P_L$。对于周期性负载，首先计算出在一个周期 t_P 内的平均功率代或平均转矩 T'_L，再预选一台电动机额定功率 $P_N \geqslant$（1.1~1.6）P'_L 或 $P_N \geqslant$（1.1~1.6）$\dfrac{T'_L \eta_N}{9550}$。最后需对预选电动机进行发热、过载能力和起动能力校验。电动机热校验的方法有平均损耗法和等效电流法。

当短时工作负载的连续工作时间与电动机的额定工作时间相差不大时，可以选择短时工作制电动机。

对于断续周期工作的负载，可选用断续周期工作制电动机、也可选用连续工作制电动机或短时工作制电动机。当 $FC<10\%$ 时，可按短时运行选择短时工作制电动机；若 $FC>70\%$ 时，可按连续运行选择连续工作制电动机。如果断续运行生产机械的运行周期超过 10min，则可选用短时工作制或连续工作制电动机。当选用连续工作制的电动机时，可看成标准负载率 P_L 为 1。对于某些生产机械，工程上为了选用简便实用，还可用统计法或类比法来选择电动机的容量。

习　题

1. 在电力拖动系统中电动机选择应包含哪些内容？
2. 选择电动机容量时要考虑哪些因素?电动机工作制是如何定义和分类的?
3. 电动机的额定功率选得过大和不足时会引起什么后果？
4. 电动机的发热和冷却有什么规律？发热时间常数与冷却时阿常数是否相同？
5. 电动机的温度、温升及环境温度三者之间有什么关系？
6. 电动机的发热时间常数的物理意义是什么？它的大小与哪些因素有关？

7. 为什么说电动机运行时的稳定温升取决于负载的大小？

8. 一台电动机原绝缘材料等级为 B 级，额定功率为 P_N，若把绝缘材料等级改为 E 级，其额定功率将如何变化？

9. 某一台电动机额定功率为 20kW，额定温升为 80℃，不变损耗占总损耗的 40%，额定可变损耗占总损耗的 60%，求当环境温度分别为 25℃和 45℃时，电动机容量的修正值分别是多少？

10. 用平均损耗法校验电动机发热的依据是什么？

11. 校验电动机发热的等效电流法、等效转矩法和等效功率法各适用于何种情况？

12. 什么是电动机的工作制？S_1、S_2 及 S_3 3 种工作制的电动机其发热的特点是什么？

13. 负载持续率 FS 表示什么？

14. 一台电动机周期性地工作 15min、停机 85min，其负载持续率 FS=15%，对吗？

15. 已知 6SH-9A 型离心泵的额定数据为流量 Q=144m³/h，扬程 h=40m，转速 n=2900r/min，效率 η_p=75%，如用作淡水泵，试选择电动机的容量。

16. 写出变化负载下连续工作方式的电动机功率的选择步骤。

17. 一台连续工作制电动机，额定功率为 P_N，用作工作时间为 15min 的短时工作制电动机时的额定功率为 P_{N1}。用作工作时间为 30min 的短时工作制电动机时的额定功率为 P_{N2}，试问 P_N、P_{N1}、P_{N2} 三者之间的关系是怎样的？

18. 一台 35kW、工作时限为 30min 的短时工作制电动机，突然发生故障。现有一台 20kW 连续工作制电动机，其发热时间常数 T_H=90min，损耗系数 a=0.7，短时过载能力 λ=2。试问这台电动机能否临时代用？

19. 一台他励直流电动机，P_N=7.5kW，n_N=1500r/min，λ_m=2，一个周期的转矩负载图如题 9-8 所示。试问：他扇冷式和自扇冷式两种情况校验电动机的发热是否通过。

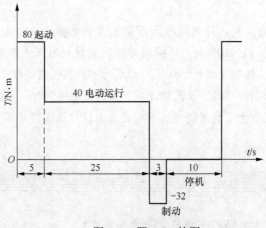

图 9-8 题 9-14 的图

20. 需要一台电动机来拖动工作时间 t_R=5min 的短时工作负载，负载功率 P_L=18kW 空载起动。现有两台笼型异步电动机可供选用，它们是：（1）P_N=10kW，n_N=1460r/min，λ_m=2.1，起动转矩倍数 k_T=1.2；（2）P_N=14kW，n_N=1460r/min，λ_m=1.8，k_T=1.2。如果温升都无问题，试校验起动能力和过载能力，以决定哪一台电动机可以使用（校验时考虑到电网电压可能降低 10%）。

21. 试比较 $FS=15\%$、30kW 和 $FS=40\%$、20kW 两台断续周期工作制的电动机，哪一台的实际功率大一些？（其中 FS 表示电机暂载率）

22. 一台离心式水泵，流量为 720m2/h，排水高度 $H=21$m，转速为 1000r/min。水泵效率 $\eta_B=0.78$，水的比重 $\gamma=9810N/m^3$，传动机构效率 $\eta=0.98$，电动机与水泵同轴连接。现有一台电动机，其功率 $P_N=55$kW，电子电压 $U_N=380$V，额定转速 $n_N=980$r/min，是否能用？

23. 已知 6SH-9A 型离心泵的额定数据为流量 $Q=144\text{m}^3/\text{h}$，扬程 $h=40$m，转速 $n=2900$r/min，效率 $\eta=75\%$，如用作淡水泵，试选择电动机的容量。

第10章　电机及拖动实训

电动机的知识通过理论上的学习，理解还是很抽象的，必须要在实训操作中进一步认识电动机，学习电动机的有关拆卸、维修和调试技能，学习有关测试和检验的方法，才能更好地掌握生产技能及维护和管理好生产设备的本领。

一、电机实训的目的与要求

（一）实验目的

电机实验是《电机原理与电力拖动》课程的一个重要教学环节，通过实验要求达到下列目的。

1. 获得一定的感性认识，以加深理解和巩固所学电机理论知识。
2. 掌握基本的测试手段和技能，为测试实际工程问题打下初步基础。
3. 培养必要的分析实际问题和解决实际问题的能力，为从事科研进行初步训练。

（二）实验要求

为了提高实验质量，培养严谨的作风，提出下列实验要求。

1. 实验前，充分预习。

在实验时，如果不知道要做什么？怎么做？为什么要这样做？是不可能做好实验的。

因此，实验前必须预先认真复习有关理论知识，仔细阅读实验指导书，并认真分析实验中可能发生的问题。在此基础上，写出预习报告（报告格式见后面附注）。

为了检查预习情况，实验课上指导教师要提问，未达到预习要求者，不得参加实验。

2. 实验时，认真操作。

为了使实验有条不紊地进行，实验小组人员必须要有明确分工，分别担任指挥、操作、测量、记录等工作，并且在各次实验中轮流调换，以使每个人都能得到全面训练。

实验时，可按下列步骤进行。

（1）熟悉设备，搞清用法。

实验时，首先必须熟悉所用电机、仪表及其他设备的性能和用法，然后抄录有关数据，以便作实验报告时使用。

（2）认真接线，仔细检查。

将仪表、设备布置整齐，放在便于接线、调节和读取数据的适当位置，然后按图接线，线路图要印在自己的脑子里，要主动地而不是被动地照图接线。接线的原则是：先接主电路，后接辅助电路；导线粗细、长短要合适，走线尽量避免交叉；不同回路（或不同极性）可用不同颜色导线连接；

接线一定要牢实，尤其是直流电动机励磁回路必须再三检查是否牢实可靠，并且在实验过程中严防断线。

线路接好后，组内同学应相互进行检查。检查内容包括接线是否正确，仪表、设备是否完好，仪表量程是否正确，指针是否在零点，各个调节电阻是否在正确位置。

同学相互检查以后，再请指导教师检查，经认可后方可合闸进行实验。

（3）起动电机、观察情况。

合闸以后，观察电机是否能够起动，仪表、设备等是否正常，如发现异常现象，立即拉闸，并报告指导教师。

（4）进行实验，测取数据。

进行实验时，首先心中必须有数：要做哪项实验？要得到什么特性或参数？要保持哪些条件不变？如何保持这些条件不变？要调节哪些量？如何调节这些量？要记录哪些数据？从哪些仪表上读取这些数据？然后按照实验步骤进行实验，读取数据，读几个数据时要同时读。

对读取的数据自己先作初步判断，确定正确以后再交指导教师检查，经确认后才算实验完毕。

（5）拉开电闸，拆除接线。

拉开电闸以前，应先去掉负载。停机后，应将各种起动及调节电阻恢复到起动前的位置，然后拆除接线，并将仪表、设备及导线整理好放回原处。

3. 实验后，全面总结。

每次实验后，应根据测得数据及观察到的现象，认真加以整理、分析和总结，并写出实验报告。

附注：实验报告格式及说明

实验报告中一～六项为实验预习内容，七～十项为实验报告内容。

实验×　　×××件

姓名：　　　学号：　　　　　专业班级：

同组人员：　　　　　　　　　实验台号：

实验日期：　　　　　　　　　指导老师：

一、实验目的

（简要写出）

二、实验项目

（简要写出）

三、实验线路

（要求画得工整）

四、仪表量程选择

（根据所用电机铭牌及实验要求，选择所用仪表的量程及电阻的规格）

五、实验数据记录表格

（根据实验要求，画出记录实验数据表格，并初步确定欲测各个物理量的数值范围和大小）

六、实验注意事项

（指出实验时应注意的问题及可能发生的问题）

七、计算及计算举例

（根据测得数据进行计算，并填入实验数据表格中计算栏内。对于每一种类型计算，都应在

表格下面写出计算举例，即列出公式并代入一组数据，以说明计算方法）

八、特性曲线

（按照测得数据和计算数据画出特性曲线，画图时要用坐标纸，并选取适当比例尺，同一图上的各条曲线数据点要分别用"×"、"○"、"△"等符号标出，以便区分，如图10-1所示，曲线要用曲线板画）

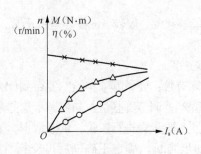

图 10-1　电机实验曲线图

九、分析讨论

根据测得实验数据及观察到的现象，认真进行分析，并作出结论，所得结论可能与书本上理论不符，但这并不一定表示是实验错误，而可能是实际情况，分析时必须忠于实验数据，决不允许更改数据或拼凑数据。

十、对本实验的改进意见

（写出对本实验内容和方法有何改进意见）

二、电机实验安全操作注意事项

由于电机的电压较高，电流较大，电机又处在旋转状态，为了确保人身安全和设备安全、实验时，必须注意下列事项。

1. 接线、改接线路及拆线时，必须在确认电源已断开后方可进行。

2. 合闸之前，必须再次检查起动电阻是否放在起动位置，励磁回路外串电阻位置及仪表量程是否正确。

3. 合闸或拉闸时，要快合快断，以免产生电弧烧坏闸刀和灼伤人体。

4. 合闸之后，密切注意仪表读数、电机运转声音，确认正常后，方可进行实验。

5. 实验过程中，如发生不正常现象（如电机或其他设备出现冒烟、冒火、异常声音或气味等），应立即拉闸，报告指导教师并保持现场，待查明原因排除故障后，方可重新合闸。

6. 要注意仪表设备的使用方法和操作规程。例如，转速表只能间歇使用，每次连续测量时间不要超过 20 秒钟；用时要放平，用力不要太猛，不准在测量过程中（转轴旋转时）变换量程。又如，起动电动机时，电流表插头必须从插座中拔出。

7. 严禁人体直接接触有电线路的裸体部分和电机的旋转部分，做实验时不得穿大衣、裙子或戴围巾，留长发的女生必须盘起头发并戴工作帽。

8. 实验室总电源开关由指导教师负责，学生不得自己去合闸。

10.1 直流电动机的参数测定

一、实训目的

1. 熟悉并励直流电动机的起动方法和调速方法。
2. 用实验方法测定并励直流电动机的工作特性。

二、并励直流电动机的起动和调速

按图 10-2 所示接线，图中 D 为被试并励直流电动机，F 为他励直流发电机，用作被测试电动机的负载。

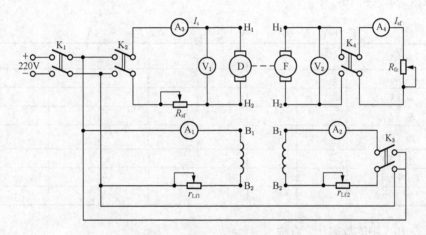

图 10-2   并励直流电动机实验线路

1. 起动直流电动机发电机机组

直流电动机不允许直接起动，必须按下列步骤进行起动。

（1）使开关 K_1、K_2、K_3、K_4 均处于断开位置，并将电阻 R_{sf} 调至最大位置，r_{Lf1} 调至最小，r_{Lf2} 调至最大，R_{fz} 调至最大。

（2）合上开关 K_1，给电动机励磁绕组通入电流（注意，当看到 A_1 有读数后再进行下一步骤操作）。

（3）合上开关 K_2 给电动机电枢通入电流，此时电动机便转动起来（注意电动机旋转方向应与标志方向一致。如转向不对，应拉开刀闸 K_2，并将电动机电枢两端接线对调，再合上 K_2，这时电动机的转向就一定正确）。机组起动后，逐步减小 R_{sf}，使机组转速达到额定转速 n_e。

欲调节机组转速，可调节电阻 R_{sf} 或 r_{Lf1}，增大 R_{sf} 时，转速降低；减少 R_{sf} 时，转速升高。增大 r_{Lf1} 时，转速升高；减小 r_{Lf1} 时，转速降低。

2. 并励直流电动机的工作特性

并励直流电动机的工作特性是指：当 $u = U_e$，$R_{sf}=0$，$I_L=I_{Le}$ 时，$n=f(I_s) M_2=f(I_s)$，$M_2 \cdot \eta$

$=f(I_s)$。测定其工作特性的步骤如下。

（1）合上开关 K_1、K_2，接上述起动方法起动电动机 D，调节电阻 R_{sf}，使电动机电枢两端电压 $U \approx U_e$；再调节 r_{Lf1}，使机组转速 $n \approx n_e$。

（2）合上开关 K_3，给他励直流发电机加励磁，并调节电阻 r_{Lf2} 使发电机电枢电压 $U_2 \approx 1.1 U_{Fe}$ 记下此时发电机的励磁电流 I_{LF}，并在以后整个实验过程中保持不变。

（3）合上开关 K_4，逐步减小发电机负载电阻 R_{fz}，此时发电机电枢电流 I_{SF} 和电动机电枢电流 I_S 亦随之增大，与此同时，应调节 R_{sf} 和 r_{Lf1}，使电动机保持电枢电压 $u = u_N$，转速 $n = n_N$。当电动机电枢电流增大到 $I_s = I_{Se}$ 时，该点便为电动机的额定运行点，此时电动机的励磁电流为其额定励磁电流 $I_L = I_{Le}$。额定励磁电流找到之后，在以后整个实验过程应保持不变。

（4）记录下述电动机额定运行点的 U_N、I_{LN}、I_{sN}、n_N 及发电机相应的 U_F、I_{SF}，这便是电动机工作特性的第一组数据。然后逐次减少发电机电枢电流直至 $I_{SF} = 0$，其间测取不同负载值时的 6~8 组数据，填入表 10-1 中。

表 10-1　$U = U_e =$ ___ V，$I_L = I_{Le} =$ ___ A，$I_{LF} =$ ___ A

实验数据	I_S（A）							
	n（r/min）							
	u_F（V）							
	I_{SF}（A）							
计算数据	P_1（W）							
	P_2（W）							
	T（N·m）							
	η（%）							

附注：表 10-1 中的数据计算方法

① 电动机输入功率

$$P_1 = (I_S + I_L) U_e \text{（W）}$$

② 电动机输出功率

$$P_2 = U_F I_{SF} + I^2_{SF} R_{SF} + P_{OF} \text{（W）}$$

式中：R_{SF}——发电机电枢回路总电阻；

P_{OF}——发电机空载损耗都由实验室提供数据。

③ 电动机输出转矩

$$T_2 = 9.55 \frac{P_2}{n} \text{（N·m）}$$

④ 电动机效率

$$\eta = \frac{P_2}{P_1} \times 100\%$$

三、预习思考题

1. 直流电动机在起动时，电枢回路外串电阻 R_{ef} 为什么要放在最大值位置？如果放在最小值会产生什么后果？而励磁回路外串电阻 r_{Lf1} 为什么要放在最小位置？若放在最大会产生什么后果？

2. 并励直流电动机的调速方法有哪几种?

3. 直流电动机的空载损耗 P_0 决定于哪些因素? 在本实训中, 为什么可以认为 P_{OF} 基本不变?

4. 什么叫做直流电动机的额定励磁电流 I_{Le}? 怎样测定直流电动机的额定励磁电流 I_{Le}?

四、实训报告内容

1. 总结起动直流电动机发电机机组时应注意的问题和起动方法。

2. 总结并励直流电动机的调速方法。

3. 根据表 10-1 中的数据绘出并励直流电动机的工作特性曲线 n、T_2、$\eta = f(I_s)$, 并根据曲线计算转速变化率 $\Delta n_0\%$。

4. 写出实训的心得体会、意见或建议。

10.2 变压器参数的测定

一、实训目的

通过空载、短路及负载实验, 确定单相变压器的参数及其运行特点。

二、实训项目及实训方法说明

1. 测定单相变压器的极性

对一台没有绕组线端标志的单相变压器, 可用下列方法来确定其线端标志, 即极性。

首先用万用表电阻挡测定绕组 4 个出线端头的通断情况和电阻大小, 找出哪两个端头属高压绕组, 哪两个端头属低压绕组。然后将高压绕组的任一端头假定为 A, 另一端头假定 X; 将低压绕组任一端头假定为 a, 另一端头假定为 x。

按图 10-3 所示接线, 由图可见, 若某瞬时 A 为正、X 为负, 相应地 a 也为正, x 也为负, 则 A、a 为同名端, 即 AX、ax 极性相同; 若某瞬时 A 为正, X 为负, 而 a 为负, x 为正, 则 A、a 为异名端, 即 AX、ax 极性相反, 故此时 $U_{AX} < U_{Xx}$。以上分析可见, 只需在 AX 两端加（30～40）%U_e 的电压（降低电压是为了安全和考虑仪表的条件）, 并测量 U_{AX}, U_{Xx} 如 $U_{AX} > U_{Xx}$ 则表示假定正确, 如 $U_{AX} < U_{Xx}$, 则表示假定不正确, 应将 a、x 标志对换。

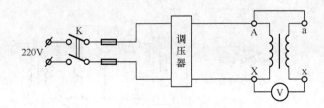

图 10-3 单相变压器的极性测量线路

2. 空载实验

测取空载特性 $U_0=f(I_0)$，$P_0=f(u_0)$，$\cos\varphi_0=f(u_0)$。

按图 10-4 接线，实验时一般情况下是变压器的低压绕组接电源，高压绕组开路，由于这样，对于高、低压绕组的额定数据和测取数据必须分清。

实验前，调压器应调在输出电压为零的位置。合上刀闸 K，逐渐增大调压器输出电压，直至单相变压器 ax 端电压升到 $1.2U_N$，然后逐次降低端电压，在 $1.2\sim0.5U_N$ 范围内，读取 $9\sim10$ 组数据（其中必须包括额定电压点），每次记录下 U_0、I_0 及 P_0 数据，并测出 U_{20} 时的 U_{10}，记在表 10-2 中。

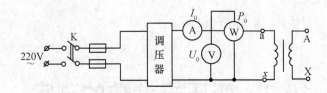

图 10-4　变压器空载实验线路

注意：中小型变压器空载电流 $I_0\approx(4\sim16)\%I_N$，按此选择电流表与瓦特表电流线圈的量程。变压器空载运行时功率因数甚低，一般在 0.2 以下，应选用低功率因数瓦特表来测量功率，以减少功率测量误差。

表 10-2　$U_{20}=$ 　　V，$U_{10}=$ 　　V

U_0（V）									
I_0（A）									
P_0（W）									

3. 短路试验

测取短路特性 $U_K=f(I_K)$，$P_K=f(I_K)$，$\cos\varphi_K=f(I_K)$。

按图 10-5 所示接线，一般情况下是高压绕组接电源，低压绕组直接短路。短路导线要接牢，其截面积应较大。

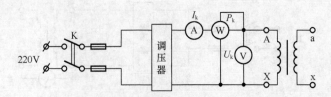

图 10-5　变压器短路实验线路

实验开始以前，一定要将调压器调到输出电压为零的位置。合上刀闸 K，逐渐（缓慢）增大调压器输出电压，直至变压器短路电流升至 $1.1I_N$，然后逐次减小短路电流，在（1.1~0.5）I_N 范围内，读 6~8 组数据（其中必须包括额定电流点），每次测量对应的 I_K、U_K 及 P_K 的数值，记入表 10-3 中。

注意：① 短路实验要尽快做完，否则绕组发热，温度升高，绕组温度就难以估计。而实验很快做完时，可认为实验时绕组平均温度就是周围环境温度。

② 变压器短路电压为（3~15）%U_N，按此选择电压表和瓦特表电压线圈的量程。

表 10-3　$I_e=$ 　　A，$\theta\,℃=$ 　　℃

I_K						
U_K						
P_K						

4. 负载实验

在 $U_1=U_{LN}$，$\cos\varphi_2=1$（纯电阻负载）的条件下，测取 $U_2=f(I_2)$。

按图 10-6 所示接线，变压器原方绕组经调压器、刀闸 K_1 接电源，付方绕组经刀闸 K_2 接负载电阻 R_{fz}。

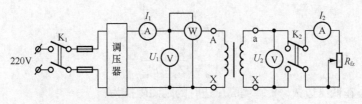

图 10-6　变压器负载实验线路

电源开关 K_1 合上以前，先将调压器输出电压调至最小值，负载电阻 R_{fz} 调至最大值。合上开关 K_1，调节调压器输出电压，直至 AX 端外施电压 $U_1=U_{1N}$，然后合上刀闸 K_2，逐次减小负载电阻 R_{fz}，以增加负载电流 I_2，每次测量副边电流 I_2 和电压 U_2，在 0~1_{2e} 范围内，读取 5~6 组数据，记入表 10-4 中。

注意：在整个实验过程中，应保持 $U_1=U_{1e}$ 不变。

表 10-4　$\cos\varphi_2=1$

U_2（V）					
I_2（A）					

三、预习思考题

1. 如何用实验方法测定单相变压器的极性？

2. 如何用实验方法测定变压器的铜耗和铁耗？

3. 变压器空载及短路实验时应注意哪些问题？一般来说电源接在哪一方比较合适？

4. 空载及短路实验时，各种仪表怎样连接才能使测量误差最小？

四、实训报告内容

1. 根据空载实验作空载特性

作出空载特性 $I_0=f(u_0)$ 和 $P_0-f(U_0)$ 的曲线，如图 10-7（a）所示。再根据曲线找出 U_0、I_0 和 P_0。

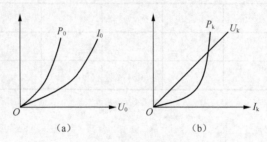

图 10-7　变压器空载特性

计算额定电压 U_e 时的励磁阻抗为

$$Z'_m = \frac{U_0}{I_0} - Z_1 \approx \frac{U_0}{I_0}$$

$$r'_m = \frac{P_0}{I_0^2} - r_1 \approx \frac{P_0}{I_0^2}$$

$$X'_m = \sqrt{Z_m^2 - r_m'^2}$$

由于实验是在低压边做，折算到高压边时的励磁阻抗为

$$Z_m = k^2 Z'_m$$

$$r_m = k^2 r'_m$$

$$x_m = k^2 x'_m$$

2. 根据短路实验作短路特性

作出短路特性 $U_k=f(I_k)$ 和 $P_k=f(I_k)$ 的曲线，如图 10-7（b）所示。再根据曲线找出 I_N 时的 U_k、P_k。

计算实验温度 $\theta℃$ 下的短路参数：

$$Z_k = \frac{U_k}{I_k}$$

$$r_k = \frac{P_k}{I_k^2}$$

$$X_k = \sqrt{Z_k^2 - r_k^2}$$

计算标准工作温度下的短路参数：

$$r_{k75°C} = \frac{234.5 + 75°}{234.5 + \theta°} r_k$$

$$Z_{k75°C} = \sqrt{r_{k75°C}^2 + X_k^2}$$

计算短路电压百分数：

$$u_k = \frac{I_e Z_{k75°C}}{u_e} \times 100\%$$

$$u_{kr} = \frac{I_e r_{k75°C}}{u_e} \times 100\%$$

$$u_{kx} = \frac{I_e X_k}{u_s} \times 100\%$$

中、小型变压器　　$U_k = （3~8）\%$

大型变压器　　　　$U_k = （8~15）\%$

3. 作出纯电阻负载下的外特性

作出 $U_1 = U_{1N}$, $\cos\varphi_2 = 1$ 时的 $u_2 = f（I_2）$ 曲线，并从曲线上找出 $I_2 = I_{2N}$ 时的电压变化率 $\Delta u\%$。再按照公式 $\Delta u\% \beta(U_{kr}\cos\varphi_2 + U_{kx}\sin\varphi_2)$ 计算 $I_2 = I_{23}$ 时的电压变化率 $\Delta u\%$。将实测值 $\Delta u\%$ 与计算值 $\Delta u\%$ 进行比较。

4. 计算变压器的变比

5. 计算变压器的效率

10.3　三相异步电动机的参数测定

一、实训目的

1. 用感应法辨别定子绕组各相的对应端。

2. 掌握三相异步电动机参数及工作特性的测定方法。

二、实训项目及实训方法说明

1. 用感应法辨别异步电动机定子绕组各相的对应端。

用万用表电阻挡测量三相绕组 6 个线头之间的通断情况，找出属于同一相绕组的两个线端，然后用下述两个方法之一辨别其对应端。

（1）按图 10-8 所示接线，将一相绕组通过开关 K 接到低压直流电源（如 1.5V 干电池等）；另两相各接一个低量程直流电压表（或万用表毫安挡）。将开关 K 突然合闸，若电压表的指针正向摆动，则连接电源"+"端和电压表"-"端的线端，使其为对应端。

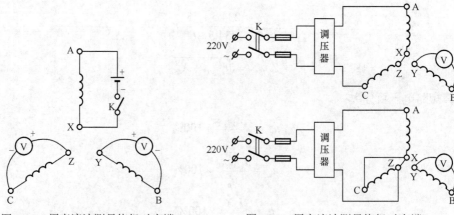

图 10-8 用直流法测量绕组对应端　　　　图 10-9 用交流法测量绕组对应端

（2）按图 10-9 所示接线，将两相绕组串联起来，通过调压器施加较低的交流电压为（0.1～0.3）U_N。测量另一组绕组的电压，若电压表读数为零，则串接的两相绕组是对应端相连；若电压表有读数，则串联的两相绕组是非对应端相连。

2. 空载试验

按图 10-10 所示接线，将调压器输出电压调至为零。合上开关 K_1，逐渐升高电压至额定值，起动电动机，使电动机在额定电压下空载运转数分钟，待机械摩擦达到稳定值后再进行试验。调节电动机外施电压，先升高到 $1.2U_N$，然后逐次降低直至电动机转速发生明显变化时为止，每次同时读取空载电压，空载电流及空载功率数值，共读取 7～9 组数据，记入表 10-5 中。

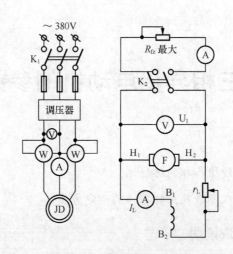

图 10-10 异步电动机实验线路图

3. 短路试验

仍用图 10-10 所示线路，但应注意变更仪表量程。开始试验前先将转子堵住，并一定要把调压器输出电压调至为零，合上开关 K_1，调节电动机外施电压，使短路电流迅速升到 $1.2I_{le}$，并读取此时三相短路电压、短路电流及短路功率。然后，迅速逐次降低外施电压，在（1.2～0.3）I_a 范围内读取 5～7 组数据，记入表 10-6 中。

表 10-5

序号	电压				电流				功率			功率因数
	U_{AB}	U_{BC}	U_{CA}	U_0	I_A	I_B	I_C	I_0	P_I	P_{II}	P_0	$\cos\varphi_0$
	V				A				W			

表 10-6

序号	电压				电流				功率			功率因数
	U_{AB}	U_{BC}	U_{CA}	U_k	I_A	I_B	I_C	I_k	P_I	P_{II}	P_k	$\cos\varphi$
	V				A				W			

注意：做此实验时，动作要迅速，因为此时电机不转，散热条件差，定子绕组可能过热。但外施电压增大时要缓慢，以防短路电流过大。

4. 负载试验

仍用图 10-10 所示线路，图中并励直流发电机 F 作为异步电动机 JD 的负载，因为直流发电机接成并励,需要检查是否能自激。

合上电源刀闸 K_1,起动异步电动机一直流发电机组,合上开关 K_2,逐步增加直流发电机的负载,使异步电动机的电枢电流上升到 $1.1I_N$;与此同时,应调节调压器输出电压,使之 $U_I=U_{IN}$,然后始终保持在此额定电压情况下,逐步减小负载直至空载。每次读取异步电动机的三相电流、输入功率及转速,共读取 5~6 组数据,记入表 10-7 中。

表 10-7　　$U_I=U_{Ie}=$　　　　V

序号	电流				功率			转速
	I_A	I_B	I_C	I_I	P_I	P_{II}	P_K	n
	A				W			r/min

三、预习思考题

1. 如何用感应法辨别异步电动机定子绕组各相的对应端?判断依据是什么?
2. 如何进行三相异步电动机的空载试验和短路试验?应注意什么问题?
3. 如何利用三相异步电动机的空载试验和短路试验求取三相异步电动机的励磁参数和短路参数?
4. 如何从负载试验求取三相异步电动机的工作特性?

四、实训报告内容

1. 根据表 10-5 和表 10-6 作空载特性曲线 I_0、P_0、$\cos\varphi_0=f(u_0)$ 及短路特性曲线 I_K、P_k、$\cos\varphi_k=f(U_k)$。

在表 10-5 中,U_0、I_0、P_0 及 $\cos\varphi_0$ 的值可按下列各式进行计算:

$$U_0 = \frac{U_{AB}+U_{BC}+U_{CA}}{3}$$

$$I_0 = \frac{I_A+I_B+I_C}{3}$$

$$P_0 = P_1 + P_2 \text{（代数和）}$$

$$\cos\varphi_0 = \frac{P_0}{\sqrt{3}U_0I_0}$$

在表 10-6 中,U_k、I_k、P_k 及 $\cos\varphi_k$ 的值可按下列各式进行计算:

$$U_k = \frac{U_{AB}+U_{BC}+U_{CA}}{3}$$

$$I_K = \frac{I_A + I_B + I_C}{3}$$

$$P_K = P_I + P_{II}（代数和）$$

$$\cos\varphi_K = \frac{P_K}{\sqrt{3}U_K I_K}$$

2．由空载短路试验数据求简化的等值电路参数

（1）确定机械损耗及铁耗

作曲线 $P'_0 = P_0 - 3I_0^2 r_1 = f(u_0^2)$（$r_1$ 的数值由实验室供给），如图 10-11 所示，延长曲线交纵轴于 k 点，k 点纵坐标便为机械损耗 P_j，过 k 点作平行于横轴的直线，使可由图上找出对应于不同电压值时的铁耗 P_{Fe}，如 U_{1e} 时的铁耗 P_{Fe}。

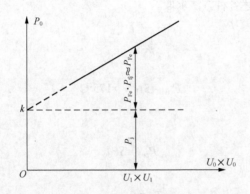

图 10-11　异步电动机空载实验曲线

（2）求励磁参数

空载阻抗　$Z_0 = \dfrac{U_0}{\sqrt{3}I_0}$

空载电阻　$r_0 = \dfrac{P_0/3}{I_0^2}$

空载电抗　$X_0 = \sqrt{Z_0^2 - r_0^2}$

励磁电抗　$X_m = X_0 - X_1$

励磁电阻　$r_m = \dfrac{P_{Fe}/3}{I_0^2}$

励磁阻抗　$Z_m = \sqrt{X_m^2 + r_m^2}$

式中，r_m、X_m 随外施电压变化，如取 $U_0 = U_k$ 时的 I_0、P_0 代入，便为额定电压下的励磁参数，r_1 可由电桥测得，X_1 可由短路试验求得。

（3）求短路参数，简化等值电路参数

短路电阻　$Z_k = Z_1 + Z'_2 = \dfrac{U_k/\sqrt{3}}{I_k}$

短路电阻　　$r_k = r_1 + r_2' = \dfrac{P_k/3}{I_k^2}$

短路电抗　　$x_k = x_1 + x_2' = \sqrt{Z_k^2 - r_k^2}$

转子电阻折合值 $r_2' \approx r_k - r_1$

定、转子电抗 $X_1 \approx X_2' \approx \dfrac{X_k}{2}$

3. 根据负载试验数据（表 10-7）计算工作特性

异步电动机的总损耗为

$$\sum P = P_{cu1} + P_{Fe} + P_{cu2} + P_j + P_0$$

式中各种损耗可按下述各种方法求取。

（1）机械损耗 P_j 和铁耗 P_{Fe}

用绘图法求得。

（2）定子绕组铜耗

$$P_{cu1} = 3I_1^2 \cdot r175℃$$

式中 I_1 为相电流

（3）转子绕组铜耗

$$P_{cu2} = SP_{dc}$$

而 $P_{de} = P_1 - P_{cu1} - P_{Fe}$

$$S = \frac{n_0 - n}{n_0} \times 100\%$$

（4）附加损耗

$$P_{ij} = (\frac{I_1}{I_{je}} \times (1 \sim 3)\%p$$

知道各种损耗后，就可算出总损耗 $\sum P$，并可按下列各式算出 P_2、M_2、η、$\cos\varphi_1$ 的数值。

$$P_2 = P_1 - \sum P\ （瓦）$$

$$M_2 = 9.55\frac{P_2}{n}\ （N \cdot m）$$

$$\eta = \frac{P_1}{P_2} \times 100\%$$

$$\cos\varphi = \frac{P_1}{\sqrt{3}U_{Ie}I_1}$$

将上述数据填入表 10-8 中。

表中数据 I_1、P_1 及 n 直接抄于表中，其值系按下列各式计算得到，即

$$I_1 = \frac{I_A + I_B + I_C}{3}$$

$$P_1 = P_A + P_B (代数和)$$

根据表 10-8 所示数据可画出工作特性曲线：n（或 s）、I、$\cos\varphi_1$、$M_2 = \eta = f(P_2)$。

表 10-8　　$U_1=U_k=$＿＿＿＿＿＿V

序号	实验数据			计算数据				
	I_1	P_1	n	ΣP	P_2	M_2	η	$\cos \varphi_1$
	A	W	r/min	W	W	kg·m	%	

10.4　他励直流电动机机械特性测定

一、实训目的

测定他励直流电动机在各种运转状态下的机械特性。

为了测定他励电动机的机械特性，必须在被测试电动机的轴上施加一个可变负载，以便测在不同负载下电动机的转速和转矩，从而得到机械特性 $n=f(T)$。

施加在他励电动机轴上的负载形式有多种多样，然而获得被测试电动机在各种运转状态下的机械特性，最可行的方法是采用一台直流他激电动机来作负载，利用这台负载电动机工作于不同运转状态就可以测出电动机在不同运转状态下的机械特性。其原理将按被测电动机运转于电动、发电、转速方向反接及能耗制动状态的次序逐一加以说明。

1. 被试电动机运转与电动状态

实训线路如图 10-12 所示，图中 D 为被测试电动机（可为直流电动机或异步电动机）；ZD 为直流他激负载电动机，两者用联轴器接在一起。

实训时，首先将开关 K_1 合上，D 和 ZD 的激磁绕组便接上电源，调节 r_f 及 r_{fZD}，使之 D、ZD 分别达到额定激磁电流值，然后将开关 K_2 合在左侧，D 的电枢绕组便接上电源，调节 R_c 的把柄，起动电动机并按照实验要求，将 R_c 放到零或需要值。这时被测试电动机 D 运转于电动状态，如果 D 是直流他激电动机，则其特性如图 10-13 中曲线 1 或 2 所示。

为了得到被测试电动机 D 电动状态下的这些机械特性，可使负载电动机 ZD 运转于发电状态（即能耗制动状态）。为此可将开关 K_3 合到左侧，调节电阻 R_{cZD} 于不同数值，可以得到一组 ZD 机械特性，如图 10-13 中的曲线 3、4、5 所示。这些特性与 D 的机械特性 1 或 2 分别交于 a、b、c、e、f、g 等点，即为稳定工作点，连 a、b、c 或 e、f、g 便得到所需的被试电动机 D 的机械特性。

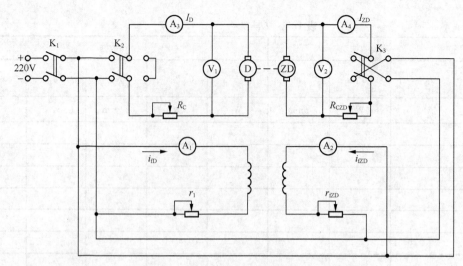

图 10-12　他励直流电动机机械特性测试线路

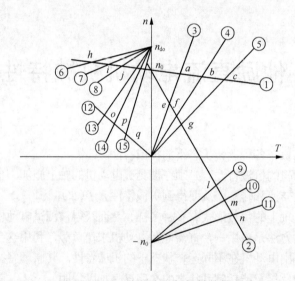

图 10-13　直流电动机机械特性曲线

不管被测试电动机电枢回路串多少电阻和激磁是否为额定，其自然特性和各种人为特性在电动状态下的机械特性都可用上述方法来测取。

2. 被测试电动机运转于发电状态

如将被测试电动机 D 的转速升高使之超过其理想空载转速 n_0，便进入发电状态，其机械特性为曲线 1 的延长线，且处于第二象限。

为获得电动机 D 在发电状态下的这种机械特性，必须将负载电动机 ZD 作电动运转。为此，可将开关 K_3 合到右侧，并将开关 K_4 合上，这时 ZD 的电枢绕组得到电源，ZD 开始转动。此时应特别注意，其转向应与 D 一致（为了确定 ZD 与 D 的转向，在整个实验开始前应分别测定各自的转向，欲改变 ZD 的转向，可利用倒向开关 K_4，并记住 K_4 是向左侧还是右侧时，ZD 才与 D 转向一致），并使 ZD 的转速超过 D 的 n_0。为此，可先调节 R_{CZD} 到零，如还未超过，则可适当调节 r_{fZD}，当 ZD 的转速超过 D 的 n_0 时，ZD 便处于电动状态，调节其电枢回路电阻 R_{CZD} 得到一组机械特性。如图 10-13 中的曲线 6、7、8 所示，这些特性与被测试电动机 D 在发电状态下的机械特性交于 h、i、j 点，连接这些稳定运转点，便得到所需电动机 D 在发电状态的机械特性。

3. 被试电动机运转于转速反向反接制动状态

如果被测试电动机原先运转于电动状态，现使其转速逐渐降低，并且反转，便进入转速反向反接制动状态，其特性如图 10-13 所示处于第四象限的曲线 2。

为获得被测试电动机 D 在转速反向反接制动状态下机械特性，负载电动机 ZD 应作反向电动运转，即应使 ZD 的转向与 D 在电动状态时的转向相反，这可通过开关 K_4 的倒向来达到。ZD 为反向电动状态，并且 R_{CZD} 的数值不同时，得到一组机械特性，如图 10-13 中的曲线 9、10、11 所示，这些特性与被测试电动机 D 在反接制动状态下的机械特性交于 1、m、n 等点，连接这些稳定点便可得到所需被测试电动机 D 的机械特性。

4. 被试电动机运转于能耗制动状态

被试电动机于能耗制动时，其电枢绕组应接到电阻上，故开关 K_2 应合到右侧，此时其机械特性如图 10-13 中曲线 12 所示。

为获得被测试电动机 D 在能耗制动状态的机械特性，负载电动机 ZD 应作电动运转。当 ZD 作电动运转并且 R_{CZD} 的数值不同时，可以得到一组机械特性，如图 10-13 中的曲线 13、14、15 所示。这些特性与被测试电动机 D 在能耗制运状态下的机械特性交于 o、p、q 等点，连接这些稳定点便得到所需的被测试电动机 D 的机械特性。

由上述可见，利用一台直流他激电动机作被测试电动机的负载，使其运转于不同的状态就可获得被测试电动机在不同运转状态下的机械特性。

如何测量被测试电动机 D 的上述那些运转点呢？不管被测试电动机 D 或负载电动机 ZD 运转于何种状态，只要机组 D—ZD 是处于稳定状态，则被测试电动机 D 的电磁转矩 M（对应电磁功率 P（dc）及负载电动机的电磁转矩 M_{ZD}（对应电磁功率 P_{dcZD}）应与机组 D—ZD 的空载转矩 M_0（对应空载损耗功率 P_0）互相平衡，故有

$$T+T_{ZD}-T_0 =0 \tag{10-1}$$

$$P_{dc} +P_{dcZD}-P_0=0 \tag{10-2}$$

式中 T、T_{ZD}、P_{do} 及 P_{dcZD} 本身就含有正负号，并且其正负号除与是作为电动机还是作为负载有关外，还与各自所处的运转状态有关。

如果已知 T_{ZD} T_{dcZD} 的大小和正负，则 M 和 P_{dc} 的大小和正负也就可以从式（10-1）及式（10-2）求得，而

$$P_{dcZD}=E_{ZD} \cdot I_{ZD}= (U_{ZD}-I_{ZD} \cdot R_{ZD}) I_{ZD} \tag{10-3}$$

$$T_{ZD} =0.975 \frac{P_{dcZD}}{n} \tag{10-4}$$

故有

$$P_{dc} = P_0 - P_{dcZD} = P_0 + I_{ZD}^2 - U_{ZD} \cdot I_{ZD} \tag{10-5}$$

$$T = T_0 - T_{ZD} = 0.975 \frac{P_{dc}}{n} \tag{10-6}$$

由式（10-5）、式（10-6）可知：如果测得负载电动机 ZD 的 U_{ZD}、I_{ZD}、机组 D—ZD 的转

速 n，并确定了它们的正负，再测出负载电动机 ZD 的 R_{ZD} 及机组 D—ZD 的 P_0，便可计算出被测试电动机 D 的电磁转矩 M，从而就可以得到其机械特性。

注意：计算时，必须搞清楚被测试电动机 D 在各种运转状态时 u_{ZD}、I_{ZD}、n 的正负号，即：

电动状态时：　　$U_{ZD}=+$，$I_{ZD}=-$，$n=+$

发电状态时：　　$U_{ZD}=+$，$I_{ZD}=-$，$n=+$

反接制动状态时：　　$U_{ZD}=-$，$I_{ZD}=-$，$n=-$

能耗制动状态时：　　$U_{ZD}=+$，$I_{ZD}=+$，$n=+$

二、实训任务

测取直流他激电动机在下列各种状态下的机械特性。

1. 电动状态：①自然特性；②$R_c=150\%R_e$ 酌人为特性（R_c 为电枢串接附加电阻、$R_e=\dfrac{U_e}{I_e}$ 为额定电阻）。

2. 发电制动状态：自然特性。

3. 转速反向反接制动状态：$R_c=150\% R_e$ 的人为特性。

4. 能耗制动状态：$R_c =150\% R_e$ 的人为特性。

三、实训要求

1. 电动状态和发电制动状态的自然特性可连续作出，其中发电制动状态特性可作到转速为 $1.2n_0$；电动状态和转速反向反接制动状态的人为特性应连续作出，并且从电动状态过渡到反接状态时，要记下电机开始停止和开始反转时负载电机的电压、电流，以分析 M_0 的影响。

2. 各种状态机械特性所取实验点不得少于 5 点，每种特性至少做两次以上，然后取各点平均值，以消除偶然误差。

3. 实验时被测试电机和负载电机两端的数据均需记录，在计算转矩时要求负载电机端数据进行计算。

四、实训注意事项

1. 起动电机前，应检查各个电阻 r_f、f_{fZD}、R_c、R_{cZD} 的位置是否正确。

2. 整个实验开始前应测定被测试电机和负载电机的转向，确定两者方向相同时，开关 K_4 应放在哪一侧。

3. 实验时，被试电机和负载电机的电枢电流都不应超过额定值。

4. 测量数据时一定要转速稳定下来再读取数据，不可一边调节负载一边读取数据。

5. 各个仪表的量程必须正确，数据的正、负要记下。

6. 必须遵守机组起动和停止的顺序，不可弄错。

五、预习思考题

1. 直流机组的两台电机容量不同，选哪一台做被测试电机比较好？发电机作电动机用时，铭牌如何换算？

2. 从负载电机端计算机械性应读取哪些数据？从被测试电机计算机端计算机特性时应读取哪些数据？

3. 什么叫电动机的额定数据？

4. 电枢外串电阻 R_c=100%R_e、150%R_e、200%R_e 时如何测定？

5. 实验中各个开关的作用如何？应注意什么问题？

六、实训报告内容

1. 根据实验所得数据计算并绘制各种运转状态下的机械特性曲线。

2. 从自然特性实验数据中取一组数据，从被测试电机及负载电机两端计算电磁功率及电磁矩以验证其平衡关系。

3. 分析计算实验结果。

4. 对实验提出意见或改进方法。

10.5　三相异步电动机机械特性测定

一、实训目的

测定绕线式异步电动机的机械特性。

二、实训说明

为获得交流异步电动机在各种运转状态下的机械特性，也必须像测定直流电动机机械特性的实验一样，也应采用一台直流电动机来作负载，利用负载电动机工作于不同的运转状态就可以测出被测试交流异步电动机在不同运转状态下的机械特性。

可以用 10.4 节中的线路，将被试直流电动机改为交流电动机，即如图 10-14 所示。

下面就被测试交流异步电动机与直流他激负载电动机采用电枢回路串电阻调速的方法配合情况加以说明。

1. 被测试交流异步电动机运转于发电制动状态

为使交流异步电动机 JD 运转于发电制动状态，必须使其转速高于同步转速，图 10-15 中曲线 1 为异步电动机固有机械特性，处于第二象限部分为其发电制动状态机械特性。

为使异步电动机 JD 转速高于同步转速，必须用负载电动机 ZD 来拖动，选择 ZD 的理想空载转速高于 JD 的同步转速；并改变 ZD 电枢回路电阻 R_{CZD} 值得到 ZD 的一族机械特性，如图 10-15 中的曲线 2、3、4 所示。这些特性与曲线 1 的交点 a、b、c 等，便为稳定运转点，连接这些点便得到所需的机械特性。

当 JD 运转于发电制动状态时，ZD 运转于电动状态。

2. 被试交流异步电动机运转于电动状态

当被测异步电动机 JD 处于电动状态时，负载电机 ZD 处于能耗制动状态（将 K_4 合向短路

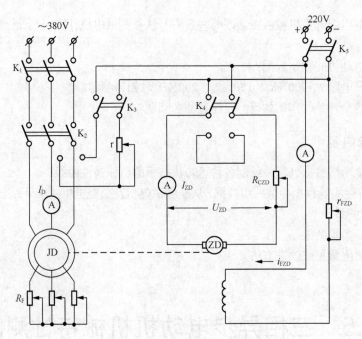

图 10-14　三相异步电动机测试线路

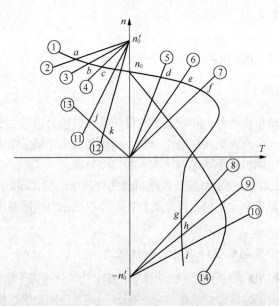

图 10-15　三相异步电动机机械特性曲线

端）、改变 ZD 电枢回路电阻 R_{CZD} 值，得到 5、6、7 直线，与 JD 正向电动特性曲线 1 交于 d、c、f 等点，连接这些稳定点便得到所需的机械特性。另外，为了获得异步电动机的临界转矩其附近特性曲线，该处必须多测几点。

3. 被测试交流异步电动机运转于转速反向反制动状态

　　当直流电动机 ZD 的电枢电压改变方向时，ZD 的端压 U_{ZD} 为负，转向反向旋转，JD 运转于转速反向反接制动状态，其机械特性如图 10-15 所示处于第四象限。而负载电动机 ZD 则运转于反向电动状态。当 R_{CZD} 为不同值时，ZD 的机械特性如图 10-15 中曲线 8、9、10 所示，这些特性与曲线 1 交点 g、h、i 点便为稳定运转点，连接这些点便得到所需特性。

当 JD 运转于转速反向反接制动状态时，ZD 运转于反向电动状态。

4. 被测试交流异电动机转运于能耗制动状态

当 JD 工作在电动状态时，瞬间将 K_2 断离交流电合向下方。此时被测试交流异步电动机 JD 的定子自 K_2 开关通入直流，负载电动机 ZD 拖动异步电动机转子旋转。改变不同的 R_{CZD} 值时，ZD 的特性曲线 11、12 与 JD 的能耗制动曲线 B 相交于 j、k 点，连接这两点（包括 nM 坐标原点）便得到所需的 JD 能耗制动特性曲线。

当 JD 运转于能耗制动状态时，ZD 运转于电动状态。

另外，在 JD 的转子回路串接电阻后，特性曲线同曲线 14，可用上述方法测定绘出。

由上所述可见，应用直流电动机作负载，为利用其运转于不同状态，可以测取被测试交流异步电动机在不同状态下的机械特性，不仅可以测到稳定部分的机械特性，还可以测到非稳定部分的机械特性。

关于被测试异步电动机机械特性实验数据的测量和计算，和 10.4 节相同，不再重复。

三、实训任务

测定绕线式异步电动机在下列各种状态下的机械特性。

1. 电动状态：① 自然特性；②$(r_2 + R_F)$=200%R_e 的人为特性（R_F 转子串入附加电，$R_e = \dfrac{U_2 e}{\sqrt{3} I_2 e}$转子额定电阻）。

2. 发电制动状态：① 自然特性；②$(r_2 + R_F)$=200%R_e 人为特性。

3. 转子反转反接制动状态：$(r_2 + R_F)$=200%R_e。

4. 能耗制动状态：$(r_2 + R_F)$=200%R_e 人为特性。

四、实训步骤要求

建议按下列次序来测定绕线式异步电动机一种运转状态的机械特性：自然特性发电运转→自然特性电动运转→自然特性转速方向反接运转→人为特性转速方向反接运转→人为特性电动运转→能耗运转。

测取机械特性前，首先用实验方法确定 n、I_D、U_{ZD}、I_{ZD} 的正方向。这些参数中，转速 n 是一个主变量，应先确定其方向，可以随意定一个方向为 n 的正方向。但为了便于记忆，常把被测试电动机 JD 外壳上注有箭头的方向作为正方向，按常规方法起动规定正方向一致，此时异步电动机 JD 电枢电流 I_{JD} 的方向便为其正方向（如为直流电动机此时 U_D、I_{JD} 及 I_{JD} 的方向为其正方向），然后将被试电动机电源切断，使之停止转动（如为直流电动机其激磁回路不必断电。按常规方法起动直流电动机 ZD，将 ZD 激磁电流调好后，R_{CZD} 调至最大，然后将 K_4 合上电源，再调小 R_{CZD} 的值，这时负载电动机 ZD 就开始转动。当 n_{ZD} 与刚才 JD 的旋转正方向相同时，此时 U_{ZD}、I_{ZD} 便为正方向。

确定上述各参数的正方向后，就可测取机械特性了。

1. 将开关 K_1、K_2 合上，使被试电动机 JD 起动，转速 n 为正。若被试电动机为直流电动机，应将其激磁电流调到额定值 i_{fe}。

2. 将开关 K_4 合上直流电源，使机组转速 $n>n_0$（JD 同步转速）。若仍不能达到，可将 r_{fZD} 调大直至 $n=1.2n_0$，然后将在 $n=1.2n_0$ 以下范围读取 5～6 组 n、U_1、I_D 等数据。

此时 JD 为发电运转，ZD 为电动运转，故 $n=+$，$U_{ZD}=+$。

3. 将开关 K_4 合向短接线端，调节 ZD 电枢回路电阻 R_{CZD} 的值。在转速 $n=0～n_1$ 范围内，读取 10～12 组数据。注意，应把与临界转矩对应的一组数据读出，并把转速 n 开为零和开始反转时的两组数据读出，以分析 M_0 的影响。

此时 JD 为电动运转，ZD 为发电运转，故 $n=+$，$U_{ZD}=+$，$I_{ZD}=-$。

4. 将 ZD 电枢电压反接（将 K_4 直流电压端对换），再合上 K_4 调节 R_{CZD} 的值，在转速 $n=0～\dfrac{n_0}{3}$ 范围内读数 5～6 组数据。

此时 JD 为电势反接制动运转，ZD 为反向电动运转，故 $n=0$，$U_{ZD}=-$，$I_{ZD}=-$。

5. 在 JD 的转子回路中接入所需数据附加电阻 R_F，将 ZD 电枢回路向短接端调节 R_{CZD} 的值。直至 $n=0$ 的范围内读取 5～6 组数据。

注意：当 n 开始为零及 n 开始正转时的两组数据应读出来。

6. 将 ZD 调节同 4，在 $n=0～\dfrac{n_0}{3}$ 范围内读取 5～6 组数据。

7. 将开关 K_2 合到下方，通过限流电阻 r 接到直流电源，按直流磁势相等的原则，调节 r 使通入定子绕组的直流电流 $I=2.12I_0$（I_0 为异步机空载电流）。将 ZD 调节同 2，直至 $n=2$ 为止，在此范围内读取 5～6 组数据。

此时 JD 为能耗制动运转，ZD 为电动运转，故 $n=+$，$U_{ZD}=+$，$I_{ZD}=+$。

8. 测试工作至此全部完毕，按照先关闭 JD 的电源开关 K_2，再关闭总激磁电源开关 K_5 的次序，使机组 JD—ZD 全部停止。

五、实训注意事项

1. 实验时，被测试电机和负载电机的电枢电流都不应超过额定值。
2. 测量数据时，一定要等转速稳定下来再读取数据，不可一边调节负载，一边读取数据。
3. 各个仪表的量程必须正确，数据的正负要记下。
4. 必须遵守机组起动和停止的顺序，不可弄错。

六、预习思考题

1. 从负载端计算机械特性应读取哪些数据？如果每种特性均取 5 个实验点，那么各点的间隔应如何取？
2. 异步电动机的空载电流如何测取？
3. 转子附加电阻 $r_2+R_N=200\%R_N$ 应如何测取？
4. 怎样判断异步电动机处于理想空载状态？

七、实训报告内容

1. 根据实验所得数据计算并绘制被测试异步电动机在各种运转状态下的机械特性曲线。

2. 根据理论公式计算出教师指定的机械特性曲线，并与实验所得特性进行比较。

3. 分析、讨论实验结果。

4. 对实验提出意见和改进方法。

10.6　直流发电机实训

一、实训目的

1. 掌握直流电动机电枢电路串电阻起动的方法。

2. 掌握直流电动机改变电枢电阻和改变励磁电流调速的方法。

3. 掌握直流电动机的制动方法，测取制动时的机械特性。

二、实训内容

1. 观察直流电机的结构，抄录电机的铭牌数据和主要仪器设备的名称及主要技术数据，记录于表 10-9 中。

表 10-9　电机的铭牌数据和主要仪器设备的名称和主要技术数据

仪器设备名称	型号	主要技术数据	设备编号

2. 直流电机绕组的鉴别。

（1）以复励电机为实验对象，它共有 3 个绕组，即电枢绕组、串励绕组和并励绕组。将万用表的转换开关置于电阻挡位置，检查 3 个绕组与换向器是否连接，相连的绕组为电枢绕组，另外两个与换向器不相连的绕组为励磁绕组。或者将万用表的转换开关置于电压（毫伏）挡位，用手转动电枢，测量 3 个绕组有无输出电压。有微小输出电压的为电枢绕组，没有输出电压的两个绕组为励磁绕组。

（2）将万用表转换开关置于电阻挡位置，测量两个励磁绕组的电阻，电阻大的为并励绕组，电阻小的为串励绕组。

3. 直流发电机的空载特性实验。

（1）按图 10-16 所示接好电路，图中直流发电机 G 由三相异步电动机 M 拖动。

（2）实验前，QF、S_1、S_2 均应置于断开位置。

（3）合上交流电源断路器 QF，起动异步电动机，测出直流发电机的剩磁电动势（剩磁电压）。

（4）将直流发电机励磁电路中的电阻 R_P 调至最大值位置，然后合上直流电源开关 S_1，调节 R_f，增大励磁电流 I_f，发电机的空载电压（电动势）随之增大。从 $I_f = 0$ 增加到发电机电枢的

输出电压 $U_a = 1.2U_{aN}$ 为止，折算空载特性的上升段，记录 6 组左右的 I_f 和 U_o（包括剩磁电压和额定电压数据）。

（5）再减小励磁电流 I_f，从 $U_a = 1.2U_{aN}$ 直到 $I_f = 0$ 为止，这是空载特性的下降段。读取 6 组左右的 I_f 和 U_o（包括额定电压和剩磁电压数据），与上升段数据一起记入自拟表格中。

（6）实验时，务必注意 I_f 只能单方向变化，以免产生局部磁滞回线，产生实验误差。

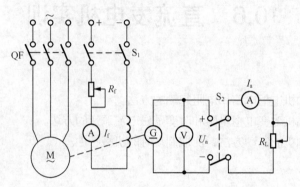

图 10-16　他励直流发电机的实验电路

4. 他励发电机的外特性实验。

（1）完成上述实验后，将发电机的负载电阻 R_L 调至最大电阻位置，合上负载开关 S_2。

（2）调节励磁电流 I_f 使之等于其额定值。

（3）调节负载电阻 R_L，逐渐增加发电机的输出电流 I_a，直到 $I_a = 1.2I_{aN}$ 为止，记下 6 组左右的 I_a 和 U_{ao} 记入自拟的表格中。

5. 并励发电机的自励过程实验。

（1）按图 10-17 所示接好电路。实验前所有开关都置于断开位置。

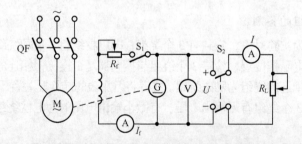

图 10-17　并励直流发电机实验电路

（2）检查剩磁，合上断路器 QF，起动异步电动机，观察电枢两端是否有剩磁电压，并记录下来。

（3）检查励磁电流产生的磁场与剩磁磁场方向是否相同，将励磁电路电阻 R_f 调至最大电阻位置，合上开关 S_1，观察电枢电压大小。若电枢电压大于剩磁电压，说明励磁电流产生的磁场与剩磁磁场方向相同；若电枢电压小于剩磁电压，说明励磁电流产生的磁场与剩磁磁场方向相反，这时需断开 QF 进行停机，将励磁绕组接至电枢的两根导线对调位置。重新合上 QF，观察电枢电压的大小是否已大于剩磁电压。

（4）检查励磁电路的电阻是否小于临界电阻，逐渐减小 R_f，使电枢电压增加，直到 $U=U_N$ 为止。自励过程结束。

6. 并励发电机的外特性实验。

（1）完成上述实验后，将负载电阻 R_L 置于电阻最大位置，合上负载开关 S_2，调节 I_f 至额定值，减小 R_L 至 $I=1.2I_N$ 为止。

（2）逐渐增大 R_L，减小 I，从 $I=1.2I_N$ 到 $I=0$ 为止，记录 6 组左右的 U 和 I，记入自拟的表格中。

7. 复励发电机的外特性实验。

（1）按图 10-18 所示接好电路，实验前所有开关都应处在断开位置。

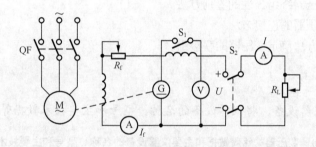

图 10-18　复励发电机实验电路

（2）合上断路器 QF，起动异步电动机，合上开关 S_2，将串励绕组短路。调节 R_f，观察发电机输出电压是否建立起来。若调节 R_f 输出电压 U 很小，电压无法建立，需断开 QF。停机后，将并励绕组的两个接线端对调位置，然后重新起动电动机。

（3）将负载电阻调到最大电阻位置，合上负载开关 S_1，调节 R_f 使输出电压约为 U_N 为止。断开串励绕组短路开关 S_2，观察此时的输出电压是增加了还是减小了。若 U 增加，说明该发电机是积复励发电机；若 U 减少，说明该发电机为差复励发电机，这时断开 QF。停机后，将串励绕组两个接线端对调位置，将发电机改为积复励发电机。

（4）重新合上 QF，起动电动机，断开开关 S_2，调节 R_f 使 I_f 等于额定值，调节 R_L 使 I 增加至 $1.2I_N$ 为止。

（5）实验结束，断开 QF。停机检查数据。

三、实训报告内容

1. 实训名称。
2. 实训设备。
3. 实训内容。

（1）列出空载实验数据，画出空载特性曲线。

（2）列出他励、并励和复励发电机的外特性实验数据，在同一坐标纸上画出它们的外特性曲线，求出它们的电压调整率。

4. 问题讨论。

（1）自励发电机的自励条件有哪些？

（2）他励、并励和复励发电机的外特性有何不同？比较它们的电压调整率的大小。

（3）实验的体会和建议。

10.7 三相变压器实训

一、实训目的

1. 熟悉三相变压器绕组极性的鉴别方法。
2. 熟悉三相变压器的连接方法。
3. 掌握用实验方法确定变压器的联接组。

二、实训内容

1. 熟悉实验仪器设备，将仪器设备的名称、型号和主要技术数据等填入表 10-10 中。

表 10-10　变压器的铭牌数据和主要仪器设备的名称、型号和主要技术数据

仪器设备名称	型号	主要技术数据	设备编号

2. 变压器绕组的极性判断。

（1）利用万用表找出变压器的 3 个高压绕组和 3 个低压绕组的接线端，假定以 U_1、U_2；V_1、V_2；W_1、W_2 和 u_1、u_2，v_1、v_2，w_1、w_2 标记。

（2）根据假定的标记，按图 10-19 所示接好电路。图中 T_1 为被测三相变压器、T_2 为三相调压器的一相。

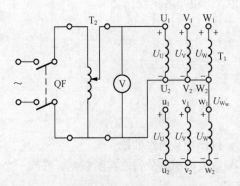

图 10-19　绕组极性的判断

（3）将调压器调到起始位置后合上断路器 QF。调节调压器输出电压，使 U_1U_2 两端电压 U_U 升至其额定值的一半左右。

（4）测出高压绕组的 3 个相电压 U_U、U_V、U_W 以及任两个线电压，如 U_{UV} 和 U_{VWo}，若

$$U_{UV}=U_U-U_V$$

$$U_{VW}=U_V-U_W$$

说明 U_1、V_1、W_1 为一组同机性端；U_2、V_2、W_2 为另一组同极性端，原来假设是正确的。若

$$U_{UV}=U_U+U_V$$

$$U_{VW}=U_V+U_W$$

说明 U_1 与 V_1 为异极性端，W_1 与 V_1 也是异极性端，只需将 V_1 与 V_2 的标志对换即可。若一组为相加，一组为相减，依照上述方法，可以自行判断且作出调整。

（5）同理，测出低压绕组的 3 个相电压和任意两个线电压，依照上述相同方法判断出 3 个低压绕组的同极性端。

（6）测出高压绕组的 W_1 端与低压绕组的 W_2 的电压 U_{Ww}，若，

$$U_{Ww}=U_W+U_w$$

说明 U_1 和 U_2 是异极性端，即 W_1 和 w_1 是同极性端，因而 U_1 与 u_1，V_1 与 v_1 都是同极性端。若

$$U_{Ww}=U_W-U_w$$

说明 U_1 与 u_1，V_1 与 v_1，W_1 与 w_1 是异极性端，即 v_1 与 u_2，V_1 与 v_2，W_1 与 w_2 是一组同极性端，它们的另一端为另一组同极性端。至此，高、低压绕组之间的同极性端已判断清楚。

（7）将调压器恢复到起始位置，断开断路器 QF，准备下一个实验。

3. Y/y-0 连接组校核实验。

（1）按图 10-20 所示接好电路。图中 T_2 为三相调压器。T_1 为被测三相变压器，高、低压绕组都成星形联结。U_1 与 u_1 两端用导线相连。

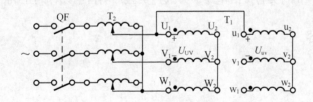

图 10-20　Y/y-0 联结组实验电路

（2）合上断路器 QF，调节调压器输出电压，使三相变压器一次绕组电压为其额定值的一半左右。

（3）用电压表测出线电压 U_{UV} 和 U_{uv} 以及 v_1 与 V_1 两点的电压 U_{vV}。由于 Y，y0 联结组中的 U_{VU} 与 U_{vu} 相位相同，因此由图 10-20 可知

$$u_{vV} = U_{uv} - U_{uv}$$

如果测量结果符合上式，说明该联结组为 Y/y-0。若不相符，请断电后改接线路，直到正确为止。

4. Y/d－11 联结组校核实验。

（1）按图 10-21 所示接好电路。

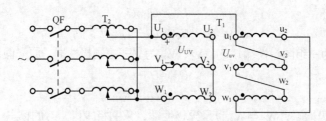

图 10-21　Y/d－11 联结组实验电路

（2）将调压器调至起始位置后，合上断路器 QF。

（3）调节调压器输出电压，使三相变压器一次绕组的电压为其额定值的一半左右。注意，若电路联结正确，电流表读数应等于或近似为零。

（4）用电压表测出电压 U_{UV} 和 U_{uv} 以及 v_1 与 V_1 间的电压 U_{vV}。由于 Y/d－11 联结组的 U_{uv} 滞后于 $U_{UV}330°$，即超前 $U_{uv}30°$，故

$$\dot{U}_{vV} = \dot{U}_{UV} - \dot{U}_{uv} = U_{UV}\underline{|0°} - U_{UV}\underline{|30°} = kU_{uv}\underline{|30°} - U_{uv}\underline{|30°} = kU_{uv} - (\cos 30° + j\sin 30°)$$

$$U_{VV} = U_{uv}\sqrt{\left(k - \frac{\sqrt{3}}{2}\right)^2 + \left(\frac{1}{2}\right)^2} = U_{uv}\sqrt{k^2 - \sqrt{3}k + 1}$$

如果测量结果符合上式，说明该联结组为 Y/d－11。

5. Y/y－6 联结组设计实验。

自己设计出 Y/y－6 的实验接线电路，并通过实验证明自己设计的正确性。

三、实训报告内容

1. 实训名称

2. 实训设备

3. 实训内容

（1）将联结组校核实验的测量数据及校核公式的计算结果列表比较。

（2）画出 Y/y－6 联结组的实验电路，推导出校核公式，并将计算结果与实验结果作比较。

4. 问题讨论。

（1）为什么在 Y/d－11 联结组的实验中，若电路连接正确，电流表的读数应等于或近拟等于零？

（2）若接线错误将某一低压绕组短路，会有何后果？

（3）实验的体会和建议。

10.8 三相笼型异步电动机实训

一、实训目的

1. 熟悉电机绝缘电阻的检测方法。
2. 熟悉三相异步电动机绕组极性的鉴别方法。
3. 熟悉三相异步电动机的直接起动方法。
4. 熟悉三相异步电动机的反转方法。
5. 掌握三相异步电动机的星形－三角形减压起动方法。
6. 掌握三相异步电动机的自耦减压起动方法。
7. 掌握三相异步电动机的变频调速方法。
8. 测取三相异步电动机的运行特性。

二、实训内容

1. 熟悉实验仪器设备，将它们的主要技术数据等参照 10.1 节中表 10-1 的要求和形式记录下来。

2. 利用万用表鉴别出每相绕组的两个接线端。

3. 鉴别三相绕组的极性。

将三相绕组串联后与一只毫安表（将万用表的选择旋钮旋至毫安挡位置）接成闭合回路。用手转动转子，转子铁心剩磁将分别在定子三相绕组中产生 3 个大小相等、相位互差 120° 的感应电动势。如果三相绕组都是首尾相连，则三相感应电动势的相量和为零或接近零，毫安表指针不动或摆动很小。否则说明其中有一相绕组的首尾端假设有误，应将某相绕组反接再试，直到毫安表不动或微动为止。

4. 测量异步电动机的绝缘电阻。

包括测量各绕组之间以及每相绕组与机壳之间的绝缘电阻，方法与 10.1 节中的方法相同，将结果记录在自拟的表格中。

5. 电动机的直接起动。

（1）根据电动机铭牌上给出的额定电压和连接方式以及实验室的电源电压确认电动机采用三角形联结的正确性。

（2）按图 10-22 所示接好电路。合上断路器 QF，电动机起动。注意观察起动瞬间电流表指针摆动的幅度，将读数记录在表 10-11 中。由于仪表指针的惯性，实际的起动电流值将比读数大。

（3）断开断路器 QF，注意电动机的转向。

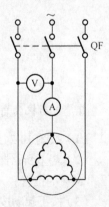

图 10-22 直接起动

表 10-11 电动机的起动电流

起动方式	直接起动	Y－△减压起动	自耦变压器减压起动
起动电流 I_{st}/A			

6. 电动机的反转。

根据上面介绍的方法，改接电路，重新起动电动机，观察电动机的转向是否改变，然后断开断路器 QF。

7. 电动机的星形—三角形减压起动。

（1）按图 10-23 所示接好电路。图中的控制电路可以由实验室预先接好，学生只需连接控制电路以外的主电路。

（2）合上断路器 QF，按下起动按钮 SB_{st}。接触器 KM_{st} 的主触点闭合，电动机在星形联结下起动。注意观察起动瞬间电流的读数，并记录在表 10-11 中。

（3）待电动机起动起来，转速已基本稳定后，按下运行按钮 SB_0，接触器 KM_{st} 主触点断开，KM_0 主触点闭合，电动机改成三角形联结运行。

（4）起动结束，断开断路器 QF，准备下一个实验。

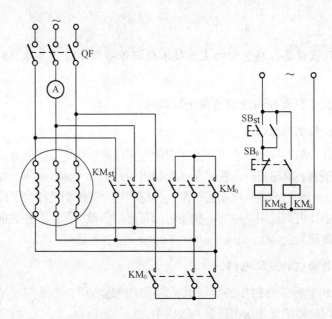

图 10-23　星形—三角形减压起动

8. 电动机的自耦减压起动。

（1）按图 10-24 所示接好控制电路以外的主电路。

（2）合上断路器 QF，将三相自耦变压器（三相调压器）调节到输出电压为电动机额定电压的 60% 的位置。

（3）按下起动按钮 SB_{st}。接触器主触点 KM_{st} 闭合，电动机减压起动。注意观察起动瞬间电流表的读数，并记录在表 10-11 中。

（4）待电动机起动起来后，按下运行按钮 SB_0，接触器主触点 KM_{st} 断开，KM_0 闭合，自耦变压器被切除，电动机在额定电源电压下运行，起动结束。

（5）断开断路器 QF，准备下一个实验。

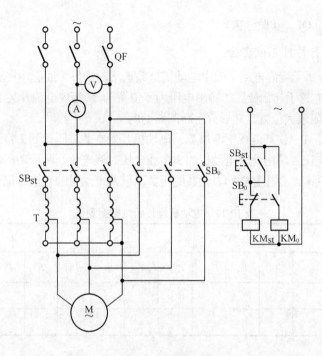

图 10-24 自耦变压器减压起动

9. 电动机的变频调速。

（1）实验前先将变频器的控制、运行方式等作如下设置。

主频率控制设定为由变频器控制旋扭控制。

电机停止方式设定为自由运转停车。

最高操作频率设定为 50Hz。

最大输出电压设定为 380V。

最低输出频率设定为 2Hz。

最低输出电压设定为 16V。

（2）按图 10-25 所示接好电路。

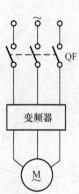

图 10-25 变频调速

（3）将变频器频率调节旋钮置于频率最小位置。合上断路器 QF，调节变频器频率调节旋钮，当频率超过设定的最低频率 2 Hz 时，电动机开始起动运行。

（4）缓慢调节变频器的频率旋钮，使其输出频率从最低频率（2 Hz）至最高频率（50 Hz），在此过程中测取 6 组左右频率和转速，记录在表 10-12 中。

表 10-12 变频调速数据记录表

电源频率 f/Hz						
电机转速 r/min						

（5）实验结束后，将变频器的输出频率慢慢调节至最低频率，然后按变频器上的停止按钮关断变频器的输出。

（6）断开断路器 QF，实验结束。

10. 电动机运行特性测试实验。

（1）按图 10-26 所示接好电路，图中电动机负载选用转矩仪（或选用直流发电机等）。

（2）将调压器 T 置于起始位置（输出电压为零位置），转矩仪电源开关 S 置于断开位置，调节电阻 R_T 置于电阻最大位置，然后合上断路器 QF。

（3）调节调压器 T，使其电压逐渐增加，电动机开始空载减压起动。将调压器的输出电压升至电动机的额定电压，测出此时电动机的 3 个线电压、线电流，两个功率表的读数（采用二瓦特计法测量三相功率。要注意功率表读数的正负）以及电动机的转速，记于表 10-13 中。

表 10-13　电动机运行特性数据测试

测　量　值										计　算　值					
U_{UV}	U_{VW}	U_{WU}	I_{L1}	I_{L2}	I_{L3}	P'_1	P''_1	T_1	n	U_1	I_1	P_1	P_2	λ	η

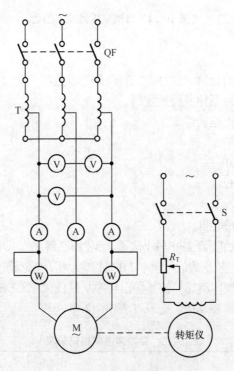

图 10-26　运行特性实验

（4）合上转矩仪电源开关 S，逐渐减小 R_T，使电动机的输出转矩 T_2 增加。从电动机空载到电动机电流等于 $1.2I_N$ 之间读数 6 组左右数据（包括前面已记录的空载数据和向左测得的满载数据）记入表实 10-13 中（表中横格不够，学生自己增加）记录数据包括线电压 U_{UV}、U_{VW}、U_{WV}；线电流 I_{L1}、I_{L2}、I_{L3}；功率表读数 P_1 和 P''_1，输出转矩 T_1 和转速 n。实验过程中要注意时刻微调调压器保持电压为额定电压不变。

（5）实验结束后，务必先将 R_T 调至电阻最大位置，再断开 S，将调压器电压减小至零，最后断开 QF。

三、实训报告内容

1. 实训名称。

2. 实训设备。

3. 实训内容。

按各项实验内容测量所得数据记录在实验报告的表格中，并进行下述分析和数据处理：

（1）电机的绝缘电阻是否符合要求？

（2）3 种起动方法电流大小的比较和讨论。

（3）变频调速结果的分析讨论。

（4）运行特性的数据处理：用坐标纸画出运行特性：I_1、T_2、n、λ、$\eta = f(P_2)$。

4. 问题讨论。

（1）直接起动，星形—三角形减压起动和自耦减压起动的使用范围及优缺点。

（2）变频调速时，同步转速与频率的关系，实验中的实际转速是否等于同步转速？

（3）运行特性的讨论。

（4）实验的体会和建议。

10.9 三相同步电动机实训

一、实训目的

1. 熟悉三相同步电动机的异步起动法。
2. 测取三相同步电动机的 V 形曲线。
3. 观察功角。

二、实训内容

1. 异步起动法。

（1）按图 10-27 所示接好电路。

（2）合上开关 S_1，接通直流电源，调节可变电阻 RP 将输出直流电压调至合适值（由实验室提供）。

（3）将开关 S_2 合向电阻 R_f 端，使电动机的励磁绕组与 R_f 接通。

（4）合上断路器 QF，电动机异步起动。当转速已接近同步转速时，将开关 S_2 合向直流电源端，使励磁绕组接通直流电源。电动机即被拉入同步运行，起动结束。不要停机，继续下面的实验。

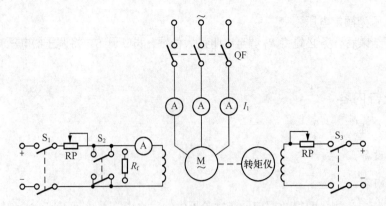

图 10-27　同步电动机实验电路

2. 测取空载运行时的 V 形曲线。

增大励磁电流使电动机的电枢电流达到额定值。然后逐渐减小励磁电流，直到电枢电流再达到额定值为止，将 7 组左右励磁电流 I_f 和电枢电流 I_1 值记入自拟表格中。注意，在所记录的 7 组数据中，中间一组应为电枢电流最小时的数据。

3. 测取负载运行时的 V 形曲线。

（1）调节励磁电流至空载运行时电枢电流接近最小。

（2）将 RP 调节到电阻最大位置，合上开关 S_3，使转矩仪的励磁绕组与直流电源接通。

（3）调节 RP，使转矩仪的转矩约等于电动机额定转矩一半左右。记下该转矩值和转速值。

（4）重复上述 2 中的实验步骤，测取负载运行时的 V 形曲线。

4. 观察功角的变化。

（1）在电动机的端盖上沿转轴外圈贴上适当的刻度。

（2）用日光灯观察同步电动机空载和负载运行时阴影移动的位置，即功角 θ 的变化。

（3）保持 T_2 不变，调节 I_f，观察不同 I_f 时功角的变化。

三、实训报告内容

1. 实训名称。

2. 实训设备。

3. 实训内容。

（1）列出记录数据，用坐标纸画出同步电动机的 V 形曲线。

（2）叙述观察到的功角变化情况。

4. 问题讨论。

（1）如何调节同步电动机的功率因数？

（2）讨论同步电动机功角与负载大小的关系。

（3）实验的体会和建议。

10.10　三相同步发电机实训

一、实训目的

1. 掌握三相同步发电机并入电网的方法。
2. 掌握三相同步发电机有功功率的调节。
3. 掌握三相同步发电机无功功率的调节。

二、实训内容

1. 听指导教师讲解灯光熄灭法的基本原理。

2. 按图 10-28 所示接好电路。图中 M 为直流电动机，G 为同步发电机。

3. 同步发电机与电网并联的方法。

（1）将直流电动机的起动电阻 R_{st} 放在电阻最大位置，R_r 放在最小位置，合上开关 S_3，接通直流电源，直流电动机起动。逐渐减小 R_{st} 直到 $R_{st}=0$。

（2）调节直流电动机的调速电阻 R_r，改变励磁电流，使电动机的转速等于同步发电机的额定转速。

（3）合上开关 S_2，使发电机励磁绕组与直流电源接通。调节发动机的励磁电流，使发电机的电枢电压与电网电压相等。

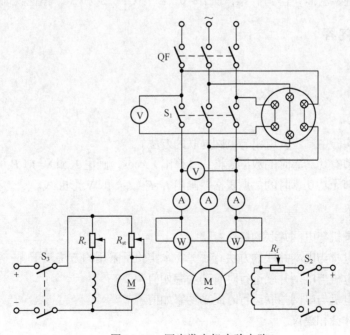

图 10-28　同步发电机实验电路

（4）检查相序：合上断路器 QF，若三组指示灯出现一起忽明忽暗或者三者一样亮，说明发电机与电网的相序一致；若三组指示灯出现两明一暗，或者三者亮度不同，或者灯光轮流旋转，说明发电机与电网相序不一致。这时需断开 S$_2$ 和 QF，将发电机接至 S$_1$ 的 3 根导线中的任意两根对调位置。

（5）检查频率：重新合上 S2 和 QF，调节直流电动机转速，使 3 组灯光明暗程度不变或者变化非常缓慢（周期不小于 3s），说明发电机频率与电网频率相同或非常接近。

（6）检查电压：细调发电机的励磁电流，使其电压与电网电压相等，此时，三组灯光全灭。

（7）掌握并网瞬间：当三组指示灯都已熄灭，且接在 S$_1$ 两端的电压表指示为零时，说明此

（8）瞬间对应的相电压相等，立即合上开关 S$_1$，发电机并入电网。

4. 有功功率的调节。

（1）发电机并入电网后，凋节发电机的励磁电流 I_{fg}，使发电机的电枢电流最小，即使发电机工作在正常励磁状态。

（2）缓慢减小电动机的励磁电流 I_{fm}，以增加发电机的功角，使发电机的输入功率增加。记下每次调节后发电机的电压、电流和功率的数据，记入自拟的表格中，一直增加到发电机的电流等于额定电流为止，这期间共记录 6 组左右数据。

5. 无功功率的调节。

（1）缓慢增加电动机的励磁电流，减小发电机的输出功率，直到 $P_2=0$ 为止。

（2）增加发电机的励磁电流，直到发电机的电枢电流达到额定电流。

（3）减小发电机的励磁电流，读取 I_{fg} 和 I_1 值，直到 I_1 达到最小。继续减小 I_{fg}，I_1 又重新增大，直到 $I_1=I_N$ 为止，读取 6 组左右的 I_1 和 I_{fg}，记在自拟的表格中。

（4）完成上述实验后，再调节 I_{fg}，使 $I_1≈0$，断开 QF、S$_2$ 和 S$_3$，停止实训。

三、实训报告内容

1. 实训名称。

2. 实训设备。

3. 实训内容。

（1）简述本实验中同步发电机与电网并联的方法。

（2）列出调节有功功率时的数据表格，计算出 $λ=\cos$，画出 I_2 和 $λ=f（P_2）$ 曲线。

（3）列出调节无功功率时的数据表格，画出 $I_1=F（I_F）$ 即 V 形曲线。

4. 问题讨论。

（1）同步发电机与电网并联的条件有哪些？

（2）同步发电机与电网并联的方法有哪些？本实验所采用的方法属于哪一种？

（3）同步发电机与电网并联运行时有功功率如何调节？

（4）同步发电机与电网并联运行时无功功率如何调节？

（5）实验的体会和建议。

附录 A 实训室使用电机规格

1. 直流电动机

型　　号：Z$_2$—32

额定容量：2.2kW

额定电流：12.5A

励磁方式：他励

励磁电流：0.6lA

运行方式：连续

额定转速：1430r/rnin

接　　法：Y

2. 直流发电机

型　　号：Z2—32

额定容量：1.9kW

额定电流：8.25A

励磁方式：复励

励磁电流：0.527A

运行方式：连续

额定转速：1400 r/min

接　　法：Y

转子开口电压：195A

3. 三相异步电动机

型　　号：JO$_2$—31—4

额定容量：2.2kW

额定电压：380V

额定电流：4.89A

运行方式：连续

功率因素：0.9

相　　数：3

额定电压：380V

接　　法：△

4. 三相滑环式异步电动机

型　　号：JR$_2$ 51—4S

额定容量：3kW

额定电压：380V

额定电流：6.9A

转子额定电流：9.5A

运行方式：连续

额定转速：2100r/min

额定电流：6.98A

5. 三相异步电动机

型　　号：76-54-3

额定容量：3kW

额定频率：50Hz

额定转速：1500r/min

额定电流：6.7A

励磁电压：220V

运行方式：连续

额定电压：230V

额定转速：1450r/min

励磁电压：230V

6. 励磁发电机

型　　号：811

额定容量：0.3kW

额定电压：43V

运行方式：连续

额定电压：220V

额定转速：1500r/min

7. 单相变压器（控制变压器）

型　　号：BK-1000

一次电压：220V

额定容量：1000W

二次电压：6.3/36/127 V

电　　流：4.55/7.87 A

8．三相干式变压器

型　　号：SG

电　　压：380/220V

额定容量：3kVA

接　　法：Y/Y—12

附录 B 实训中测量的物理量及测量方法

电机实验中要测量的物理量如下：

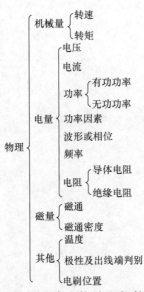

这些物理量的测量方法大至可以归纳为直接法和间接法两大类。

1. 直接法

对所要测量的物理量直接进行测量，如用电压表测量电压，用电流表测量电流，用欧姆表或电桥测量电阻，用测功机测量电机的转矩等，都是直接法测量的例子。

这种测量方法直观，其精度由所用仪器的精度确定，是一种较受欢迎的测量方法。

2. 间接法

有些物理量无法直接进行测量，如电机的电磁功率、电磁转矩等；有些物理量直接测量时要用复杂的、昂贵的测试设备，而受条件限制又无法得到，如用测功机测量转矩。在上述两种情况下，可用间接法进行测量。

间接法是指通过各物理量之间的关系，用测量与被测量有关的其他物理量的办法来测量并计算出被测量物理量的大小。例如，用电压表—电流表法来测量电阻，用空载短路试验方法来测定电机的参数，用测功率的方法来间接测定转矩等，都是间接法应用的例子。

间接法的测试精度涉及许多复杂的因素，如有关物理量的测试精度，各物理量之间计算公式的精度等，因此很难正确估计，但是在实验中这种方法采用很广，是一种很重要的测试方法。

关于各个物理量的具体测量方法，已分别在各个实训项目中说明了，这里不再叙述。

附录 C 发电机和电动机之间铭牌值的换算

每一台电机，从原理上来说，都可用作发电机或电动机，但是在设计时，为了满足发电机或电动机的不同要求，如对发电机要求当转速不变而负载变化时，其中电压调整率变化不大，对电动机则要求在负载一定时转速有较大的调节范围，因此在设计时，电磁参数的选择，如额定磁通的选择就有所不同，在实际使用中发电机和电动机就不能随便互换使用。但是如果互换使用，则必须使其基本参数额定电流 I_e、额定磁通 ϕ_e 和额定转速 n_e 保持不变。根据这个原则，下面列出两者互换使用时的有关换算公式。

1. 发电机改为电动机运行

（1）额定电压

$$U_D = U_F + 2I_F R_F$$

式中：U_D——电动机额定电压；

$\quad\quad U_F$——发电机额定电压；

$\quad\quad I_F$——发电机额定电流；

$\quad\quad R_F$——发电机电枢电阻。

（2）额定电流

$$I_D = I_F$$

式中：I_D——电动机电枢电流。

（3）额定转速

$$n_D = n_F$$

式中：n_D——电动机额定转速；

$\quad\quad n_F$——发电机额定转速。

（4）额定电磁转矩

$$M_D = M_F$$

式中：M_D——电动机额定电磁转矩；

$\quad\quad M_F$——发电机额定电磁转知。

（5）额定输出功率

$$P_{2D} = 2(U_F I_F + I_F^2 R_F) - \frac{P_{2F}}{\eta_F}$$

式中：P_{2D}——电动机额定输出功率；

P_{2F}——发电机额定输出功率；

η_F——发电机额定效率。

（6）额定输入功率

$$P_{ID}=U_F I_F + \alpha I_F^2 R_F$$

式中：P_{ID}——电动机额定输入功率。